全国高等院校测绘专业规划教材

地理信息系统原理

主　编　刘茂华

副主编　成　遣　白海丽　王　岩

清华大学出版社

北　京

内 容 简 介

本书系统地介绍了地理信息系统的相关基础知识，阐述了空间数据库技术，论述了数据获取及处理的方法，重点介绍了地理信息系统的空间查询和空间分析功能以及地理信息系统常用的设计方法及评价等；最后以"天地图·辽宁"为例，阐述了其设计方法及部分功能模块，使读者能够形象、生动地理解地理信息系统实际体现形式及用途。

本书可作为工科院校测绘类、规划类、环境类、农林水利类、遥感类、地学类等本、专科及高等职业教育的教学用书。在实际教学实践中，任课老师可以根据具体情况，对本书内容进行选择教学。

图书在版编目(CIP)数据

地理信息系统原理/刘茂华主编. —北京：清华大学出版社，2015 (2024.1 重印)
(全国高等院校测绘专业规划教材)
ISBN 978-7-302-41757-6

Ⅰ. ①地…　Ⅱ. ①刘…　Ⅲ. ①地理信息系统—高等学校—教材　Ⅳ. ①P208

中国版本图书馆 CIP 数据核字(2015)第 243691 号

责任编辑：张丽娜
装帧设计：杨玉兰
责任校对：周剑云
责任印制：沈　露
出版发行：清华大学出版社
　　　　　网　　　址：https://www.tup.com.cn, https://www.wqxuetang.com
　　　　　地　　　址：北京清华大学学研大厦 A 座　　　邮　　编：100084
　　　　　社 总 机：010-83470000　　　　　　　　　　邮　　购：010-62786544
　　　　　投稿与读者服务：010-62776969, c-service@tup.tsinghua.edu.cn
　　　　　质量反馈：010-62772015, zhiliang@tup.tsinghua.edu.cn
　　　　　课件下载：https://www.tup.com.cn, 010-62791865

印 装 者：三河市龙大印装有限公司
经　　销：全国新华书店
开　　本：185mm×260mm　　印　张：17.5　　字　　数：424 千字
版　　次：2015 年 12 月第 1 版　　　　　　　印　　次：2024 年 1 月第 6 次印刷
定　　价：49.00 元

产品编号：057939-02

前　　言

随着科学技术的发展，地理信息系统越来越为人们所熟悉，也越来越多地出现在人们的视野当中。地理信息系统是利用计算机技术，对空间数据进行采集、处理、存储、查询与分析等操作，从而获得人们日常生活和专题性需要的一门综合学科。地理信息系统目前得到了社会各界的认可，并且由于其本身的学科特点，使其能够与多学科融合，例如计算机、测绘、地理学、林学、遥感学、农学、地学等。对于测绘等专业本科生，也是一门重要的专业课。

本书特点是在介绍了地理信息系统的理论知识的基础上，以实际开发的案例为参考，全面阐述地理信息系统的原理与应用。本书全面地介绍了地理信息系统的基本理论，阐述了空间数据库技术和空间数据获取及处理方法，论述了地理信息系统的设计和评价，并介绍了"天地图·辽宁"的设计方法和部分应用。具体章节设置为：第1章绪论、第2章空间数据组织、第3章空间数据获取与处理、第4章空间数据库、第5章空间查询与空间分析、第6章 GIS专题应用、第7章 GIS 产品输出与地图制图、第8章 GIS 的设计与评价、第9章 GIS 案例。

本书刘茂华任主编，成遵、白海丽、王岩任副主编，具体分工如下：沈阳建筑大学刘茂华编写第1、6章；沈阳农业大学成遵编写第2、3章；河北工业大学白海丽编写第4、5章，辽宁省有色地质局勘查总院孙秀波参与编写第4章；沈阳建筑大学王岩、孙立双编写第7章；大连金源勘测技术有限公司于树良、张爱华编写第8章；辽宁省基础地理信息中心王峰、易智瑞(中国)信息技术有限公司沈阳分公司艾中天、梅小迪编写第9章；最后由刘茂华、王岩统稿。感谢易智瑞(中国)信息技术有限公司沈阳分公司王彬、石姣及季晓光对本书编写给予的大力支持。

由于编者水平有限，书中难免存在疏漏之处，敬请各位专家和读者不吝赐教。

编　者

目　录

第1章 绪 论

进入 21 世纪以来，人类社会从工业经济时代发展到信息时代，作为信息时代浪潮中重要的组成部分，地理信息系统也逐渐被人们认识和接受，并引起政府、企业、科技等相关业界越来越广泛的关注。计算机网络、移动服务等技术为地理信息系统的多元化发展和应用提供了新的平台。电子商务、电子政务、LBS 服务等应用，使地理信息系统又有了新的展示空间，同样也为其进一步的发展提出了更高要求。空间查询、空间分析是地理信息系统的主要功能，相关服务亦基于此，在论述之前，先介绍地理信息系统的一些基本概念。

学习重点：

● GIS 定义及含义
● GIS 组成及功能
● GIS 的发展

1.1 地理信息系统的基本概念

1.1.1 地理信息系统的相关概念

关于地理信息系统(Geographical Information System，GIS)的定义，国际上有很多不同的看法，美国联邦数字地图协调委员会认为"地理信息系统是由计算机硬件、软件和不同的方法组成的系统，该系统设计用来支持空间数据的采集、管理、处理、分析、建模和显示，以便解决复杂的规划和管理问题"，并给出了基本概念框架，如图 1-1 所示。

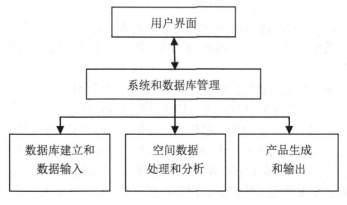

图 1-1 GIS 的基本概念框架

由地理信息系统的名称可得出一些基本的概念，例如信息、系统、地理信息、信息系统等。

1. 信息与数据

信息与数据是 GIS 中常用的两个术语。从科学的角度讲，数据是信息的载体，而信息是数据的内容。信息是关于客观事实的可通信的知识。信息是指有新内容、新知识的消息，是经过加工以后、对客观世界产生影响的数据，具有事实性、时效性、不相关性、等级性。数据是记录客观事物的、可鉴别的符号。数据本身无意义，具有客观性。信息与数据既有联系，又有区别，主要表现在以下三方面。

(1) 信息是加工后的数据。信息是一种经过选摘、分析、综合的数据，它可以使用户更清楚地了解正在发生什么事。所以，数据是原材料，信息是产品，信息是数据的含义。

(2) 数据和信息是相对的。表现在，一些数据对某些人来说是信息，而对另外一些人而言则可能只是数据。例如，在运输管理中，运输单对司机来说是信息，这是因为司机可以从该运输单上知道什么时候要为什么客户运输什么物品；而对负责经营的管理者来说，运输单只是数据，因为从单张运输单中，他无法知道本月的经营情况，并不能掌握现有可用的司机、运输工具等。

(3) 信息是观念上的。因为信息是加工了的数据，所以采用什么模型(或公式)、多长的信息间隔时间来加工数据，以获得信息，是受人对客观事物变化规律的认识制约，由人确定的。因此，信息是揭示数据内在的含义，是观念上的。

2. 系统

系统是相互联系、相互作用的诸多元素的综合体。系统有三个特性：一是多元性，系统是多样性的统一，差异性的统一；二是相关性，系统不存在孤立元素组分，所有元素或组分间相互依存、相互作用、相互制约；三是整体性，系统是所有元素构成的复合统一整体。系统的含义包括以下几点。

(1) 系统是一个动态和复杂的整体，相互作用结构和功能的单位。

(2) 系统是能量、物质、信息流不同要素所构成的。

(3) 系统往往由寻求平衡的实体构成，并显示出震荡、混沌或指数行为。

(4) 一个整体系统是任何相互依存的集或群暂时的互动部分。

3. 地理信息

地理信息(Geographical Information)是指与空间地理分布有关的信息，它表示地表物体和环境固有的数量、质量、分布特征，联系和规律的数字、文字、图形、图像等的总称。地理信息属于空间信息。

地理信息除具备信息的一般特性外，还具备以下独特的特性。

(1) 区域性。地理信息属于空间信息，是通过数据进行标识的，这是地理信息系统区别其他类型信息最显著的标志，是地理信息的定位特征。区域性是指按照特定的经纬网或公里网建立的地理坐标来实现空间位置的识别，并可以按照指定的区域进行信息的并或分。

(2) 多维性。多维性具体是指在二维空间的基础上，实现多个专题的三维结构，即在一个坐标位置上具有多个专题和属性信息。例如，在一个地面点上，可取得高程、污染、交通等多种信息。

(3) 动态性。动态性主要是指地理信息的动态变化特征，即时序特征。可以按照时间尺度将地球信息划分为超短期的(如台风、地震)、短期的(如江河洪水、秋季低温)、中期的(如土地利用、作物估产)、长期的(如城市化、水土流失)、超长期的(如地壳变动、气候变化)等，从而使地理信息常以时间尺度划分成不同时间段信息。这就要求及时采集和更新地理信息，并根据多时相区域性指定特定的区域得到的数据和信息来寻找时间分布规律，进而对未来做出预测和预报。

4. 信息系统

信息系统是一种对各种输入的数据进行加工、处理，产生针对解决某些方面问题的数据和信息。其主要内容是为产生决策信息而按照一定要求设计的一套有组织的应用程序系统。

信息系统一般分为管理信息系统(Management Information System，MIS)和决策支持系统(Decision Support System，DSS)。

MIS 使信息资源推动社会进步，获得良好的社会与经济效益，必须研制开发一套软件系统，以支持对信息的收集、加工、传递、存取、提供、应用等各环节的事务处理，提高工作效率和业务管理水平。DSS 在收集、存储、提供大量信息资料的基础上，建立能综合分析、预测发展、判断事态变化的模型，根据大量的原始数据信息，自动做出符合实际的决策方案。

GIS 属于信息系统中的空间信息管理系统范畴。

1.1.2　GIS 含义

由 GIS 的定义，可以得出以下基本含义。

(1) GIS 的物理表达是计算机系统。该系统由若干个子系统组成，例如数据处理、数据分析、功能输出等，并且以计算机硬件和软件为依托，实现这些子系统功能。

(2) GIS 的研究对象是地理实体。GIS 操作的是地理实体数据，即空间数据。所谓的地理实体，是指在现实世界中再也不能划分为同类现象的现象。地理实体的集合构成了 GIS 中的地理数据库，地理实体通常分为点状实体、线状实体、面状实体和体状实体，复杂的地理实体由这些类型的实体构成。地理实体数据通过(X、Y)坐标串构成的矢量数据结构或者像元系列组成的栅格数据结构的形式存储，为 GIS 的功能实现提供数据支持。

(3) GIS 的优势在于它的空间分析功能。地理数据库中存储地理实体的空间数据、属性数据及时间数据，混合存储的数据结构和集成表达，使其具有独特的空间分析功能、快速的空间查询功能以及强大的图形表达方式，以及地理过程的演化模拟和空间决策支持功能。这正是 GIS 与其他 MIS 的最大区别之处，也是 GIS 研究和应用的核心部分。

(4) GIS 与地学等相关科学关系密切。GIS 的核心内容是它的空间数据部分，而空间数据的来源离不开测绘学；GIS 反映的是空间地理实体，所以与地理学关系十分密切；当然还包括地质学、林学、农学等。测绘学为 GIS 提供了高精度和不同空间尺度的数据，而且测绘理论直接可以应用到空间数据的变换和转换处理。地理学是一门研究人—地相互关系的科学，研究自然界里的生物、物理、化学过程以及探求人类活动与资源环境间相互协调的规律，这为 GIS 提供了有关空间分析的基本观点与方法，成为 GIS 的基础理论依托。

GIS 根据其研究范围，可分为全球性信息系统和区域性信息系统；根据其研究内容，可分为专题信息系统和综合信息系统；根据其使用的数据结构，可分为矢量信息系统、栅格信息系统和混合型信息系统，如图 1-2 所示。

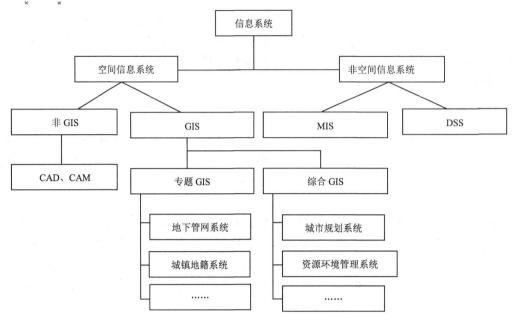

图 1-2　信息系统分类

测绘工程及其他专业学习《地理信息系统原理与应用》后，要求通过对 GIS 的基本知识和基本理论的学习，利用相关的 GIS 软件，能够熟练地应用于本专业的相关数据处理和数据分析，并能够独立完成简单的 GIS 程序设计与开发。

1.2　GIS 的发展

1.2.1　国外 GIS 的发展概况

大约 35 000 年前，在拉斯考克(Lascaux)附近的洞穴墙壁上，法国的 Cro Magnon 猎人画下了他们捕猎动物的图案。与这些动物图案相关的是一些描述迁移路线的轨迹线条和符号。这些早期记录符合了现代地理资讯系统的二元素结构：一个图形文件对应一个属性数据库。

18 世纪，地形图绘制的现代勘测技术得以实现，同时还出现了专题绘图的早期版本，例如：科学方面或人口普查资料。约翰·斯诺在 1854 年用点来代表个例，描绘了伦敦的霍乱疫情，这可能是最早使用地理方法的位置。他对霍乱分布的研究指向了疾病的来源——位于霍乱中心区域百老汇街的一个被污染的公共水泵。约翰·斯诺将泵断开，最终终止了疫情。

20 世纪初期，将图片分成层的"照片石印术"得以发展。它允许地图被分成各图层，例如一层表示植被，另一层表示水。该技术特别适用于印刷轮廓，这是一个劳力集中的任务，但它们有一个单独的图层，意味着它们可以不被其他图层上的工作混淆。这项工作最初在玻璃板上绘制，后来，塑料薄膜被引入，具有更轻、使用较少的存储空间、柔韧等优势。当所有的图层完成后，再由一个巨型处理摄像机结合成一个图像。彩色印刷技术引进后，层的概念也被用于创建每种颜色单独的印版。尽管后来层的使用成为当代GIS的主要典型特征之一，前面所描述的摄影过程本身并不被认为是一个 GIS，因为这个地图只有图像而没有附加的属性数据库。

20 世纪 60 年代早期，在核武器研究的推动下，计算机硬件的发展使通用计算机"绘图"的应用得到发展。

1967 年，世界上第一个真正投入应用的 GIS 由联邦林业和农村发展部在加拿大安大略省的渥太华研发。罗杰·汤姆林森(Roger Tomlinson，见图 1-3)博士开发的这个系统被称为加拿大 GIS(CGIS)，用于存储、分析和利用加拿大土地统计局(CLI，使用的 1：50 000 比例尺，利用关于土壤、农业、野生动物、水禽、林业和土地利用的地理信息，以确定加拿大农村的土地能力)收集的数据，并增设了等级分类因素来进行分析。

图 1-3　GIS 之父：罗杰·汤姆林森

CGIS 是"计算机制图"应用的改进版，它提供了、资料数字化/扫描功能。它支持一个横跨大陆的国家坐标系统，将线编码为具有真实的嵌入拓扑结构的"弧"，并在单独的文件中存储属性和区位信息。由于这一结果，汤姆林森被称为"GIS 之父"。

20 世纪 70 年代是 GIS 的发展时期。在这一期间，计算机发展到第三代，内存容量大增，运算速度达到 10^{-6} 秒级，特别是大容量直接存取设备——磁盘的使用，为地理数据的录入、储存、检索、输出提供了强有力的手段。用户屏幕和图形、图像卡的发展增强了人机对话和高质量图形显示功能，促使 GIS 朝着实用化方向发展。例如，从 1970—1976 年，美国地质调查所就建成了 50 多个信息系统，分别作为处理地理、地质和水资源等领域空间信息的工具。其他一些发达国家，如加拿大、联邦德国、瑞典等国，也先后发展了自己的 GIS。同时，一些商业公司开始活跃，GIS 软件在市场上受到欢迎，同时管理问题也开始受到重视。据 IGU 统计，在 20 世纪 70 年代，约有 300 个 GIS 系统投入使用，其中较完整的系统软件就有 80 个之多。1980 年，美国地质调查局出版了《空间数据处理计算机软件》的报告，基本总结了 1979 年以前世界各国 GIS 的发展概况。此外，马布尔(D. F. Marble)等拟订了处理空间数据的计算机软件登录的标准格式，对全部软件做了系统的分类，提出 GIS 发展研究的重点是空间数据处理的算法、数据结构和数据库管理三方面。同时，许多大学(如美国纽约州立大学等)开始注意培养 GIS 方面的人才，创建了 GIS 实验室。因此，GIS 这一技术受到了政府部门、商业公司和大学的普遍重视，成为引人注目的领域。

20 世纪 80 年代是 GIS 普及和推广应用的阶段。由于计算机硬件技术，GIS 系统软件和

应用软件的发展，使得它的应用从解决基础设施的规划(如道路、输电线)转向更复杂的区域开发，例如土地的农业利用、城市化的发展、人口规划与安置等。与卫星遥感技术相结合，GIS开始用于全球性问题，例如全球沙漠化、全球可居住区的评价、厄尔尼诺现象及酸雨，核扩散及核废料，以及全球变化与全球监测。在20世纪80年代中，GIS软件的研制和开发也取得了很大成绩，仅1989年市场上有报价的软件就达70多个，并且涌现出一批有代表性的GIS软件，如Arc/Info、IGDX/MRS、Tigris、Microstation、SICAD、GenaMap、System 9等。它们可在工作站或微机上运行。可以说，20世纪80年代是国际上GIS发展具有突破性的年代。

进入20世纪90年代，GIS技术的应用大大提高了人类处理和分析大量有关地球资源、环境、社会与经济数据的能力，而GIS技术及其应用的进一步发展则必须以地球信息机理理论为基础。世纪之交，由于GIS的应用日益广泛，加上航空和航天遥感、全球定位系统(GPS)、数字网络(Internet)和GIS等现代信息技术的发展及其相互间的渗透和整合，逐渐形成了以GIS为核心的地球空间信息集成化技术系统，为解决区域范围更广、复杂性更高的现代地学问题提供了新的分析方法和技术保证；同时，随着"数字地球"的提出，这些现代信息技术的综合发展及其应用的日益深广，掀起了全球变化研究与对地观测计划的新高朝，促使一门新兴的交叉学科"地理信息科学"的脱颖而出。这个时期，GIS已经渐变地含有地理信息科学的含义和意思。

1.2.2 我国 GIS 的发展概况

我国GIS的起步稍晚，但发展势头相当迅猛，大致可分为以下三个阶段。

(1) 起步阶段。20世纪70年代初期，我国开始推广电子计算机在测量、制图和遥感领域中的应用。随着国际遥感技术的发展，我国在1974年开始引进美国地球资源卫星图像，开展了遥感图像处理和解译工作。1976年召开了第一次遥感技术规划会议，形成了遥感技术试验和应用蓬勃发展的新局面，先后开展了京津唐地区红外遥感试验、新疆哈密地区航空遥感试验、天津渤海湾地区的环境遥感研究、天津地区的农业土地资源遥感清查工作。长期以来，国家测绘局系统地开展了一系列航空摄影测量和地形测图，为建立GIS数据库打下了坚实的基础。解析和数字测图、机助制图、数字高程模型的研究和使用也同步进行。1977年诞生了第一张由计算机输出的全要素地图。1978年，国家计委在黄山召开了全国第一届数据库学术讨论会。所有这些都为GIS的研制和应用做了技术上的准备。

(2) 试验阶段。进入20世纪80年代之后，我国执行"六五""七五"计划，国民经济全面发展，很快对"信息革命"做出热烈响应。在大力开展遥感应用的同时，GIS也全面进入试验阶段。在典型试验中，主要研究数据规范和标准、空间数据库建设、数据处理和分析算法及应用软件的开发等。以农业为对象，研究有关质量评价和动态分析预报的模式与软件，并用于水库淹没损失、水资源估算、土地资源清查、环境质量评价与人口趋势分析等多项专题的试验研究。在专题试验和应用方面，在全国大地测量和数字地面模型建立的基础上，建成了全国1∶100万地图数据库系统和全国土地信息系统、1∶250万水土保持信息系统，并开展了黄土高原信息系统以及洪水灾情预报与分析系统等专题研究试验，用于辅助城市规划的各种小型信息系统在城市建设和规划部门也获得了认可。在国内召开了多次关于GIS的国际学术讨论会。1985年，中国科学院建立了"资源与环境信息系统国家级重点开放实验室"，

1988 年和 1990 年武汉测绘科技大学先后建立了"信息工程专业"和"测绘遥感信息工程国家级重点开放实验室"。我国许多大学开设了 GIS 方面的课程和不同层次的讲习班，培养出了一大批从事 GIS 研究与应用的硕士和博士。

(3) GIS 全面发展及产业化阶段。20 世纪 80 年代末到 90 年代以来，我国的 GIS 随着社会主义市场经济的发展走上了全面发展阶段。国家测绘局正在全国范围内建立数字化测绘信息产业。1∶100 万地图数据库已公开发售，1∶25 万地图数据库也已完成建库，并开始了全国 1∶10 万地图数据库生产与建库工作，各省测绘局正在抓紧建立省级 1∶1 万基础地理信息系统。数字摄影测量和遥感应用从典型试验逐步走向运行系统，这样就可保证向 GIS 源源不断地提供地形和专题信息。进入 20 世纪 90 年代，沿海、沿江经济开发区的发展、土地的有偿使用和外资的引进，急需 GIS 为之服务，有力地促进了城市 GIS 的发展。用于城市规划、土地管理、交通、电力及各种基础设施管理的城市信息系统在我国许多城市相继建立。在基础研究和软件开发方面，科技部在"九五"科技攻关计划中，将"遥感、GIS 和 GPS 的综合应用"列入国家"九五"重中之重科技攻关项目。在该项目中投入了相当大的研究经费，支持武汉测绘科技大学、北京大学、中国地质大学、中国林业科学研究院和中国科学院地理研究所等单位开发我国自主版权的 GIS 基础软件。教育部批准地图学与 GIS 一级学科，一些高校也开设了 GIS 本科专业。经过几年的努力，中国 GIS 基础软件与国外的差距迅速缩小，涌现出若干能参与市场竞争的 GIS 软件，如 GeoStar、MapGIS、CityStar、ViewGIS、SuperMap 等。在遥感方面，在该项目的支持下，已建立全国基于 IK4 遥感影像土地分类结果的土地动态监测信息系统。国家这一重大项目的实施，有力地促进了中国遥感和 GIS 的发展。

1.2.3　当代 GIS 的发展概述

进入 21 世纪，信息时代瞬息万变，计算机技术飞速发展，网络技术、移动互联技术、空间探测技术逐渐成熟，GIS 作为计算机科学、地理学、测量学、地图学等多门学科综合的一种边缘性学科，其发展与其他学科的发展特别是计算机技术的发展密切相关。

近年来 GIS 技术发展迅速，其主要的原动力来自日益广泛的应用领域对 GIS 不断提高的要求。另一方面，计算机科学及网络技术的飞速发展为 GIS 提供了先进的工具和手段，许多计算机领域的新技术，如 Internet 技术、面向对象的数据库技术、三维技术、图像处理和人工智能技术都可直接应用到 GIS 中，"地理信息科学"呈现多元化发展的态势，主要发展方向如图 1-4 所示。

1. GIS 与 Internet/Intranet 的结合与应用

Internet 改变了我们的世界。当前，Internet/Intranet 正以惊人的速度膨胀和发展，大数据时代需求、云计算等使得 Internet 已不仅仅是一种单纯的技术手段，它已演变成一种经济方式——网络经济，电子商务的爆炸式发展就是一个佐证。阿里巴巴旗下电商网站 2013 年"双十一"共计 350 亿元的交易额，证明了现代人们的生活当中已离不开 Internet。大量的应用正由传统的 C/S 方式(客户机/服务器)向 B/S 方式(浏览器/服务器)转移，GIS 技术也是如此。GIS 技术和 Internet 技术的融合，形成了一种新的技术，即 WebGIS。WebGIS 有如下优点。

(1) 更广泛的访问范围。客户可以同时访问多个位于不同地方的服务器上的最新数据，

Internet/Intranet 所特有的优势大大地方便了 GIS 的数据管理，使分布式的多数据源的数据管理和合成更易实现。

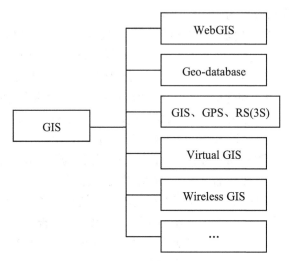

图 1-4　当代 GIS 的主要发展方向

(2) 平台独立性。无论 WebGIS 服务器端使用何种软件，由于使用了通用的 Web 浏览器，用户就可以透明地访问 WebGIS 数据，在本机或某个服务器上进行分布式部件的动态组合和空间数据的协同处理与分析，实现远程异构数据的共享。

(3) 降低系统成本。普通 GIS 在每个客户端都要配备昂贵的专业 GIS 软件，而用户经常的使用只是一些最基本的功能，这实际上造成了极大的浪费。WebGIS 在客户端通常只需使用 Web 浏览器(有时还要加一些插件)，其软件成本与全套专业 GIS 相比明显要节省得多。另外，由于客户端的简单性而节省的维护费用也很可观。

(4) 更简单的操作。要广泛推广应用 GIS，使 GIS 系统为广大的普通用户所接受，而不仅仅局限于少数受过专门培训的专业用户，就要降低对系统操作的要求。通用的 Web 浏览器无疑是降低操作难度的最好选择。

目前，WebGIS 在 Internet/Intranet 上的应用为典型的三层结构。三层结构包括客户机/应用服务器、Web 服务器、数据库服务器。这种方式又称瘦客户机系统。瘦客户机系统是指在客户机端没有或者有很少的应用代码。在以往的终端和主机的体系结构中。所有系统都是瘦客户机系统。现在随着 Internet 技术以及 Java、ActiveX 技术的出现，瘦客户机系统又重新出现。客户机负责数据结果的显示，用户请求的提交。地图应用服务器和 Web 服务器负责响应和处理用户的请求，而数据库服务器负责数据的管理工作。所有的地图数据和应用程序都放在服务器端，客户端只是提出请求，所有的响应都在服务器端完成，只需在服务器端进行系统维护即可，客户端无须任何维护，大大降低了系统的工作量。

现在，WebGIS 得到越来越广泛的应用。应用方向分为两大类，一类为基于 Internet 的公共信息在线服务，为公众提供交通、旅游、餐饮娱乐、房地产、购物等与空间信息有关的信息服务。在国内外的站点上已有了成功的应用，提供了大量的与空间位置有关的各种信息服务。例如，查一下离你所在位置最近的有哪些酒店、餐馆、公交车站等，甚至还能告诉你酒店的价格是多少，餐馆里有什么特色菜；或告诉你从中关村到天安门的公交路线怎么走，需要坐哪些车，而这些车站在哪里。这些服务看似简单，但与我们的日常生活息息相关，不可缺少。WebGIS 的另外一类应用为基于 Intranet 的企业内部业务管理，如帮助企业进行设备管理、线路管理以及安全监控管理等。随着企业 Intranet 应用的深入和发展，基于 Intranet 的WebGIS 应用会有越来越多的市场，也是未来的发展方向。

2. 基于数据库技术的海量空间数据管理与更新

GIS 技术的瓶颈之一就是如何解决海量空间数据管理与更新的问题。对于一个城市级的GIS 系统，其数据量极其巨大，一般达到 GB 的数据量级。和传统的基于文件的管理方式相比，利用面向对象的大型数据库技术能够有效地解决数据管理问题。

在面向对象的空间数据库中，海量地图数据的使用变得更加简单：只需建立单一图层，不必再进行分幅处理。如果用户原来的数据源是分幅的，可将其全部存储到一个图层中，数据库将自动对其进行拼接和索引处理，可形成一个完整的图层。应用时，在客户端只需极少量的编程(实际上只是指定数据源)，就可实现对数据库里数据的动态显示。数据库会根据当前地图客户端的显示视野，自动将此范围内的图形检索出来，送到客户端显示。因此，即使在服务器端的数据是 GB 级的，在客户端的数据量却仅为几十到上百 K 的数量级，大大减轻了客户端系统的配置需求，并减少了网络流量，可通过一般的网络(甚至远程)客户端进行访问。

利用数据库，可建立一种真正的 Client/Server 结构的空间信息系统，不仅解决了海量数据的存储和管理等问题，也解决了多用户编辑、数据完整性和数据安全机制等许多问题，给GIS 的应用带来更广阔的前景。

数据更新是世界性难题。很多学者在研究利用相关方法实现数据库动态增量更新，其中时空数据库理论也被应用进来。2009 年，中国测绘科学研究院成立的"国家基础地理信息动态数据库技术"项目成功地研发了我国第一套基础地理信息时空数据库管理系统软件。该软件包括时空数据编辑处理系统(STDBMaker)和时空数据库管理平台(STDBInfo)，获得了多项知识产权登记和专利申请。该项目同时解决了地理空间信息历史数据与现势数据整合和管理的技术难题，形成了时空数据一体化管理解决方案，在土地资源管理、基础地理信息动态管理等方面开展了实际应用，取得了非常好的效果。

3. 高分辨率遥感影像、GIS、GNSS 的结合

现在，高分辨率的遥感(Remote Sensing，RS)影像已逐渐应用到了商业领域中，美国 QuickBird 遥感影像空间分辨率高达 0.61 m。高分辨率遥感影像意味着人们在数据采集和数据更新上的一场革命。在传统的地图数据采集过程中，人们是采用手工作业方式，这要耗费大量的人力和物力，而且数据更新的时间很长。但是，利用卫星拍摄的高分辨率的遥感影像，人们可以迅速得到几个月前甚至几天前的最新更新数据，成本要降低十几倍，数据更加真实准确。高分辨率的遥感影像在商业领域有很多应用，如国土资源统计、灾害评估、自然环境监测、城建规划等各个领域。

遥感是实时获取和动态处理空间信息，对地观测和分析的先进技术系统，是为 GIS 提供准确可靠信息源和实时更新数据的重要保证。

全球导航卫星系统(Global Navigation Satellite System，GNSS)主要是为遥感实时数据定位提供空间坐标，以建立事实数据库，故可作为数据的空间坐标定位，并能进行数据实时更新。

以 GIS 为核心的 3S(RS、GIS、GNSS)集成，使得人们能够实时地采集数据、处理信息、更新数据以及分析数据。GIS 已发展成为具有多媒体网络、虚拟现实技术以及数据可视化的强大空间数据综合处理技术系统。

上述系统各自独立，又可平行运行。它们之间的集成不仅实现了互补，而且产生了强大的边缘效应，将极大地增强以 GIS 为核心的综合体系的功能。

4. 三维仿真与虚拟现实

三维 GIS 是许多应用领域的基本要求。三维和二维相比，能够帮助人们更加准确真实地认识我们的客观世界。以前的三维显示只能应用在大型的主机和图形工作站上，在极少数的部门如地震预测、石油勘探、航空视景模拟器中得到应用，成本很高。随着计算机技术的发展，硬件成本不断降低，一台普通的 PC 就可以很轻松地进行真三维显示和分析。以前的 GIS 大多提供一些较为简单的三维显示和操作功能，但这与真三维表示和分析还有很大差距。现在三维 GIS 可以支持真三维的矢量和栅格数据模型，以及以此为基础的三维空间数据库，解决了三维空间操作和分析问题。一些网络运营商也重点投入到了三维仿真和虚拟现实，如谷歌、百度、腾讯等都拥有了自己的街景平台，不断为用户提供更好、更完善的体验式服务。

5. 无线移动通信与 GIS 的结合

无线移动通信技术改变了人们的生活和工作方式。随着移动通信技术的发展，特别是 Web 技术的应用，使移动通信技术与 GIS 技术以及 Internet 技术的结合成为可能，形成一种新的技术——无线定位技术(WireLess Location Technology)。因此也衍生一种新的服务，即无线定位服务(WireLess Location Service)。无线定位技术的应用很广泛。利用这种技术，人们用手机就可以查询到自己所在的位置，再利用 GIS 的空间查询分析功能，查到自己所关心的信息。目前，通过手机无线上网、无线资料传输已经成为新的热潮。GIS 与无线通信的结合，使得 GIS 借助于无线通信等技术手段更加深入地融入到了我们的日常生活当中，为我们提供了前所未有的市场与机遇。

GIS 的应用日趋广泛，已成为城市规划、设施管理和工程建设的重要工具，同时还进入了军事战略分析、地学领域、移动通信、文化教育乃至人们的日常生活当中，其社会地位发生了明显地变化。2011 年原国家测绘局更名为国家测绘地理信息局，全国各省市测绘主管部门也相继更名；《地理信息产业"十二五"规划》指出，到 2015 年地理信息产业规模要达到 5000 亿元，2020 年达到万亿，未来年均增长 20%。地理信息产业已经逐渐深入到社会经济和人们日常生活中。

1.3　GIS 的组成

由 GIS 的定义可知，支持数据的采集、存储、管理、处理、分析、建模及显示等功能是 GIS 的最大优势。一般认为 GIS 的组成包括系统硬件、系统软件、数据、应用人员和应用模型，它们的关系如图 1-5 所示。

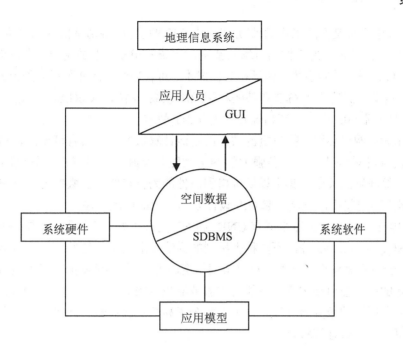

图 1-5　GIS 的组成关系示意图

1.3.1　系统硬件

　　GIS 的硬件用以存储、处理、传输和显示地理信息或空间数据，基本类型如图 1-6 所示。GIS 的物理表达是计算机系统，所以计算机是 GIS 的主机，也是硬件的核心，包括从主机服务器到桌面工作站，用做数据的处理、管理与计算。GIS 的外部设备包括数据的输入、存储以及输出设备。数据输入设备主要包括数字化仪、扫描仪、全站仪及 GNSS 数据采集仪器、摄影测量与遥感设备等；数据存储设备主要包括各种光盘、磁带、硬盘、磁盘阵列等；数据输出设备主要包括打印机、绘图仪及各种显示设备。GIS 的网络设备主要包括路由器、交换机、网线和网桥等。

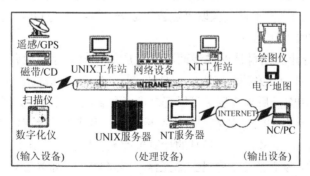

图 1-6　GIS 硬件基本类型

1. GIS 主机

目前运行 GIS 的主机包括大型、中型、小型机，工作站/服务器和微型计算机及各种 PDA、移动终端等。其中各种类型的工作站/服务器成为 GIS 的主流,特别是由 Intel 硬件和 Windows NT 构成的 PC 工作站正成为工作站市场的新宠,传统 UNIX 阵营的用户正在逐渐向它转移。NT 工作站对 GIS 用户的吸引力,包括相对低成本、可管理性、标准图形化平台和具有 PC 结构与效率等,因此广泛应用于 GIS 和某些科学应用领域。例如,ArcGIS、Intergraph、MapInfo 和 GenaMap 等主流 GIS 产品,都相继开发出其 NT 版本。

服务器作为在网络环境下提供资源共享的主流计算机产品,具有可靠性、高性能、高吞吐能力、大内存容量等特点,具备强大的网络功能和友好的人机界面,是以网络为中心的 GIS 和现代计算环境的关键,其中以低价格和高性能为特点的 PC 服务器,正在迅速缩小与 UNIX 服务器之间的差距,日益引起 GIS 设计者和用户的广泛关注。

目前,GIS 工作站和服务器主要有 UNIX 和 NT 两大类型,其产品包括 SunMicrosystems、HP、IBM、SGI 和 Compaq 等,不同种类机型的界线逐渐模糊。随着云计算的出现,诞生了"云主机"。云主机是整合了计算、存储与网络资源的 IT 基础设施能力租用服务,能提供基于云计算模式的按需使用和按需付费能力的服务器租用服务。客户可以通过 Web 界面的自助服务平台,部署所需的服务器环境。云主机整合了高性能服务器与优质网络带宽,具有服务低成本、高可靠、易管理等特点。

2. GIS 的外部设备

GIS 的外部设备包括数据的输入、存储以及输出设备。

数据输入设备主要包括数字化仪、扫描仪、全站仪及 GNSS 数据采集仪器、摄影测量与遥感设备等。图形跟踪数字化成本高、工序烦琐、对操作人员素质要求较高,但至今仍为空间数据采集的主要方式之一,传统的数据输入设备主要包括手扶跟踪数字化仪及各种黑白/彩色扫描仪等。手扶跟踪数字化仪的速度慢,工作效率较低,而大型扫描仪获得栅格数据较容易,栅格数据经过矢量化后形成矢量数据。目前的 GIS 软件大都支持矢量化功能,且能够形成拓扑关系的建立。随着测绘技术的发展,GIS 数据获取手段也发生了很大变化,从传统的全站仪与 GNSS 发展到了摄影测量与遥感技术。全站仪和 GNSS 能够快速获取精度高、质量好的矢量数据;摄影测量和遥感获取的栅格数据具有覆盖范围大、空间尺度多样、分辨率高等特点;三维激光扫描技术直接获取"点云"数据。这些都为 GIS 数据的采集和输入提供了广阔的空间,如图 1-7 所示。

存储器是伴随着计算机科技的进步而不断发展的。数据存储设备最初为打孔纸带,如图 1-8(a)所示;在 IBM 650 系列计算机中磁鼓(见图 1-8(b)所示)被当成主存储器,每支可以保存 1 万个字符(不到 10K);后来出现了可以记录声音和影响的磁带,如图 1-8(c)所示,目前磁带的最大存储量可以达到 1TB。随着技术的不断进步,出现了软盘存储数据,如图 1-9 所示。软盘有 8 寸、5.25 寸和 3.5 寸之分,当时的计算机都配有软驱,即 A 盘。不久软盘就被淘汰,出现了光盘存储技术,从普通 LD 光盘到磁光盘,再到 DVD、蓝光 DVD、HD-DVD,存储能力不断提升,全息光盘存储量可达到 300G。而美国 Call/Recall 公司更是研制出基于双光子吸收 3D 技术的 TB 级光盘,如图 1-10 所示。目前最常用的存储设备莫过于硬盘,无论硬盘、移动硬盘还是 USB 闪存盘,它们的存储量都在不断提高,为 GIS 数据的存储提供了保障。

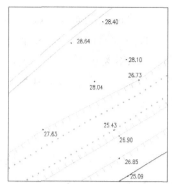

图 1-7　矢量数据、栅格数据和"点云"技术效果图

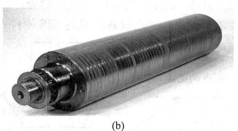

(b)

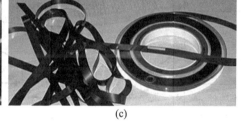

(a)　　　　　　　　　(c)

图 1-8　打孔纸带、磁鼓和磁带

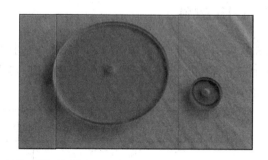

图 1-9　软盘　　　　　　　　　图 1-10　TB 级光盘

　　数据输出设备主要包括绘图仪、打印机及各种显示设备。绘图仪为 GIS 空间数据的输出和地图产品的印制提供了支持。如 HP DesignJet 750C 彩色喷墨绘图仪，是一种快速、可靠、便于网络连接且可在多种介质上进行高质量输出的绘图仪，是目前广泛使用的主流 GIS 产品输出设备。它采用根据对象空间分布形式和输出产品的特征，选择适当的图形表示方法、结合色彩、线条、符号、文字等表示手段，可输出具有 600 dpi 分辨率的高精度黑白图片。当

其彩色输出在 300dpi 时，颜色可多达 1600 多种，可获得极高清晰度的绘图质量。GIS 属性数据往往以表格、报表、文字等形式输出，故打印机是必不可少的输出设备之一。目前打印机设备多种多样，黑白、彩色、喷墨、激光等应有尽有，足以保证 GIS 数据的完美呈现。目前数据显示设备也在飞速发展，高清、液晶显示器已经相当普及，多种独立显卡可满足不同数据结果的视觉需求。另外 3D 立体转换设备保证了虚拟 GIS 的表达。

3. 网络设备

GIS 的网络设备主要包括路由器、交换机、布线系统、网桥等。进入 21 世纪以来，网络技术飞速发展，大数据时代对网络的要求更高，影响着 GIS 的结构体系。当前，基于 C/S(客户/服务器)和 B/S(浏览器/服务器)体系结构，并在局域网、广域网或因特网支持下的分布式系统结构(见图 1-11)，已经成为 GIS 的发展趋势，而 GIS 海量数据的互操作也在不断地对网络提出新的要求。因此，网络设备已成为 GIS 硬件不可或缺的组成部分。

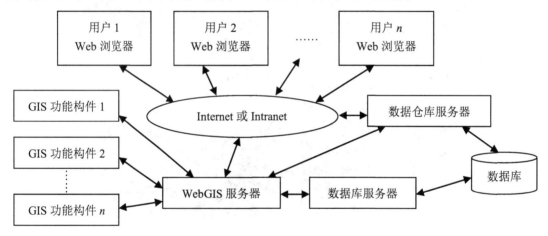

图 1-11 分布式 GIS 结构体系

1.3.2 GIS 软件

GIS 软件用于执行 GIS 功能的各种操作，包括数据输入、处理、数据库管理、空间分析和图形用户界面(GUI)等。按照其功能分为 GIS 专业软件、数据库软件和系统管理软件等，如图 1-12 所示。

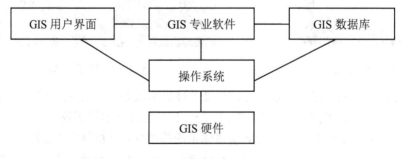

图 1-12 GIS 的软件层次

1. GIS 专业软件

GIS 专业软件一般指具有丰富功能的通用 GIS 软件。这些软件具有 GIS 的各种高级功能，并且能够作为开发应用 GIS 软件的平台工具，例如：ArcGIS、MapInfo、MapGIS、SuperMap 等。它们一般都包含有以下几种主要核心模块。

(1) 数据输入和编辑：支持图形跟踪、扫描矢量化，对图形和属性数据提供修改和更新等编辑操作。

(2) 空间数据管理：开发针对数据库操作的软件，能对大型的、分布式的、多用户数据库进行有效的存储检索和管理。

(3) 数据处理和分析：能够转换各种标准的矢量格式和栅格数据，完成地图几何变换、投影转换，支持各类空间分析功能等。

(4) 数据输出：提供地图制作、报表生成、符号生成、汉字生成和图像显示等。

(5) 用户界面：提供生产图形用户界面工具，使用户不用编程就能制作友好和美观的图形用户界面。

(6) 系统二次开发能力：利用提供的应用开发语言及开发组件，可编写各种复杂的 GIS 应用系统。

2. 数据库软件

GIS 数据包括空间数据和属性数据，作为存储和管理数据的数据库软件被要求能够很好地解决二者之间的联系。现有数据库系统能够很好地存储非空间属性数据，通过经典的数据查询语言为用户提供快速查询、检索的功能，并对数据安全提供可靠保障。例如 Oracle、SQL Server、DB2、Informix 等。这些软件目前已经实现了在传统关系型数据库中存储 GIS 的空间数据，并且利用有关技术解决了空间数据与属性数据之间的联系。例如空间数据引擎(Spatial Database Engine，SDE)技术，如图 1-13 所示。

3. 系统管理软件

系统管理软件主要是指计算机操作系统，包括 UNIX、Windows NT、VMS、Mac 等，移动终端操作系统包括 Windows Phone、Android、iOS 等。它们关系到 GIS 软件和开发语言使用的有效性，因此也是 GIS 软硬件环境的重要组成部分。

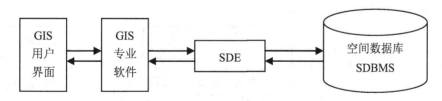

图 1-13　空间数据引擎技术

1.3.3　GIS 的数据

数据是 GIS 最重要的内容，也是 GIS 区别于其他管理系统的重要因素。GIS 的数据体现了空间特征、属性特征和时间特征，所以 GIS 的数据包括空间数据、属性数据和时间数据。

GIS 的空间数据是指地理实体的空间位置及其相互关系。属性数据主要是指非空间的属性数据，表示实体的数量、名称、类型等。时间数据反映的是地理实体随着时间而产生的变化，也反映出数据是否具有较强的现势性。

GIS 研究对象是空间实体，而复杂的空间实体又可以抽象成点、线、面三类要素，即空间基本实体，它们的数据表达可以分为基于坐标序列的矢量数据结构和基于像元的栅格数据结构。矢量数据获取方法包括地形图直接测绘的结果，图形矢量化的结果以及栅格数据转换的结果等。栅格数据获取方法主要包括摄影测量和遥感的产品——航片和卫片，扫描仪扫描的结果以及矢量数据转换的结果。

在 GIS 中，空间数据是以结构化的形式存储在计算机中的，称为数据库。数据库由数据库实体和数据库管理系统组成。数据库实体存储有许多数据文件和文件中的大量数据，而数据库管理系统主要用于对数据的统一管理，包括查询、检索、增删、修改和维护等。由于 GIS 数据包括空间数据和属性数据，二者之间又有紧密的联系，所以如何实现 GIS 数据合理的存储和管理是 GIS 数据库在传统数据库的基础上需要解决的问题，目前有以下三种方式。

(1) 混合型。

由于一般 DBMS 不适于存储和管理空间数据，因此目前大部分 GIS 软件采用混合管理模式，即文件系统管理几何图形数据和商用 DBMS 管理属性数据。它们之间的联系通过目标标识码(ID)进行连接，如图 1-14(a)所示。

(2) 全关系型。

将空间数据与属性数据统一用现有的关系型数据库管理系统(RDBMS)管理，但标准 RDBMS 又不能直接处理空间数据，GIS 软件商在标准 DBMS 顶层开发一个能容纳、管理空间数据的功能，如图 1-14(b)所示。

(3) 对象-关系型。

由 DBMS 软件商在 RDBMS 中进行扩展，制定空间数据管理的专用模块，定义操纵点、线、面等空间对象的 API 函数，使之能直接存储和管理非结构化的空间数据，如图 1-14(c)所示。

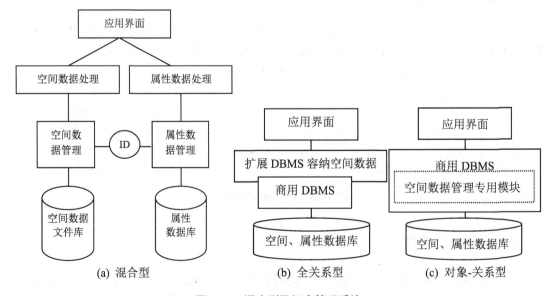

(a) 混合型 (b) 全关系型 (c) 对象-关系型

图 1-14　混合型数据库管理系统

1.3.4　应用人员

GIS 应用人员包括系统开发者和系统最终用户。GIS 开发人员的业务水平和专业能力，决定了系统开发的成败(见图 1-15)，而不同的用户决定了系统不同的应用专题。

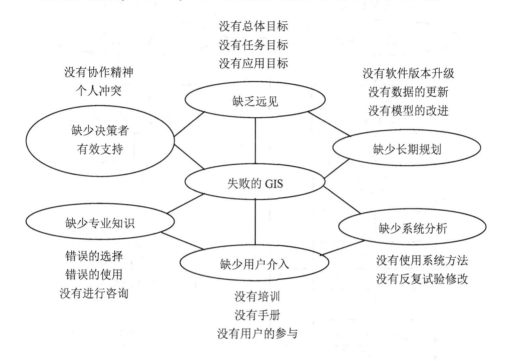

图 1-15　GIS 开发失败的因素构成图

GIS 是一个横跨多个学科组成的一个边缘学科，在 GIS 建设的各个阶段，需要各种层次、各种专业的技术人员参与。例如系统分析人员、设计人员、程序员、操作员、软硬件维护人员、组织管理人员等。GIS 的开发应对新建 GIS 的规模和应用领域，对从事这些工作的技术人员数量、结构和水平进行调查分析，如果不能投入足够数量的上述人员或者投入人员的技术水平不理想，则可以认为 GIS 建设在技术力量上是不可行的。

1.3.5　应用模型

GIS 为解决现实问题提供了普遍有效的工具和手段，但针对不同的专题应用，GIS 还需要有专门的应用模型，才能更有效地解决具体问题。例如土地利用适宜性模型、选址模型、洪水预测模型、人口扩散模型、森林增长模型、水土流失模型及最优化模型等。GIS 应用模型的构建和选择也是系统应用开发成败的重要因素。

模型是客观世界的表征和体现，同时又是客观事物的抽象和概括。模型比现实世界容易操作，尤其对于一些不能做试验的问题，可以通过建立模型来进行分析研究。模型能最迅速地抓住事物的本质特征，节约时间，降低费用。GIS 求解问题的基本流程如图 1-16 所示。模型的构建绝非纯数学或技术性问题，而是必须以坚实而广泛的专业知识和经验为基础，对相关问题的机理和过程进行深入的研究，并从各种因素中找出其因果关系和内在规律。大量应用模型的研究、开发和应用，凝聚和验证了许多专家的经验知识，无疑也为 GIS 应用系统向专家系统的发展打下了基础。

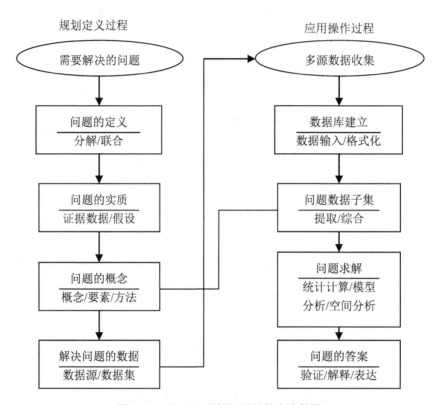

图 1-16　用 GIS 求解问题的基本流程图

1.4　GIS 的功能

由 GIS 的定义可知，GIS 是对数据进行采集、输入、管理、处理、分析和输出的计算机系统，这些也构成了 GIS 的基本功能。在这些基本功能的基础上，通过利用空间分析技术、模型分析技术、网络技术、数据库和数据集成技术、二次开发环境等，可演绎出丰富多彩的系统应用功能，满足用户的广泛需求。

1.4.1　GIS 的基本功能

1. 数据的采集和编辑

当前大多 GIS 软件以数据层的形式来处理数据，如图 1-17 所示。数据采集和编辑的主要任务是保证地理实体被抽象成点、线、面、体等几何要素后，能够以不同的数据层的形式完整地表达。矢量数据结构用来准确地确定空间实体的坐标位置和属性信息；栅格数据结构则用来明确不同像元表示的不同属性。数据采集、编辑、入库流程如图 1-18 所示。

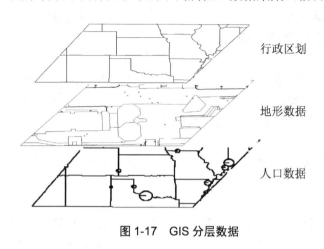

图 1-17　GIS 分层数据

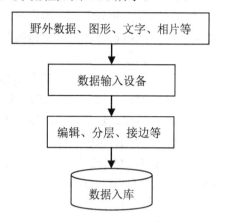

图 1-18　数据采集编辑入库流程

2．数据的存储与管理

GIS 数据库是研究区域内的地理要素特征，以一定的组织方式存储在一起的相关数据的集合。GIS 数据包括空间数据和属性数据，GIS 数据的存储不但要考虑属性数据存储的 DBMS，还要兼顾空间数据的表达。空间数据具有数据量大、拓扑关系复杂等特点，所以数据库管理系统还要考虑空间数据的查询、检索、分析、应用等功能。

3．数据处理与变换

GIS 数据多种多样，有时不同结构和种类的数据同时出现。为了统一规范化管理，建立满足不同用户需求的数据文件，需要对 GIS 数据进行处理，主要包括以下几个方面。

(1) 数据变换：对数据从一种数学状态转换为另一种数学状态，包括投影变换、辐射纠正、比例尺缩放、误差改正和处理等。

(2) 数据重构：对数据从一种几何形态转换为另一种几何形态，包括数据拼接、数据截取、数据压缩、结构转换等。

(3) 数据抽取：对数据从全集合到子集的条件提取，包括类型选择、窗口提取、布尔提取和空间内插等。

4．空间查询与分析

GIS 相对于其他 MIS 的最大优势在于 GIS 管理的是空间数据库，从而能够直接进行空间查询和空间分析。DBMS 虽然也能够很好地处理 GIS 中属性数据的查询和分析，但对于空间数据，则需要其增加空间数据拓扑关系谓词和建立空间数据查询语言和体系，才能进行。GIS 空间分析方法较多，不同的数据结构，空间分析的效果也有所不同。主要空间分析方法包括以下几点。

(1) 叠加分析。

在同一研究区域内，使不同几何要素和属性的数据层叠合在一起，产生新的空间数据和属性数据。该分析法易于进行多条件的查询检索、地图裁剪、地图更新和应用模型分析等。

(2) 地学分析。

GIS 地学分析主要是利用数字高程模型(Digital Elevation Model，DEM)技术，实现地学专题应用的模拟和分析。其内容包括地表走势、透视、坡度、汇水范围等地学专题分析，为地学研究、工程设计和辅助决策提供重要的基础性数据。

(3) 缓冲区分析。

缓冲区分析是指在空间基本实体点、线、面周围的一定区域内建立新的区域数据，研究其空间接近度或邻域度。例如道路扩建，需要确定周边居民的动迁范围，进而确定其补偿额；水库扩容，需要确定扩容后的淹没区域等，都适用于缓冲区分析法。

(4) 空间集合分析。

空间集合分析是按照两个逻辑子集给定的条件进行布尔逻辑运算。布尔逻辑包括与(AND)、反(NOT)、或(OR)、异或(XOR)等。

(5) 网络分析。

网络分析是指依据网络拓扑关系，通过考察网络元素的空间及其属性数据，以数学理论模型为基础，对网络的性能特征进行多方面研究的一种分析计算。该方法主要用于研究一项网络工程如何安排，并使其运行效果最好。例如一定资源的最佳分配、最短路径的选择等。

5. 产品制作与显示

GIS 产品是指经由系统处理和分析，产生具有新的概念和内容，可以直接输出供专业规划或决策人员使用的各种地图、图像、图表或文字说明。其中地图图形输出是 GIS 产品的主要表现形式，包括各种类型的符号图、动线图、点值图、晕线图、等值线图、立体图等。

GIS 产品制作与显示的功能包括设置显示环境、定义制图环境、显示地图要素、定义字形符号、设置字符大小和颜色、标注图名和图例，以及绘图文件的编辑等。

6. 二次开发与编程

GIS 平台软件虽然为 GIS 数据分析和应用提供了众多功能强大的工具，能够解决很多现实应用问题，但为了更好地发挥系统的功能，进而适应不同专题的应用，有时需要对系统进行二次开发。目前大多数 GIS 软件都提供有二次开发的语言、函数或接口，很方便用户对高级语言(VB、VC、C#、.NET 等)的调用，用户可以根据自己的需要制定专属的菜单、界面、功能模块等。

1.4.2 GIS 的应用功能与范围

目前 GIS 已被广泛地应用于资源调查、环境评估、灾害预测、国土管理、城市规划、邮电通信、交通运输、军事公安、水利电力、公共设施管理、农林牧业、统计、商业金融等众多领域。其功能具体如下。

(1) 资源管理。

该功能主要应用于农业和林业领域，解决农业和林业领域各种资源(如土地、森林、草场)分布、分级、统计、制图等问题；主要回答"定位"和"模式"两类问题。

(2) 资源配置。

该功能主要应用于城市中各种公用设施、救灾减灾中物资、能源、粮食供应等在各地的资源配置。GIS 在这类应用中的目标是保证资源的最合理配置和发挥最大效益。

(3) 城市规划和管理。

空间规划是 GIS 的一个重要应用领域，城市规划和管理是其中的主要内容。例如，在大规模城市基础设施建设中如何保证绿地的比例合理分布；如何保证学校、公共设施、运动场所、服务设施等服务面的辐射范围最大化。

(4) 土地信息系统和地籍管理。

土地和地籍管理涉及土地使用性质变化、地块轮廓变化、地籍权属关系变化等许多内容，借助 GIS 技术可以高效、高质量地完成这些工作。

(5) 生态、环境管理与模拟。

区域生态规划、环境现状评价、环境影响评价、污染物削减分配的决策、环境与区域可持续发展的决策、环保设施的管理、环境规划等，都可以借助 GIS 技术解决。

(6) 应急响应。

该功能主要应用于在发生洪水、战争、核事故等重大自然或人为灾害时，如何安排最佳的人员撤离路线，以及如何配备相应的运输和保障设施等问题。

(7) 地学研究与应用。

地形分析、流域分析、土地利用研究、经济地理研究、空间决策支持、空间统计分析、制图等都可以借助 GIS 工具完成。

(8) 商业与市场。

商业设施的建立必须充分考虑其市场潜力。例如大型商场的建立，如果不考虑其他商场的分布、待建区周围居民区的分布和人数，建成之后就可能无法达到预期的市场效益。有时甚至商场销售的品种和市场定位都必须与待建区的人口结构(年龄构成、性别构成、文化水平)、消费水平等结合起来考虑。GIS 的空间分析和数据库功能可为房地产开发商解决这些问题。

(9) 基础设施管理。

城市的基础设施(电信、自来水、道路交通、天然气管线、排污设施、电力设施等)广泛分布在城市的各个角落，且这些设施明显具有地理参照特征。它们的管理、统计、汇总都可以借助 GIS 完成，而且可以大大提高工作效率。

(10) 选址分析。

根据区域地理环境的特点，综合考虑资源配置、市场潜力、交通条件、地形特征、环境影响等因素，在区域范围内选择最佳位置，是 GIS 的一个典型应用，充分体现了 GIS 的空间分析功能。

(11) 网络分析。

该功能主要应用于建立交通网络、地下管线网络等的计算机模型，研究交通流量、进行交通规划、处理地下管线突发事件(爆管、断路)等。其中，警务和医疗救护的路径优选、车辆导航等也是 GIS 网络分析功能广泛应用的实例。

(12) 可视化。

该功能是指以数字地形模型为基础，建立城市、区域、大型建筑工程、著名风景名胜区等的三维可视化模型，实现用户多角度浏览。目前 GIS 的可视化功能已被广泛地应用于城市和区域规划、大型工程管理和仿真、旅游项目宣传等领域。

(13) 分布式地理信息应用。

随着网络和 Internet 技术的发展，运行于 Intranet 或 Internet 环境下的 GIS 应用类型，其目标是实现地理信息的分布式存储和信息共享，以及远程空间导航等。

习　题

1. 简述 GIS 的含义。
2. 简述 GIS 的组成及其功能。
3. 简述 GIS 的发展概况，以及当前主要的发展方向。
4. GIS 硬件包括哪些？
5. GIS 软件分为哪几类？请举 3～4 个例子说明。
6. 一般 MIS 与 GIS 相比较，后者具有哪些优势？
7. GIS 的基本功能有哪些？
8. 结合实际，谈谈你对 GIS 应用的理解。

第 2 章　空间数据组织

学习重点：

● 地理空间实体的特征及表达
● 拓扑关系
● 地理空间数据结构
● 矢量数据与栅格数据的编码方法

2.1　地理空间及其表达

2.1.1　地理空间信息

地理数据也可以称为空间数据(Spatial Data)。地理空间(Geographic Space)是指物质、能量、信息的形式与形态、结构过程、功能关系上的分布方式和格局，及其在时间上的延续。GIS 中的地理空间分为绝对空间和相对空间两种形式。绝对空间是具有属性描述的空间位置的集合，由一系列不同位置的空间坐标值组成；相对空间是具有空间属性特征的实体的集合，由不同实体之间的空间关系构成。在 GIS 应用中，空间概念贯穿于整个工作对象、工作过程、工作结果等各个部分。空间数据就是以不同的方式和来源获得的数据，如地图、各种专题图、图像、统计数据等，这些数据都具有能够确定空间位置的特点。

地理信息是一个时空过程，它存在于一定物质、能量载体中，并能从一种载体向另一种载体进行转移，从而形成所谓的信息流。按照认知关系可将地理信息载体划分为地理主体和地理对象两种。

2.1.2　地理空间信息的描述

1. 数据模型的描述

地球表面的几何模型是定义合适的地理参考系统的依据。根据大地测量学的研究，地球表面几何模型分为四类：地球自然表面模型、地球相对抽象表面模型、地球旋转椭球体模型和地球数学模型。

(1) 地球自然表面模型。

地球自然表面模型是地球的自然体，起伏而不规则，呈梨形，如图 2-1 所示，难以用简单的数学表达方式描述出来，所以不适合数字建模，对其进行几何量测也十分复杂。

(2) 地球相对抽象表面模型。

地球相对抽象表面模型，即由大地水准面描述的模型。因为地球自然表面是一个起伏不平、十分不规则的表面，既有高山、丘陵和平原，又有江河湖海。地球表面约有 71%的面积为海洋，29%的面积是大陆与岛屿。陆地上最高点与海洋中最深处相差近 20 公里。这个高低不平的表面无法用数学公式表达，也无法进行运算。所以在量测与制图时，必须找一个规则的曲面来代替地球的自然表面。当海洋静止时，它的自由水面必定与该面上各点的重力方向(铅垂线方向)成正交，我们把这个面叫作水准面。水准面有无数多个，其中有一个与静止的平均海水面相重合。可以设想这个静止的平均海水面穿过大陆和岛屿，形成了一个闭合的曲面，这就是大地水准面。

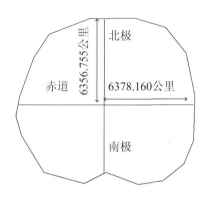

图 2-1　地球的自然形状

(3) 地球旋转椭球体模型。

地球旋转椭球体模型，是为了测量成果计算的需要，选用一个同大地体相近的，可以用数学方法表达的旋转椭球体来代替地球。旋转椭球体是一个椭圆绕其短轴旋转而成的，是以大地水准面为基础。与局部地区的大地水准面符合最好的旋转椭球体，称为参考椭球体。经过长期的观测、计算和分析得出了参考椭球体长短半轴的数值。图 2-2 所示为地球自然表面、大地水准面、参考椭球面的关系。

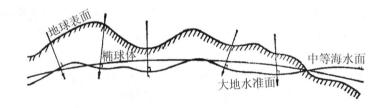

图 2-2　地球自然表面、大地水准面、参考椭球面的关系

(4) 地球数学模型。

地球数学模型，是在解决其他一些大地测量学问题时提出来的，如类地形面、准大地水准面、静态水平衡椭球体。

2．地理空间参照系的建立

地理空间参照系是表示地理实体要素位置的空间参照系统。在 GIS 数据库中，所有的数据必须纳入一个地理空间参照系。主要的地理参照系有地理坐标系和投影坐标系。

1) 地理坐标系

坐标系包含两方面的内容：一是在把大地水准面上的测量成果化算到椭球体面上的计算工作中，所采用的椭球的大小；二是椭球体与大地水准面的相关位置不同，对同一点的地理坐标所计算的结果将有不同的值。因此，选定一个一定大小的椭球体，并确定它与大地水准面的相关位置，就确定了一个坐标系(见图 2-3)。

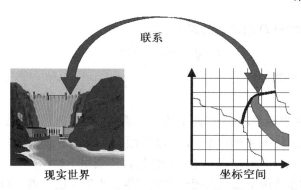

图 2-3　现实世界和坐标空间的联系

(1) 地理坐标。地球除了绕太阳公转外，还绕着自己的轴线旋转，地球自转轴线与地球椭球体的短轴重合，并与地面相交于两点，这两点就是地球的两极——北极和南极。垂直于地轴，并通过地心的平面叫作赤道平面，赤道平面与地球表面相交的大圆圈(交线)叫赤道。平行于赤道的各个圆圈叫作纬圈(纬线)(Parallel)，显然赤道是最大的一个纬圈。通过地轴垂直于赤道面的平面叫作经面或子午圈(Meridian)，所有的子午圈长度都相等。地球的经线和纬线如图 2-4 所示。

地理坐标是一种球面坐标，可以用于地球表面地理实体的定位。直接利用地理坐标进行距离、面积和方向等参数运算是复杂的，也不能方便地显示数据到平面上。在球面上量测两点间的距离计算方法为

$$\cos D = \sin a \sin b + \cos a \cos b \cos c$$

式中：D——A 点和 B 点间的距离(以角度表示)；

a、b——A 点和 B 点的纬度；

c——A 点和 B 点的经度差。

(2) 平面直角坐标系。在平面上选一点 O 为直角坐标原点，过该点 O 作相互垂直的两轴 XOX' 和 YOY' 而建立平面直角坐标系，如图 2-5 所示。

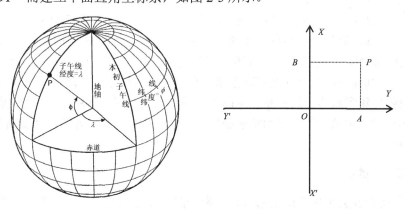

图 2-4　地球的经线和纬线　　　图 2-5　平面直角坐标系

直角坐标系中，规定 OX、OY 方向为正值，OX'、OY' 方向为负值，因此在坐标系中的一个已知点 P，它的位置便可由该点对 OX 与 OY 轴的垂线长度唯一确定，即 $x=AP$，$y=BP$，通常记为 $P(x, y)$。

A 点和 B 点间的距离 D 用以下公式表示：

$$D=\sqrt{(x_1-x_2)^2+(y_1-y_2)^2}$$

式中：x_i 和 y_i 是点 i 的坐标。

2）投影坐标系

投影坐标系(平面坐标系)将椭球面上的点，通过投影的方法投影到平面上时，通常使用平面坐标系。平面坐标系分为平面极坐标系和平面直角坐标系。平面极坐标系采用极坐标法，即用某点到极点的距离和方向来表示该点的位置，主要用于地图投影理论的研究。如图 2-6 所示，平面直角坐标系采用平面直角坐标来确定地面点的平面位置。可以通过投影将地理坐标转换为平面坐标。为了制作地图和使用地图方便，经常会将地理经纬线网和方里网绘制在地图上。地理经纬线网是指由经线和纬线构成的坐标网，又称地理坐标网。方里网是指平行于投影坐标轴的两组平行线所构成的方格网。

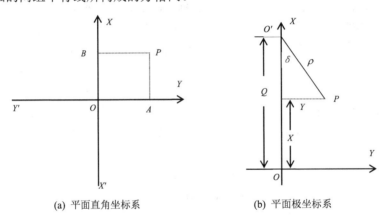

(a) 平面直角坐标系　　　　　　(b) 平面极坐标系

图 2-6　平面直角坐标系和极坐标系

3）高程

地面点到大地水准面的铅垂距离，称为高程，又称绝对高程。如图 2-8 所示，P_0P_0' 为大地水准面，地面点 A 和 B 到 P_0P_0' 的垂直距离 H_A 和 H_B 为 A、B 两点的绝对高程。地面点到任一水准面的高程，称为相对高程。如图 2-2 中，A、B 两点至任一水准面 P_1P_1' 的垂直距离 H_A' 和 H_B' 为 A、B 两点的相对高程。我国高程的起算面是黄海平均海水面。1956 年在青岛设立了水准原点，其他各控制点的绝对高程都是根据青岛水准原点推算的，称此为 1956 年黄海高程系。1987 年国家测绘局公布：中国的高程基准面启用"1985 国家高程基准"取代国务院 1959 年批准启用的"黄海平均海水面"。"1985 国家高程基准"比"黄海平均海水面"上升了 29 毫米。

3．地图投影的概念

地图投影是指建立地球表面上的点与投影平面上点之间的一一对应关系。地图投影的基本问题就是利用一定的数学法则把地球表面上的经纬线网表示到平面上。凡是 GIS 就必然要考虑到地图投影，地图投影的使用保证了空间信息在地域上的联系和完整性。在各类 GIS 的建立过程中，选择适当的地图投影系统是首先要考虑的问题。

地图投影最初建立在透视的几何原理上，它是把椭球面直接透视到平面上，或透视到可展开的曲面上。随着科学的发展，为了使地图上的变形尽量减小，或者为了使地图满足某些特定要求，地图投影就逐渐跳出了原来借助于几何面构成投影的框框，而产生了一系列按照数学条件构成的投影。

1) 变形的种类

地图投影的方法很多，用不同的投影方法得到的经纬线网形式不同。用地图投影的方法将球面展为平面，虽然可以保持图形的完整和连续，但它们与球面上的经纬线网形状并不完全相似。这表明投影之后，地图上的经纬线网发生了变形，因而根据地理坐标展绘在地图上的各种地面事物，也必然随之发生变形。这种变形使地面事物的几何特性(长度、方向、面积)受到破坏。把地图上的经纬线网与地球仪上的经纬线网进行比较，可以发现变形表现在长度、面积和角度三个方面。分别用长度比、面积比的变化显示投影中长度变形和面积变形。如果长度变形或面积变形为零，则没有长度变形或没有面积变形。角度变形即某一角度投影后角值与它在地球表面上固有角值之差。

(1) 长度变形，即地图上的经纬线长度与地球仪上的经纬线长度特点并不完全相同，地图上的经纬线长度并非都是按照同一比例缩小的，这表明地图上具有长度变形。在地球仪上，经纬线的长度具有下列特点：①纬线长度不等，其中赤道最长，纬度越高则纬线越短，极地的纬线长度为零；②在同一条纬线上，经差相同的纬线弧长相等；③所有的经线长度都相等。长度变形的情况因投影而异。在同一投影上，长度变形不仅随地点而改变，在同一点上还因方向不同而不同。

(2) 面积变形，即由于地图上经纬线网格面积与地球仪经纬线网格面积的特点不同，在地图上经纬线网格面积不是按照同一比例缩小的，这表明地图上具有面积变形。在地球仪上，经纬线网格的面积具有下列特点：①在同一纬度带内，经差相同的网格面积相等；②在同一经度带内，纬线越高，网格面积越小。然而地图上却并非完全如此。如在图 2-7(a)上，同一纬度带内，纬差相等的网格面积相等，这些面积不是按照同一比例缩小的。纬度越高，面积比例越大。在图 2-7(b)上，同一纬度带内，经差相同的网格面积不等，这表明面积比例随经度的变化而变化了。由于地图上经纬线网格面积与地球仪上经纬线网格面积的特点不同，在地图上经纬线网格面积不是按照同一比例缩小的，这表明地图上具有面积变形。面积变形的情况因投影而异。在同一投影上，面积变形因地点的不同而不同。

(3) 角度变形，是指地图上两条所夹的角度不等于球面上相应的角度，如在图 2-7(b)和图 2-7(c)上，只有中央经线和各纬线相交成直角，其余的经线和纬线均不呈直角相交，而在地球仪上经线和纬线处处都呈直角相交，这表明地图上有了角度变形。角度变形的情况因投影而异。在同一投影图上，角度变形因地点而变。

地图投影的变形随地点的改变而改变，因此在一幅地图上，很难笼统地说它有什么变形，变形有多大。

2) 变形椭圆

变形椭圆是显示变形的几何图形，从图 2-7 中可以看到，实地上同样大小的经纬线在投影面上变成形状和大小都不相同的图形(比较图 2-7 中三个格网)。实际中每种投影的变形各不相同，通过考察地球表面上一个微小的圆形(称为微分圆)在投影中的表象——变形椭圆的形状和大小，就可以反映出投影中变形的差异(见图 2-8)。

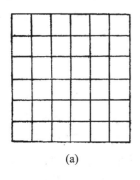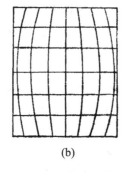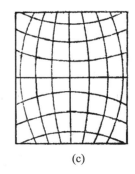

(a)　　　　　　　(b)　　　　　　　(c)

图 2-7　地图投影变形

3) 地图投影的分类

地图投影的种类很多，为了学习和研究的方便，应对其进行分类。由于分类的标准不同，分类方法就不同。

(1) 按变形性质分类。

按变形性质，地图投影可以分为三类：等角投影、等积投影和等距投影。

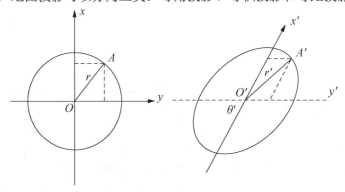

图 2-8　微分圆表示投影变形

① 等角投影：为任何点上二微分线段组成的角度投影前后保持不变，即投影前后对应的微分面积保持图形相似，故也可称为正形投影。投影面上某点的任意两方向线夹角与椭球面上相应的两线段夹角相等，即角度变形为零。等角投影在一点上任意方向的长度比都相等，但在不同地点长度比是不同的，即不同地点上的变形椭圆大小不同。

② 等积投影：为某一微分面积投影前后保持相等，即其面积比为1，即在投影平面上任意一块面积与椭球面上相应的面积相等，即面积变形等于零。

③ 等距投影：在任意投影上，长度、面积和角度都有变形，它既不等角又不等积。但是在任意投影中，有一种比较常见的等距投影，定义为沿某一特定方向的距离，投影前后保持不变，即沿着该特定方向长度比为1。在这种投影图上并不是不存在长度变形，它只是在特定方向上没有长度变形。等距投影的面积变形小于等角投影，角度变形小于等积投影。

(2) 按构成方法的分类。

按照构成方法，可以把地图投影分为两大类：几何投影和非几何投影。

① 几何投影。几何投影是把椭球面上的经纬线网投影到几何面上，然后将几何面展为

平面而得到。根据几何面的形状，可以进一步分为下述几类(见图 2-9)。

方位投影：以平面作为投影面，使平面与球面相切或相割，将球面上的经纬线投影到平面上而成。

圆柱投影：以圆柱面作为投影面，使圆柱面与球面相切或相割，将球面上的经纬线投影到圆柱面上，然后将圆柱面展为平面而成。

圆锥投影：以圆锥面作为投影面，使圆锥面与球面相切或相割，将球面上的经纬线投影到圆锥面上，然后将圆锥面展为平面而成。

② 非几何投影。非几何投影是不借助几何面，根据某些条件用数学解析法确定球面与平面之间点与点的函数关系。在这类投影中，一般按经纬线形状又分为下述几类。

伪方位投影：纬线为同心圆，中央经线为直线，其余的经线均为对称于中央经线的曲线，且相交于纬线的共同圆心。

伪圆柱投影：纬线为平行直线，中央经线为直线，其余的经线均为对称于中央经线的曲线。

伪圆锥投影：纬线为同心圆弧，中央经线为直线，其余经线均为对称于中央经线的曲线。

多圆锥投影：纬线为同周圆弧，其圆心均为于中央经线上，中央经线为直线，其余的经线均为对称于中央经线的曲线。

	正轴	斜轴	横轴
圆锥			
圆柱			
方位			

图 2-9　各种几何投影

2.1.3　地图对空间实体的描述

地图是现实世界的模型，它按照一定的比例、一定的投影原则有选择地将复杂的三维现实世界的某些内容投影到二维平面媒介上，并用符号将这些内容要素表现出来。在地图学上，把地理空间的实体分为点、线、面三种要素，分别用点状、线状、面状符号来表示，具体分述如下。

1) 点状要素

地面上真正的点状事物很少，一般都占有一定的面积，只是大小不同。这里所谓的点状要素，是指那些占面积较小，不能按比例尺表示，又要定位的事物。因此，面状事物和点状事物的界限并不严格。如居民点，在大、中比例尺地图上被表示为面状地物，在小比例尺地图上则被表示为点状地物。

对点状要素的质量和数量特征，用点状符号表示。通常以点状符号的形状和颜色表示质量特征，以符号的尺寸表示数量特征，将点状符号定位于事物所在的相应位置上，如图 2-10 所示。

2) 线状要素

对于地面上呈线状或带状的事物，如交通线、河流、境界线、构造线等，在地图上，均用线状符号来表示。当然，对于线状和面状实体的区分，也和地图的比例尺有很大的关系。如河流，在小比例尺的地图上，被表示成线状地物，而在大比例尺的地图上，则被表示成面状地物。通常用线状符号的形状和颜色表示质量的差别，用线状符号的尺寸变化(线宽的变化)表示数量特征。

3) 面状要素

面状分布的地理事物很多，其分布状况并不一样，有连续分布的，如气温、土壤等，有不连续分布的，如森林、油田、农作物等；它们所具有的特征也不尽相同，有的是性质上的差别，如不同类型的土壤，有的是数量上的差异，如气温的高低等。因此，表示它们的方法也不相同。

对于不连续分布或连续分布的面状事物的分布范围和质量特征，一般可以用面状符号表示。符号的轮廓线表示其分布位置和范围，轮廓线内的颜色、网纹或说明符号表示其质量特征。具体方法有范围法、质底法。例如土地利用图中，描述的是一种连续分布的面状事物，在地图上通常用地类界与底色，说明符号以及注记等配合表示地表的土地利用情况。

对于连续分布的面状事物的数量特征及变化趋势，常常可以用一组线状符号——等值线表示，如等温线、等降水量线、等深线、等高线等，其中等高线是以后 GIS 建库中经常用到的一种数据表示方式。等值线的符号一般是细实线加数字注记。等值线的数值间隔一般是常数，这样就可以根据等值线的疏密，判断制图对象的变化趋势或分布特征。等值线法适合于表示地面或空间呈连续分布且逐渐变化的地理事物。

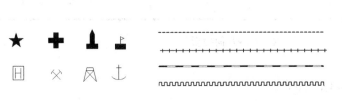

(a) 几种点状符号　　　　　(b) 几种线状符号　　　　　(c) 面状符号

图 2-10　地图空间实体的表达

2.1.4　影像对空间实体的描述

20 世纪 60 年代以来，遥感技术在国民经济的各个方面都有了广泛的应用。例如检测地表资源、环境变化，或了解沙漠化、土壤侵蚀等缓慢变化，或监视森林火灾、洪水和天气迅速变化状况，或进行作物估产。其核心都是为空间信息资料的获取提供方便，进而为利用空间信息的各行各业服务。

因为卫星遥感可以覆盖全球每一个角落，对任何国家和地区都不存在由于自然或社会因素所造成的信息获取的空白地区，卫星遥感资料可以及时地提供广大地区的同一时相、同一波段、同一比例尺、同一精度的空间信息，航空遥感可以快速地获取小范围地区的详细资料，也就是说，遥感技术在空间信息获取的现势性方面得到了很大的提高。

遥感影像对空间信息的描述主要是通过不同的颜色和灰度来表示的。这是因为地物的结构、成分、分布等的不同，其反射光谱特性和发射光谱特性也各不相同，传感器记录的各种地物在某一波段的电磁辐射反射能量也各不相同，反映在遥感影像上，则表现为不同的颜色和灰度信息。所以说，通过遥感影像可以获取大量的空间地物的特征信息。利用遥感影像通常可以获得多层面的信息，对遥感信息的提取一般需要具有专业知识的人员通过遥感解译才能完成。如图 2-11 所示。

图 2-11　遥感影像对空间实体的表达

2.1.5　GIS 对空间实体的表达

随着计算机技术的不断进步，描述空间实体数据本身时，可以采用 GIS 的内部组织结构矢量模型和栅格模型来描述空间实体信息。这两类模型都可以用来描述点、线、面三种基本类型。如图 2-12 所示。

(1) 矢量模型。在矢量模型中，现实世界的要素位置和范围可以采用点、线、面表达，每一个实体的位置是用坐标参考系统中的空间位置定义。地图空间中的每一位置都有唯一的坐标值。点、线和多边形用于表达不规则的地理实体在现实世界的状态。矢量模型的空间实体与现实世界空间实体具有一定的对应关系。矢量图实际上是用数学方法来描述一幅图，点

是由坐标对 x、y 组成，线是由点组成，面是由线组成。

(2) 栅格模型。在栅格模型中，空间被划分为栅格。地理实体的位置和状态是用它们占据的栅格的行、列定义的。每个栅格的大小代表了定义的空间分辨率。栅格图是由大量的一个挨一个的方形块组成，当你把图像放大到一定程度就会看到这些方块，线是由一些看起来是连续的方形块组合而成，面是由大量的方形块组合而成的，这种方形块就是像素，当然也有其他形状的像素，例如八角形等。一幅栅格图分成许多的像素，每个像素用若干个二进制位来指定该像素的颜色、亮度和属性。因此一幅图由许多描述每个像素的数据组成，这些数据通常被称为图像数据。而当这些数据被作为一个文件来存储时，这种文件又被称为图像文件。

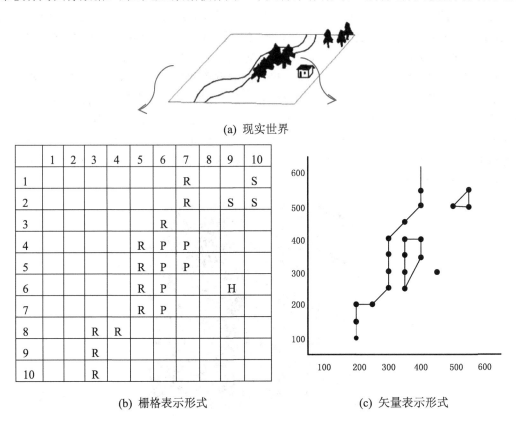

图 2-12 矢量模型和栅格模型对空间实体的表达

2.2 地理空间数据及其特征

2.2.1 空间数据基本特征

空间数据是指与空间地理分布有关的数据。它表示地表物体和环境固有的数据、质量、分布特征，联系和规律的数字、文字、图形、图像等总称。空间数据一般具有三个基本特征：属性特征(非定位数据)；空间特征(定位数据)；时间特征(时间尺度)。三个基本特征之间是相互关联的，有着千丝万缕的联系。如图 2-13 所示。

(1) 属性特征。属性特征是指描述实际现象的特征，即用来说明"是什么"。例如，变量、级别、数量特征和名称等，空间实体的类别、实体的属性等。又如一条道路的属性包括路宽、路名、路面材料、路面等级、修建时间等。属性数据本身属于非空间数据，但它是空间数据中的重要数据成分，它同空间数据相结合，才能表达空间实体的全貌。

(2) 空间特征。空间特征是指这些数据反映现象的空间位置及空间位置的关系，又称几何特征或定位特征，通常以坐标数据形式来表示空间位置，这些坐标数据必须具有标准坐标系中的参考位置。坐标系的选择具体应用要求而定，但不同的坐标定位系统之间能进行转换。通常用空间拓扑信息来表示空间位置的关系。

(3) 时间特征。时间特征是指空间数据的空间特征和属性特征随时间而变化的。它们可以同时随时间变化，也可以分别独立随时间变化，这说明了空间数据的时间性或周期性。例如某地区种植业的变化表示属性数据独立随时间变化；行政边界的变更表示空间位置数据的变化；土壤侵蚀而引起的地形变化，不仅改变了空间位置数据，也改变了属性数据。必须指出，随时间流逝留下的过时数据是重要的历史资料。

空间数据的位置特征和属性特征相对时间特征来讲，有相对独立的变化，即在不同时间，空间位置不变，但属性可能发生变化，反之亦然。这种变化可能是局部变化，也可能是整体变化，对于一个空间数据库来讲，两者可能并存的，这就为地理空间数据的管理和更新带来了复杂性。

空间数据的上述特点反映了它所具有的定位、定性、时间和空间关系。定位是指空间实体的空间特征；定性是指空间实体伴随着地理位置的自然属性；时间特征是指空间实体是随时间而变化的，该特征通常是隐含的。

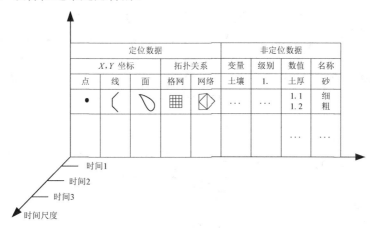

图 2-13　空间数据的基本特性

2.2.2　空间数据分类

表示地理现象的空间数据从几何上可以抽象为点、线、面三类，对点、线、面数据，按其表示内容又可以分为七种不同的类型(见图 2-14)，它们表示的内容如下。

(1) 类型数据。例如考古地点、道路线和土壤类型的分布等。

(2) 面域数据。例如随机多边形的中心点，行政区域界线和行政单元等。

(3) 网络数据。例如道路交点、街道和街区等。

(4) 样本数据。例如气象站、航线和野外样方的分布区等。

(5) 曲面数据。例如高程点、等高线和等值区域。

(6) 文本数据。例如地名、河流名称和区域名称。

(7) 符号数据。例如点状符号、线状符号和面状符号等。

由此得出，对于点实体，它有可能是点状地物、面状地物的中心点，线状地物的交点、定位点、注记、点状符号等。对于线实体和面实体，也可按照上面的七种类型得出其描述内容。

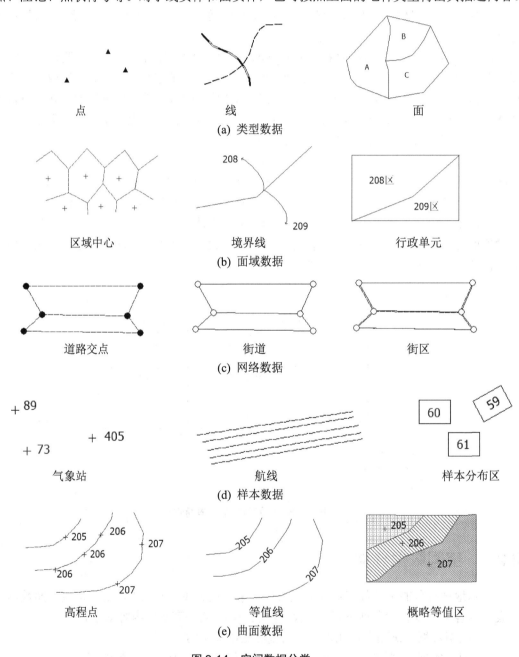

图 2-14　空间数据分类

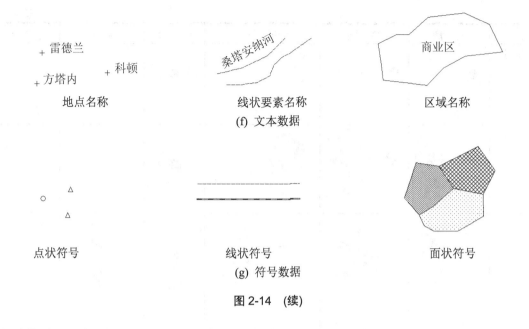

图 2-14　(续)

2.3　地理信息的空间关系

2.3.1　地理空间数据的拓扑关系

地理空间中的点与点、线与线、面与面、点与线、点与面、线与面等实体之间，存在相离、关联、邻接、包含、相交、重合等各种各样的关系，这些关系称为空间关系，亦称拓扑关系(见表 2-1)。拓扑关系是明确定义空间结构关系的一种数学方法。在 GIS 中，它不但用于空间数据的组织，而且在空间分析和应用中都有非常重要的意义。

表 2-1 地理空间数据的拓扑关系

	相　离	关　联	邻　接	包　含	相　交	重　合
点-点						
线-线						
面-面						

续表

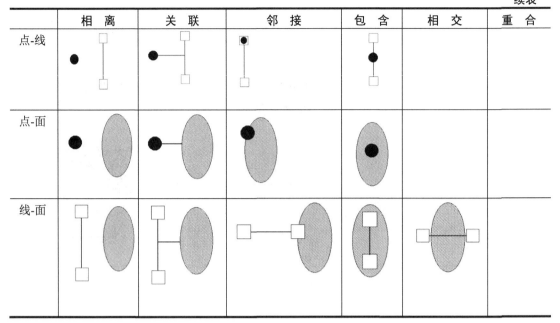

（1）相离与关联。相离是指两个实体之间没有任何连接关系，包括没有关联、邻接、包含、相交以及重合关系，处于完全分离状态；关联则是指两个实体之间通过线实体建立有连接关系。

（2）邻接与包含。邻接是指相邻两个实体之间的相邻连接关系；包含则是指一个实体完全被另一个实体所包含的关系。邻接与包含是相对的，有时可能相互转换。

（3）相交与重合。相交是指的是两个实体之间的交叉或相互穿越关系；重合是指两个同类、同样大小的实体完全重叠的关系。

2.3.2　地理空间数据的方向关系

方向关系又称为方位关系、延伸关系，它定义了地物对象之间的相互方位和排列顺序。

1）方位角

描述空间实体的方向关系，对于点状空间实体只要计算两点之间的连线与某一基准方向的夹角即可，该夹角称为连线的方位角。

2）基准方向的分类

基准方向通常有真子午线方向、磁子午线方向和坐标纵线方向三种。

（1）真子午线方向：是指某点的真北和真南方向。

（2）磁子午线方向：自由旋转的磁针静止下来所指的方向。

（3）坐标纵线方向：一般指 X 轴方向。

同样，计算点状和线状空间实体、点状和面状空间实体时，只需将线状和面状空间实体视为由它们的中心所形成的点状实体，然后按点状实体来求解方向关系即可。

2.3.3　地理空间数据的度量关系

基本空间对象度量关系包含点/点、点/线、点/面、线/线、线/面、面/面之间的距离。在基本目标之间关系的基础上，可构造出点群、线群、面群之间的度量关系。例如，在已知点/线拓扑关系与点/点度量关系的基础上，可求出点/点间的最短路径、最优路径、服务范围等；已知点、线、面度量关系，进行距离量算、邻近分析、聚类分析、缓冲区分析、泰森多边形分析等。

1) 空间指标量算

定量量测区域空间指标和区域地理景观间的空间关系是 GIS 特有的能力。其中区域空间指标包括以下几种。

(1) 几何指标：位置、长度(距离)、面积、体积、形状、方位等指标。

(2) 自然地理参数：坡度、坡向、地表辐照度、地形起伏度、河网密度、切割程度、通达性等。

(3) 人文地理指标：如集中指标、区位商、差异指数、地理关联系数、吸引范围、交通便利程度、人口密度等。

2) 地理空间的距离度量

地理空间中两点间的距离度量可以沿着实际的地球表面进行，也可以沿着地球椭球体的距离量算。具体来说，距离可以表现为以下几种形式(以地球上两个城市之间的距离为例)(见图 2-15)。

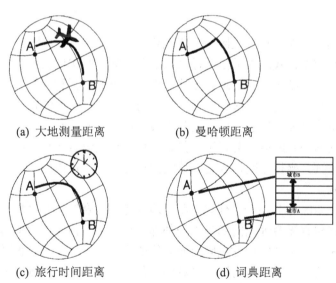

(a) 大地测量距离　　　　　　(b) 曼哈顿距离

(c) 旅行时间距离　　　　　　(d) 词典距离

图 2-15　地球上各种形式的距离

(1) 大地测量距离。该距离即沿着地球大圆经过两个城市中心的距离。

(2) 曼哈顿距离。纬度差加上经度差("曼哈顿距离"是由于在曼哈顿，街道的格局可以被模拟成两个垂直方向的直线的一个集合)。

(3) 旅行时间距离。从一个城市到另一个城市的最短时间可以用一系列指定的航线来表示(假设每个城市至少有一个飞机场)。

(4) 词典距离。在一个固定的地名册中一系列城市中它们位置之间的绝对差值。

2.4 地理信息的空间数据结构

在 GIS 中，数据结构决定了 GIS 系统空间分析功能，也决定了空间数据操作的效率，而且直接影响软件的通用性，是 GIS 最重要的研究内容。

空间数据结构是指空间数据适合于计算机存储、管理、处理的逻辑结构，换句话说，是指空间数据以什么形式在计算机中存储和处理。它是对数据的一种理解和解释，不说明数据结构的数据是毫无意义的，不仅用户无法理解，而且可能得到截然不同的内容。

数据结构一般分为基于矢量模型的数据结构和基于栅格模型的数据结构。矢量和栅格按传统观念是两类完全不同性质的数据结构。矢量数据是面向地物的结构，对每一个具体的目标都赋予位置和属性信息以及目标之间的拓扑说明。但是由于矢量数据没有建立位置与地物的关系，如多边形的中间区域是"岛"等，其间的任何一点并没有与某个地物发生联系。与此相反，栅格数据是面向位置的结构，平面空间上的任何一点直接联系到某一类地物。但对于某一个具体的目标又没有直接聚集所有的信息，只能通过遍历栅格矩阵寻找，也不能建立地物之间的拓扑关系。所以，从概念上形成了基于矢量和基于栅格两种类型的系统，分别用于不同的目的。

2.4.1 矢量数据结构及编码

1. 定义

矢量数据是用(x，y)坐标对、坐标串和封闭的坐标串表示实体要素点、线、面的位置及其空间关系的一种数据格式。矢量数据适宜表达离散的空间实体要素。

对于点实体，矢量结构中只记录其在特定坐标系下的坐标和属性代码。

对于线实体，在数字化时即进行量化，就是用一系列足够短的直线首尾相接表示一条曲线；当曲线被分割成多而短的线段后，这些小线段可以近似地看成直线段，而这条曲线也可以足够精确地由这些小直线段序列表示；矢量结构中只记录这些小线段的端点坐标，将曲线表示为一个坐标序列，坐标之间认为是以直线段相连，在一定精度范围内可以逼真地表示各种形状的线状地物。

"多边形"在 GIS 中是指一个任意形状、边界完全闭合的空间区域。其边界将整个空间划分为两个部分：包含无穷远点的部分称为外部，另一部分称为多边形内部。把这样的闭合区域称为多边形是由于区域的边界线同前面介绍的线实体一样，可以被看作是由一系列多而短的直线段组成，每个小线段作为这个区域的一条边，因此这种区域就可以看作由这些边组成的多边形。

2. 特点

矢量结构的特点是：定位明显、属性隐含。其定位是根据坐标直接存储的，而属性则一般存于文件头或数据结构中某些特定的位置上。这种特点使得其图形运算的算法总体上比栅格数据结构复杂得多，有些甚至难以实现。当然有些地方也有其便利和独到之处，在计算长度、面积、形状和图形编辑、几何变换操作中，矢量结构有很高的效率和精度，而在叠加运算、邻域搜索等操作时则比较困难。

3．实体表示方法

1) 点实体

点实体包括由单独一对$(x，y)$坐标定位的一切地理或制图实体。在矢量数据结构中，除点实体的$(x，y)$坐标外还应存储其他一些与点实体有关的数据来描述点实体的类型、制图符号和显示要求等。点是空间上不可再分的地理实体，可以是具体的也可以是抽象的，如地物点、文本位置点或线段网络的节点等。如果点是一个与其他信息无关的符号，则记录时应包括符号类型、大小、方向等有关信息；如果点是文本实体，记录的数据应包括字符大小、字体、排列方式、比例、方向以及与其他非图形属性的联系方式等信息。对其他类型的点实体也应做相应的处理。图 2-16 说明了点实体的矢量数据结构的一种组织方式。

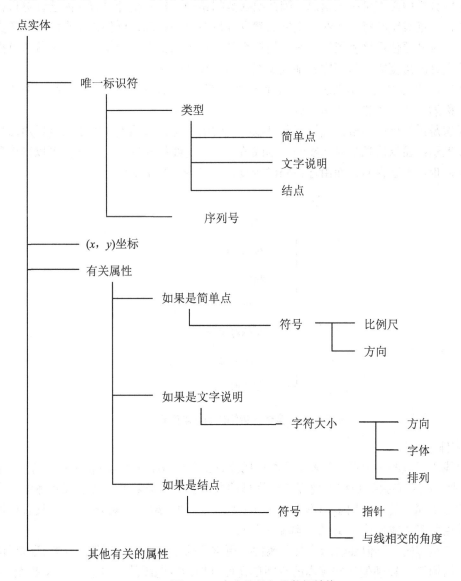

图 2-16 点实体的矢量数据结构

2) 线实体

线实体可以定义为直线元素组成的各种线性要素，直线元素由两对以上的(x, y)坐标定义，即多个点组成的坐标链$(x_1, y_1)(x_2, y_2)\cdots(x_n, y_n)$；最简单的线实体只存储它的起止点坐标、属性、显示符等有关数据。例如，线实体输出时可能用实线或虚线描绘，这类信息属符号信息，它说明线实体的输出方式。虽然线实体并不是以虚线存储，仍可用虚线输出。

弧、链是n个坐标对的集合，这些坐标可以描述任何连续而又复杂的曲线。组成曲线的线元素间距越短，(x, y)坐标数量越多，就越接近于一条复杂曲线。既要节省存储空间，又要求较为精确地描绘曲线，唯一的办法是增加数据处理工作量。

线的网络结构。简单的线或链携带彼此互相连接的空间信息，而这种连接信息又是供排水网和道路网分析中必不可少的信息。因此要在数据结构中建立指针系统才能让计算机在复杂的线网结构中逐线跟踪每一条线。指针的建立要以节点为基础，例如建立水网中每条支流之间连接关系时必须使用这种指针系统。指针系统包括节点指向线的指针、每条从节点出发的线汇于节点处的角度等，从而完整地定义线网络的拓扑关系。

如上所述，线实体主要用来表示线状地物(如公路、水系、山脊线)、符号线和多边形边界，有时也称为"弧""链""串"等。

唯一标识是系统排列序号；线标识码可以标识线的类型；起始点和终止点可以用点号或直接用坐标表示；显示信息是显示线的文本或符号等；与线相联的非几何属性可以直接存储在线文件中，也可单独存储，而由标识码联接查找，如图 2-17 所示。

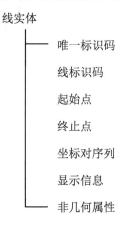

图 2-17　线实体矢量编码的基本内容

3) 面实体

面是由线段组成的多边形，即多个点组成的坐标封闭链$(x_1, y_1)(x_2, y_2)\cdots(x_n, y_n)(x_1, y_1)$。多边形(有时称为区域)数据是描述地理空间信息的最重要的一类数据。在区域实体中，具有名称属性和分类属性的，常用多边形表示(如行政区、土地类型、植被分布等)；具有标量属性的，有时也用等值线描述(如地形、降雨量等)。

多边形矢量编码，不但要表示位置和属性，更重要的是能表达区域的拓扑特征(如形状、邻域和层次结构等)，以便使这些基本的空间单元可以作为专题图的资料进行显示和操作。由于要表达的信息十分丰富，基于多边形的运算多而复杂，因此多边形矢量编码比点和线实体的矢量编码要复杂得多，也更为重要。

在讨论多边形数据结构编码的时候，首先对多边形网提出如下要求。

(1) 组成地图的每个多边形应有唯一的形状、周长和面积。它们不像栅格结构那样具有简单而标准的基本单元。

(2) 地理分析要求的数据结构应能够记录每个多边形的邻域关系，其方法与水系网中记录连接关系一样。

(3) 专题地图上的多边形并不都是同一等级的多边形，很有可能是多边形内嵌套小的多边形(次一级)。例如，湖泊的水涯线在土地利用图上可算是个岛状多边形，而湖中的岛屿为"岛中之岛"。这种所谓"岛"或"洞"的结构是多边形关系中较难处理的一类问题。

4．编码方法

矢量数据结构的编码形式，按照其功能和方法可分为：实体式、索引式、双重独立式和链状双重独立式。

1) 实体式

实体式数据结构是指构成多边形边界的各个线段，以多边形为单元进行组织。按照这种数据结构，边界坐标数据和多边形单元实体一一对应，各个多边形边界都单独编码和数字化。例如对图 2-18 所示的多边形 A、B、C、D、E，可以用表 2-2 的数据来表示。

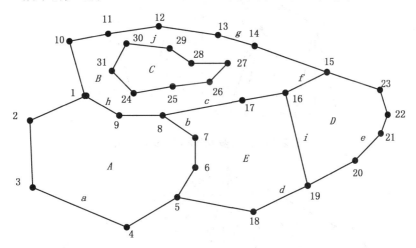

图 2-18　多边形原始数据

表 2-2　多边形数据文件

多边形	数据项
A	(x_1, y_1), (x_2, y_2), (x_3, y_3), (x_4, y_4), (x_5, y_5), (x_6, y_6), (x_7, y_7), (x_8, y_8), (x_9, y_9), (x_1, y_1)
B	(x_1, y_1), (x_9, y_9), (x_8, y_8), (x_{17}, y_{17}), (x_{16}, y_{16}), (x_{15}, y_{15}), (x_{14}, y_{14}), (x_{13}, y_{13}), (x_{12}, y_{12}), (x_{11}, y_{11}), (x_{10}, y_{10}), (x_1, y_1)
C	(x_{24}, y_{24}), (x_{25}, y_{25}), (x_{26}, y_{26}), (x_{27}, y_{27}), (x_{28}, y_{28}), (x_{29}, y_{29}), (x_{30}, y_{30}), (x_{31}, y_{31}), (x_{24}, y_{24})
D	(x_{19}, y_{19}), (x_{20}, y_{20}), (x_{21}, y_{21}), (x_{22}, y_{22}), (x_{23}, y_{23}), (x_{15}, y_{15}), (x_{16}, y_{16}), (x_{19}, y_{19})
E	(x_5, y_5), (x_{18}, y_{18}), (x_{19}, y_{19}), (x_{16}, y_{16}), (x_{17}, y_{17}), (x_8, y_8), (x_7, y_7), (x_6, y_6), (x_5, y_5)

这种数据结构具有编码容易、数字化操作简单和数据编排直观等优点。但这种方法也有以下明显缺点：相邻多边形的公共边界要数字化两遍，造成数据冗余存储，可能导致输出的公共边界出现间隙或重叠；缺少多边形的邻域信息和图形的拓扑关系；岛只作为一个单个图形，没有建立与外界多边形的联系。因此，实体式编码只用在简单的系统中。

2) 索引式

索引式数据结构采用树状索引以减少数据冗余，并间接增加了邻域信息。其具体实现的方法是对所有边界点进行数字化，将坐标对以顺序方式存储，由点索引与边界线号相联系，以线索引与各多边形相联系，形成树状索引结构。

树状索引结构消除了相邻多边形边界的数据冗余和不一致的问题，在简化过于复杂的边界线或合并多边形时，可不必改造索引表；邻域信息和岛状信息可以通过对多边形文件的线索引处理得到，但是比较烦琐，因而给邻域函数运算、消除无用边、处理岛状信息，以及检查拓扑关系等带来一定的困难，而且两个编码表都要以人工方式建立，工作量大且容易出错。

图 2-19、图 2-20 分别为图 2-18 的多边形文件和线文件树状索引图。

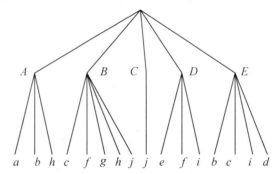

图 2-19 线与多边形之间的树状索引

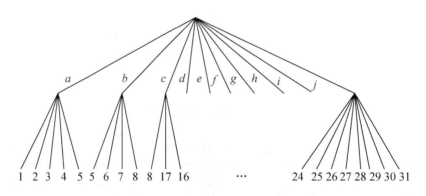

图 2-20 点与线之间的树状索引

3) 双重独立式

这种数据结构最早是由美国人口统计局研制出来进行人口普查分析和制图的，简称 DIME (Dual Independent Map Encoding) 系统或双重独立式的地图编码法。它以城市街道为编码的主体。其特点是采用了拓扑编码结构。

(1) DIME 编码的特点。其特点是以线段为主的记录方式。这里的线段是用起始节点、终止节点、相邻的左多边形和右多边形作为基本代码形成拓扑关系。在这种记录方式中，可以根据需要加入选择要素。线段本身的空间坐标位置数据，常置于另一层数据结构中。它是一种具有拓扑功能的编码方法。把研究对象看成由点、线和面组成的简单几何图形。通过基于图论的拓扑编辑不仅实现上述三要素的自动编辑，还可以不断地查出数据组织中的错误。

由于 DIME 编码系统的上述特点，尤其是它的拓扑编码方法和拓扑编辑功能，使它在 GIS 中应用很广。在它的基础上发展的综合拓扑地理编码参考系统 TIGER (Topologically Integrated Geographic Encoding Reference)和 Arc/Info 系统矢量编码方法等尽管在记录方式上各不相同，然而其基本概念是相同的。

(2) DIME 编码结构。DIME 编码文件开始用于人口统计。其编码文件由线段名、线段的起始节点和终止节点、线段的左区号和右区号，以及线段所表示的街道两边的地址范围构成。其文件结构包含三个方面的要素：①基本要素：线段名、线段的起止节点、线段的左右街区号码；②专用要素：地址范围、地区码、人口统计、地段码；③其他要素：邮政分区代码，选择分区代码等，如图 2-21 所示。

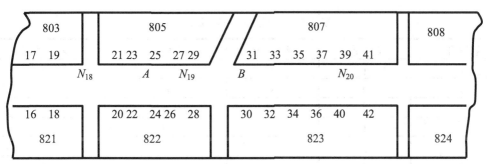

街道名	街道类型	地址编码				起始点	终止点	左街区	右街区
		奇数		偶数					
		低	高	低	高				
A	主街道	21	29	20	28	N_{18}	N_{19}	805	822
B	主街道	31	41	30	42	N_{19}	N_{20}	807	823
...	...	...	...	...	...	...	...	...	...

图 2-21　DIME 编码及记录

双重独立式数据结构是对图上网状或面状要素的任何一条线段，用其两端的节点及相邻面域来予以定义。例如对图 2-22 所示的多边形数据，可用双重独立数据结构表示，如表 2-3 所示。表 2-3 中的第一行表示线段 a 的方向是从节点 1 到节点 2，其左侧面域为 O，右侧面域为 A。在双重独立式数据结构中，节点与节点或者面域与面域之间为邻接关系，节点与线段或者面域与线段之间为关联关系。这种邻接和关联的关系称为拓扑关系。利用这种拓扑关系来组织数据，可以有效地进行数据存储和存储时的正确性检查，同时便于对数据进行自动编辑、更新和检索。

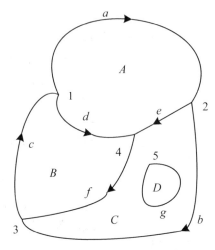

图 2-22　多边形原始数据

表 2-3　双重独立式(DIME)编码

弧段号	起　点	终　点	左多边形	右多边形
a	1	2	O	A
b	2	3	O	C
c	3	1	O	B
d	1	4	A	B
e	2	4	C	A
f	3	4	C	B
g	5	5	C	D

(3) DIME 的拓扑编辑。DIME 的拓扑编辑可实现拓扑关系的半自动和自动编辑。其中分多边形编辑和节点编辑两种。由于 DIME 编辑起始于人口统计，前一种编辑亦称为街区联结编辑，用来搜索组成封闭多边形(或街区)的弧段线，后一种编辑用来形成围绕某一节点的所有多边形(街区)。在编辑过程中不断检查线段代码各项特性是否正确，若不正确可指出错误的线段码，以便修正。

现假设结合表 2-3 中多边形要对图 2-22 进行编辑，则其步骤如下。

① 从图 2-22 的线段记录中找出含有多边形 A 的全部线段，并组成表 2-4。

表 2-4　多边形 A 的拓扑结构

线段号	起　点	终　点	左多边形	右多边形
a	1	2	O	A
e	2	4	C	A
d	1	4	A	B

② 逐一检查表 2-3 中各线段，使线段走向确保其左多边形号为 A(这样编辑得到多边形以逆时针走向闭合)，从而得到表 2-5。

表 2-5 左多边形为 A 拓扑结构

线段号	起点	终点	左多边形	右多边形
a	2	1	A	O
e	4	2	A	C
d	1	4	A	B

③ 调整线段顺序号，以保证连成的多边形各节点顺序相连，如本例中将 e，d 线段互换位置。从而得到如表 2-6 中箭头所示的排列结合。当编辑过程中出现多边形不闭合，出现多余线段、代码遗漏等问题，即编辑出现错误时，应检查原始线段记录文件的错误，并在修正后再进行编辑，直到正确为止。

表 2-6 调整线段顺序

线段号	起点	终点	左多边形	右多边形
a	2	1	A	O
d	1	4	A	B
e	4	2	A	C

同理，下面以节点 4 为例解释节点的编辑过程。

① 从图 2-22 的线段记录中找出含有节点 4 的全部线段，并组成表 2-7。

表 2-7 节点 4 的拓扑结构

线段号	起点	终点	左多边形	右多边形
d	1	4	A	B
e	2	4	C	A
f	4	3	C	B

② 逐一检查表 2-7 中各线段的走向，使终节点均为 4，得表 2-8。

表 2-8 终节点为 4 的拓扑结构

线段号	起点	终点	左多边形	右多边形
d	1	4	A	B
e	2	4	C	A
f	3	4	B	C

③ 调整线段的顺序号，以保证该节点周围的多边形顺序连结。为此，本例中将 e，f 线段互换位置，得到表 2-9。从而得到与节点 4 相连的多边形号以逆时针方向为 A、B、C、A，即该节点的第一区 A 与最后一个区 A 号一致，表示该节点符合拓扑要求，编码无误。若建立过程中有多余线段产生，或节点无法连结，则表示编辑有错，应检查错误的原因，重新编辑，直到正确为止。

尽管，DIME 编码系统起源于人口统计，但其功能并不局限于街区分析，其方法亦可推广到以点、线和面三要素组成的其他矢量数据结构系统中。

表 2-9 调整线段顺序

线段号	起　点	终　点	左多边形	右多边形
d	1	4	→A	→B
f	3	4	B	C
e	2	4	C	→A

4) 链状双重独立式

链状双重独立式数据结构是 DIME 数据结构的一种改进。在 DIME 中，一条边只能用直线两端点的序号及相邻的面域来表示，而在链状数据结构中，将若干直线段合为一个弧段(或链段)，每个弧段可以有许多中间点。

在链状双重独立数据结构中，主要有四个文件：多边形文件、弧段文件、弧段坐标文件和节点文件。多边形文件主要由多边形记录组成，包括多边形号、组成多边形的弧段号以及周长、面积、中心点坐标及有关"洞"的信息等。多边形文件也可以通过软件自动检索各有关弧段生成，并同时计算出多边形的周长和面积以及中心点的坐标。当多边形中含有"洞"时，则此"洞"的面积为负，并在总面积中减去，其组成的弧段号前也冠以负号。弧段文件主要由弧记录组成，存储弧段的起止节点号和弧段左右多边形号。弧段坐标文件由一系列点的位置坐标组成，一般从数字化过程获取，数字化的顺序确定了这条链段的方向。节点文件由节点记录组成，存储每个节点的节点号、节点坐标及与该节点连接的弧段。节点文件一般通过软件自动生成，因为在数字化的过程中，由于数字化操作的误差，各弧段在同一节点处的坐标不可能完全一致，需要进行匹配处理。当其偏差在允许范围内时，可取同名节点的坐标平均值。如果偏差过大，则弧段需要重新数字化。

对如图 2-18 所示的矢量数据，其链状双重独立式数据结构的多边形文件、弧段文件、弧段坐标文件如表 2-10、表 2-11 和表 2-12 所示。

表 2-10 多边形文件

多边形号	弧段号	周　长	面　积	中心点坐标
A	h, b, a			
B	g, f, c, h, −j			
C	J			
D	e, i, f			
E	e, i, d, b			

表 2-11 弧段文件

弧段号	起始点	终节点	左多边形	右多边形
a	5	1	O	A
b	8	5	E	A
c	16	8	E	B
d	19	5	O	E
e	15	19	O	D

弧段号	起始点	终节点	左多边形	右多边形
f	15	16	D	B
g	1	15	O	B
h	8	1	A	B
i	16	19	D	E
j	31	31	B	C

表 2-12　弧段坐标文件

弧段号	点　　　号
a	5，4，3，2，1
b	8，7，6，5
c	16，17，8
d	19，18，5
e	15，23，22，21，20，19
f	15，16，
g	1，10，11，12，13，14，15
h	8，9，1
i	16，19
j	31，30，29，28，27，26，25，24，31

2.4.2　栅格数据结构及编码

1. 定义

栅格结构是最简单最直观的空间数据结构，又称网格结构或象元结构，是指将地球表面划分为大小均匀紧密相邻的网格阵列，每个网格作为一个象元或像素，由行、列号定义，并包含一个代码，表示该像素的属性类型或量值，或仅仅包含指向其属性记录的指针。因此，栅格结构是以规则的阵列来表示空间地物或现象分布的数据组织，组织中的每个数据表示地物或现象的非几何属性特征。

栅格数据把真实的地理面假设成平面笛卡儿面来描述地理空间。在每个笛卡儿平面中，用行列值来确定各个栅格元素(Grid Cell)的位置，以栅格元素值来表示空间属性。栅格元素是栅格数据的最小单位。栅格数据包括以下几部分。

点实体：用一个栅格元素来表示，如图 2-23(a)所示。

线实体：用一组相邻的栅格元素来表示，如图 2-23(b)所示。

面实体：用相邻栅格单元的集合来表示，如图 2-23(c)所示。

```
0 0 0 0 0 0 0        0 7 0 0 0 0 0        0 4 4 8 8 8 8
0 0 5 0 0 0 0        0 0 7 0 0 0 0        4 4 8 8 8 8 8
0 0 0 0 0 0 0        0 0 0 7 0 0 0        4 4 4 8 8 8 8
0 0 0 0 2 0 0        0 0 0 0 7 0 0        0 0 4 0 8 8 8
0 0 0 0 0 0 0        0 0 0 0 7 0 0        0 0 0 0 8 8 8
0 0 0 0 0 0 0        0 0 0 0 7 0 0        0 0 0 0 0 8 8
```

   (a) 点   (b) 线   (c) 面

图 2-23 栅格数据结构

遥感影像就属于典型的栅格结构，每个象元的数字表示影像的灰度等级。其实栅格元素逼近描述方法往往是不精确的。例如在描述某区域林地时，林地界限可能通过某栅格单元的中间，这时栅格单元值仅反映了它的部分值。显然，描述实体的栅格单元的尺寸越小，系统精度越高，但相应的数据量就越大。数据量的增加不仅增加了存储器的容量，而且也影响系统分析和处理数据的速度。因此，需合理确定栅格单元尺寸，使建立的栅格数据有效地反映实体的不规则轮廓。例如可根据多边形精度要求确定栅格尺寸，这时每个栅格元素所表示的比例尺为：栅格大小/地表单元大小。

2．特点

栅格结构的显著特点是：属性明显，定位隐含。即数据直接记录属性的指针或属性本身，而所在位置则根据行列号转换为相应的坐标，也就是说定位是根据数据在数据集中的位置得到的。由于栅格结构是按一定的规则排列的，所表示的实体的位置很容易隐含在格网文件的存储结构中，每个存储单元的行列位置可以方便地根据其在文件中的记录位置得到，且行列坐标可以很容易地转为其他坐标系下的坐标。在格网文件中每个代码本身明确地代表了实体的属性或属性的编码，如果为属性的编码，则该编码可作为指向实体属性表的指针。例如，图 2-23(a)表示了代码为 2 和 5 的点实体。同理，图 2-23(b)表示了一条代码为 7 的线实体，而图 2-23(c)则表示了两个代码为 4、8 的面实体。由于栅格行列阵列容易为计算机存储、操作和显示，因此这种结构容易实现，算法简单，且易于扩充、修改，也很直观。特别是其易于同遥感影像的结合处理，给地理空间数据处理带来了极大的方便，受到普遍欢迎，许多系统都部分和全部采取了栅格结构。栅格结构的另一个优点是特别适合于 VB、VC 等高级语言做文件或矩阵处理，这也是栅格结构易于为多数 GIS 设计者接受的原因之一。

栅格结构表示的地表是不连续的，是量化和近似离散的数据。在栅格结构中，地表被分成相互邻接、规则排列的矩形方块(特殊情况下也可以是三角形或菱形、六边形等，如图 2-24所示，每个地块与一个栅格单元相对应。因此，栅格数据的比例尺就是栅格(像元)大小与地表相应单元大小之比。在许多栅格数据处理时，常假设栅格所表示的量化表面是连续的，以便使用某些连续函数。由于栅格结构对地表的量化，在计算面积、长度、距离、形状等空间指标时，若栅格尺寸较大，则会造成较大的误差，同时由于在一个栅格的地表范围内，可能存在多于一种的地物，而表示在相应的栅格结构中常常只能是一个代码。这类似于遥感影像的混合象元问题，如 Landsat MSS 卫星影像单个象元对应地表 79m×79m 的矩形区域，影像上记录的光谱数据是每个象元所对应的地表区域内所有地物类型的光谱辐射的总和效果。因而，这种误差不仅有形态上的畸变，还可能包括属性方面的偏差。

 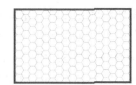 

图 2-24 方格、六角形和三角形划分

栅格数据的获取方式如下。

(1) 遥感数据。通过遥感手段获得数字图像就是一种栅格数据。它是遥感传感器在某个特定的时间，对一个区域地面景象的辐射和反射能量的扫描抽样，并按不同的光谱段分光并量化后，以数字形式记录下来的像素值序列。

(2) 图片的扫描。通过扫描仪对地图或其他图件的扫描，可把资料转换为栅格形式的数据。

(3) 矢量数据转换而来。通过运用矢量数据栅格化算法，把矢量数据转换成栅格数据。这种情况通常是为了有利于 GIS 的空间分析，例如叠加分析等。

(4) 由手工方法获得。在专题图上均匀划分网格，逐个网格地确定其属性代码的值，最后形成栅格数据文件。

由于栅格数据是用阵列方式表示数据特征的。阵列中每个元素的数据值表示属性，而位置关系隐含在行列中，这些行列值实际上是表示了地物的空间位置。但在实际操作过程中，一个栅格可能对应于实体中几种不同属性值，这时就有如何对栅格取值的问题。为了保证数据的质量，在确定栅格数据中某一像元点的代码时，我们通常采用以下几种取值方法。在决定栅格代码时尽量保持地表的真实性，保证最大的信息容量。如图 2-22 所示的一块矩形地表区域，内部含有 A、B、C 三种地物类型，O 点为中心点，将这个矩形区域近似地表示为栅格结构中的一个栅格单元时，可根据需要，采取如下方案之一决定该栅格单元的代码。

(1) 中心点法。用处于栅格中心处的地物类型或现象特性决定栅格代码。在图 2-25 所示的矩形区域中，中心点 O 落在代码为 C 的地物范围内，按中心点法的规则，该矩形区域相应的栅格单元代码应为 C，中心点法常用于具有连续分布特性的地理要素，如降雨量分布、人口密度图等。

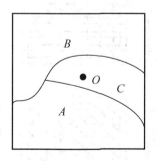

图 2-25 栅格单元代码的确定

(2) 面积占优法。以占矩形区域面积最大的地物类型或现象特性决定栅格单元的代码。在图 2-22 所示的矩形区域中，显见 B 类地物所占的面积最大，故相应栅格代码定为 B。面积占优法常用于分类较细、地物类别斑块较小的情况。

(3) 重要性法。根据栅格内不同地物的重要性，选取最重要的地物类型决定相应的栅格单元代码。假设图 2-22 中 A 类为最重要的地物类型，即 A 比 B 和 C 类更为重要，则栅格单元的代码应为 A。重要性法常用于具有特殊意义而面积较小的地理要素，特别是点、线状地理要素，如城镇、交通枢纽、交通线、河流水系等，在栅格中代码应尽量表示这些重要地物。

(4) 百分比法。根据矩形区域内各地理要素所占面积的百分比数确定栅格单元的代码参与，如可记面积最大的两类 BA，也可根据 B 类和 A 类所占面积百分比数在代码中加入数字。

3．栅格数据的编码方法

因为栅格数据被看作一个数据矩阵，逐行(或逐列)记录代码，可以每行都从左到右记录，也可以奇数行从左到右，偶数行从右到左。

这种记录栅格数据的文件常称为栅格文件，一般在文件头中存有栅格数据的长和宽，即行数和列数。这样像元值就可以进行连续存储了。其特点是处理比较方便，但没有实现数据压缩存储。

由于地理数据有较强的相关性，相邻的像元值往往相同。为了节省存储空间，需要进行栅格数据的压缩存储。

1) 直接编码法

直接编码法也称矩阵法，这种编码法是最简单直观而又非常重要的栅格数据编码法。它把栅格图从左上角开始逐行地存储数据化代码，其顺序可以是逐行从左到右记录，也可以是奇数行从左到右，偶数行从右到左记录，或其他一些特殊的存储顺序(见图 2-26)。栅格数据的这样编码方法直接反映了栅格数据的逻辑模型，一般称这种编码的图像文件为格网文件或栅格文件。这种格网文件也分为显式存储和隐式存储，所谓格网文件的显式存储，是指存储每个栅格单元值的同时存储其行、列号值。由于格网文件具有规则的阵列，因此也可以从上到下、从左到右顺序存储栅格属性值，不存储行列号，这时的行列号隐含在顺序中，从而节省存储单元，这就是隐式存储。

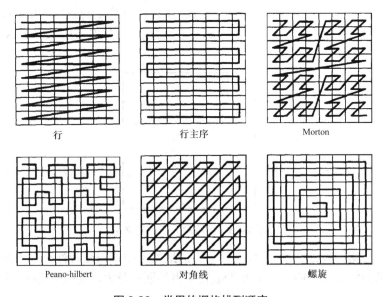

图 2-26　常用的栅格排列顺序

采用直接编码法存储栅格数据，每一个栅格都要进行存储，因此会在阵列中存在大量相同属性的数据。例如当存储点状或线状地物时，同时还要存储大量背景栅格数据；存储面状地物时，在多边形内存储大量相同属性的栅格。为了减少栅格数据的存储量，产生了很多栅格数据压缩编码方法。

2) 压缩编码方法

目前有一系列栅格数据压缩编码方法，如链码、游程长度编码、块码和四叉树编码等，其目的就是用尽可能少的数据量记录尽可能多的信息；其类型又有信息无损编码和信息有损编码之分。信息无损编码是指编码过程中没有任何信息损失，通过解码操作可以完全恢复原来的信息，信息有损编码是指为了提高编码效率，最大限度地压缩数据，在压缩过程中损失一部分相对不太重要的信息，解码时这部分信息难以恢复。在 GIS 中多采用信息无损编码，而对原始遥感影像进行压缩编码时，有时也采取有损压缩编码方法。

(1) 链码。链码亦称弗里曼链码(Freeman)或边界编码，是一种二分层图像边缘编码方法，适用于对曲线和边界进行编码。它基于八个邻域的思想，利用八个方向码来编码线划图，使任一条曲线或边界都可以用某一原点开始的矢量链来表示。由起点位置和一系列在基本方向的单位矢量给出每个后续点相对其前继点的可能的八个基本方向之一表示。八个基本方向自 0 开始，按顺时针方向代码分别为 0，1，2，3，4，5，6，7。单位矢量的长度默认为一个栅格单元。理论上讲，假设一曲线或边界中间有一点(i, j)，则其相邻的栅格点必然在图 2-27 所示的八个邻域方向上。这八个方向可定义为东(E=0)，东南(SE=1)，南(S=2)，西南(SW=3)，西(W=4)，西北(NW=5)，北(N=6)以及东北(NE=7)。这八个方向上坐标增量如表 2-13 所示。

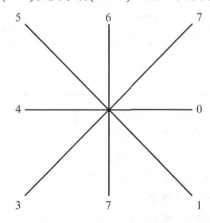

图 2-27　八个基本方向

表 2-13　方向增量表

方向	E	SE	S	SW	W	NW	N	NE
编号	0	1	2	3	4	5	6	7
I 坐标增量	0	1	1	1	0	−1	−1	−1
J 坐标增量	1	1	0	−1	−1	−1	0	1

即假设一点的坐标为(i, j)，则其邻域坐标，东为$(i, j+1)$，东南为$(i+1, j+1)$，南为$(i+1, j)$，西南为$(i+1, j-1)$，西为$(i, j-1)$，西北为$(i-1, j-1)$，北为$(i-1, j)$，东北为$(i-1, j)$。因此，

对连续线上的一个已知点，只要搜索 8 个方向，总可找到它的后续栅格点，并可用图 2-27 所定方向代码来表示。反之，已知所定点的方向代码亦可知道其前趋点的坐标位置。图 2-28 为一等值线图，其中#1 线高程为 100 m，#2 线高程为 200 m，其链码编码表如图 2-14 所示。

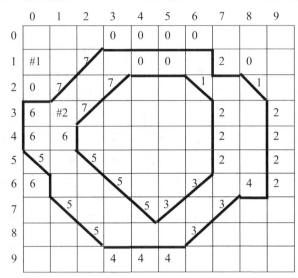

图 2-28　等值线图

表 2-14　等值线的链码编码表

标　号	高　程	起始行列	链　　码
#1	100 m	3　0	0, 7, 7, 0, 0, 0, 2, 0, 1, 2, 2, 2, 4, 3, 3, 4, 4, 4, 5, 5, 6, 5, 6, 6
#2	200 m	4　2	7, 7, 0, 0, 1, 2, 2, 2, 3, 3, 5, 5, 5, 6

这种编码的优点是具有很强的数据压缩率，并便于计算长度和面积，便于表示图形凹凸部分，易于存储图形数据；缺点是难于实现叠置运算，不便于合并插入操作，对区域按边界存储，相邻区域的相邻线段会重复存储，使数据冗余。

(2) 游程编码。游程编码是具有块状地物的栅格数据进行压缩编码的一种简单可行方法。在 GIS 的分析研究中，大量研究对象是块状地物。例如作为分析研究基础的土地分类图中，每一地类就是由一个或多个块状地物组成的。通常，为了保持一定精度，就必须提高栅格数据的分辨率。而栅格数据的数据量同分辨率呈平方指数率的函数关系，即提高分辨率将大大提高数据量。例如一幅陆地卫星 MSS 图像中有 $3240 \times 2340 = 7.58 \times 10^6$ 个栅格点。而其中，同一地块内的很多栅格点具有相同的性质，即属性相同。游程编码既考虑到数据压缩，又顾及 GIS 中数据访问。它以行为单位，将栅格数据矩阵中属性相同的连续栅格视为一游程。根据每个游程数据结构(编码方式)的不同游程编码又分为游程终点编码和游程长度编码。

不管是游程长度编码还是游程终点编码，其实质是把栅格矩阵中行序列 $x_1, x_2 \cdots x_n$ 映射成整数对元素序列。因此，一维游程编码方式为(g_k, l_k)。在游程长度编码中，g_k 表示栅格元素的属性值，l_k 表示游程的连续长度；在游程终止编码中，g_k 表示栅格元素属性，l_k 表示游程终止点列号，其中 $k=1, 2, 3, \cdots, m (m<n)$。

例如：已知由 8×8 个栅格单元组成的栅格数据，如图 2-29 所示。其中属性值分别为 0，4，7，8，对其进行游程终止编码及游程长度编码，如下所示。

0	4	4	7	7	7	7	7
4	4	4	4	4	7	7	7
4	4	4	8	8	7	7	
0	0	4	8	8	7	7	
0	0	8	8	8	7	8	
0	0	0	8	8	8	8	
0	0	0	8	8	8	8	
0	0	0	0	0	8	8	8

图 2-29　8×8 个栅格单元组成的栅格数据

游程终止编码：(0，1)，(4，3)，(7，8)
　　　　　　　(4，5)，(7，8)
　　　　　　　(4，4)，(8，6)，(7，8)
　　　　　　　(0，2)，(4，3)，(8，6)，(7，8)
　　　　　　　(0，2)，(8，6)，(7，7)，(8，8)
　　　　　　　(0，3)，(8，8)
　　　　　　　(0，4)，(8，8)
　　　　　　　(0，5)，(8，8)

游程长度编码：(0，1)，(4，2)，(7，5)
　　　　　　　(4，5)，(7，3)
　　　　　　　(4，4)，(8，2)，(7，2)
　　　　　　　(0，2)，(4，1)，(8，3)，(7，2)
　　　　　　　(0，2)，(8，4)，(7，1)，(8，1)
　　　　　　　(0，3)，(8，5)
　　　　　　　(0，4)，(8，4)
　　　　　　　(0，5)，(8，3)

游程终止编码的第一行中，(0，1)表示属性值为 0 的栅格终止点为第一列，(4，3)表示属性值为 4 的栅格终止点为第 3 列，(7，8)表示属性值为 7 的栅格终止点为第 7 列。因此，从游程终止值可容易地算出每个属性值所占的栅格数。这里属性值为 7 的栅格数为 8-3=5，依次类推。

游程长度编码的第一行中，(0，1)表示属性值为 0 的栅格为一个点，(4，2)表示属性值为 4 的栅格点数为 2，(7，5)表示属性值为 7 的栅格点数为 5，第一行中总栅格点数为 1+2+5=8。

从上面两表可知游程终止编码中的每个数据对包含属性值及游程终止端列号；而游程长度编码中的每个数据对包含属性值及游程长度。这种一维游程编码方案，实质上只考虑了每一行的数据结构，并没有考虑行与行之间的结构。换言之，这种游程编码称一维游程编码。

显然，如果各行中相同属性的顺序栅格数据越多，即游程越长，编码效率越高。

游程编码对类型区面积较大的专题图和影像图，数据压缩率高，易于实现重叠、合并、检索运算，这种编码方法在 GIS 中应用广泛。

(3) 块码。块码是游程编码的一种变异，它以正方形区域为单元对块状地物的栅格数据进行编码，其实质是把栅格阵列中同一属性方形区域各元素映射成一个元素序列。

块码的编码方式为：行号，列号，半径，代码。行号和列号表示正方形区域左上角栅格元素所在行号及列号；半径表示正方形区域行(或列)方向的栅格元素数；代码表示该正方形区域的属性值。

图 2-26 所示的 8×8 栅格矩阵为例，对其进行块码编码，所得编码结果如下所示。

(1，1，1，0)，(1，2，2，4)，(1，4，1，7)，(1，5，1，7)，(1，6，2，7)，(1，8，1，7)，

(2，1，1，4)，(2，4，1，4)，(2，5，1，4)，(2，8，1，7)，

(3，1，1，4)，(3，2，1，4)，(3，3，1，4)，(3，4，1，4)，(3，5，2，8)，(3，7，2，7)，

(4，1，2，0)，(4，3，1，4)，(4，4，1，8)，

(5，3，1，8)，(5，4，2，8)，(5，6，1，8)，(5，7，1，7)，(5，8，1，8)，

(6，1，3，0)，(6，6，3，8)，

(7，4，1，0)，(7，5，1，8)，

(8，4，1，0)，(8，5，1，0)

块码法实际上是把一维游程编码扩展到二维空间。若一个面状地物所能包含的正方形越大，多边形边界越简单，块码编码的效率越高。它同游程编码一样，对图形比较碎小、边界较复杂的图形，数据压缩率会较低。块码在合并、插入、检查延伸性、计算面积等操作时有明显的优越性。然而对某些运算不适应，必须转换成简单数据形式才能顺利进行。

(4) 四叉树编码。区域性物体的四叉树表示方法最早出现在加拿大的 GIS 中。20 世纪 80 年代以来，四叉树数据结构提出了许多编码方案，这里只介绍常规四叉树。

四叉树分割的基本思想是首先把一幅图像或一幅栅格地图($2^n \times 2^n$，$n>1$)等分成四部分，逐块检查其栅格值，若每个子区中所有栅格都含有相同值，则该子区不再往下分割，否则将该区域再分割成四个子区域，如此递归地分割，直到每个子块都含有相同的灰度或属性值为止。这样的数据组织称为自上往下(Top-to-Down)的常规四叉树。四叉树也可以自下而上(Down-to-Top)地建立。这时，从底层开始对每个栅格数据的值进行检索，对具有相同灰度或属性值的四等分的子区进行合并，如此递归向上合并。

四叉树编码法有许多有趣的优点：①容易而有效地计算多边形的数量特征；②阵列各部分的分辨率是可变的，边界复杂部分四叉树较高，即分级多，分辨率也高，而不需表示许多细节的部分则分级少，分辨率低，因而既可精确表示图形结构又可减少存储量；③栅格到四叉树及四叉树到简单栅格结构的转换比其他压缩方法容易；④多边形中嵌套异类小多边形的表示较方便。

四叉树编码的最大缺点是转换的不定性，用同一形状和大小的多边形可能得出多种不同的四叉树结构，故不利于形状分析和模式识别。但因它允许多边形中嵌套多边形即所谓"洞"这种结构存在，使越来越多的 GIS 工作者都对四叉树结构很感兴趣。

图 2-30 表示了四叉树的分解过程。图中对 $2^n \times 2^n$ 的栅格图，利用自上而下方法表示了寻找栅格 A 的过程。

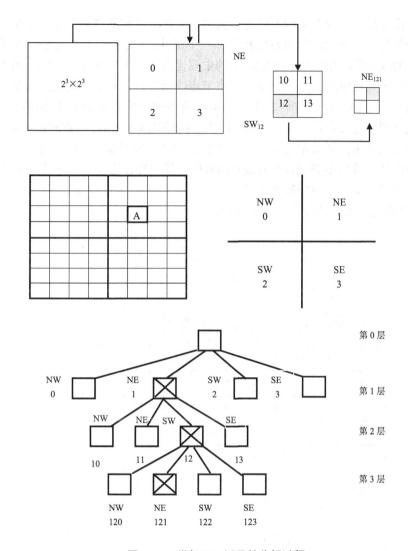

图 2-30　常规四叉树及其分解过程

例如，一幅 2×2 的栅格阵列，具有最大深度为 3，可能层次分别为 0，1，2，3。

其中：

第 0 层边长上的最大栅格数为 $2^{3-0}=8$。

第 1 层边长上的最大栅格数为 $2^{3-1}=4$。

第 2 层边长上的最大栅格数为 $2^{3-2}=2$。

第 3 层边长上的最大栅格数为 $2^{3-3}=1$。

当栅格阵列为非 $2^n×2^n$ 时，为了便于进行四叉树编码可适当增加一部分零使其满足 2×2。

(5) 八叉树。八叉树结构(见图 2-31)就是将空间区域不断地分解为八个同样大小的子区域(即将一个六面的立方体再分解为八个相同大小的小立方体)，分解的次数越多，子区域就越小，一直到同一区域的属性单一为止。按从下而上合并的方式来说，就是将研究区空间先按一定的分辨率将三维空间划分为三维栅格网，然后按规定的顺序每次比较 8 个相邻的栅格单元，如果其属性值相同则合并，否则就记盘。依次递归运算，直到每个子区域均为单值为止。

八叉树同样可分为常规八叉树和线性八叉树。常规八叉树的节点要记录十个位，即八个指向子节点的指针，一个指向父节点的指针和一个属性值(或标识号)。而线性八叉树则只需要记录叶节点的地址码和属性值。因此，它的主要优点是：①节省存储空间，因为只需对叶节点编码，节省了大量中间节点的存储，每个节点的指针也免除了，而从根到某一特定节点的方向和路径的信息隐含在定位码之中，定位码数字的个位数显示分辨率的高低或分解程度；②线性八叉树可直接寻址，通过其坐标值则能计算出任何输入节点的定位码(称编码)，而不必实际建立八叉树，并且定位码本身就是坐标的另一种形式，不必有意去存储坐标值，若需要的话还能从定位码中获取其坐标值(称解码)；③在操作方面，所产生的定位码容易存储和执行，容易实现集合、相加等组合操作。

八叉树主要用来解决 GIS 中的三维问题。

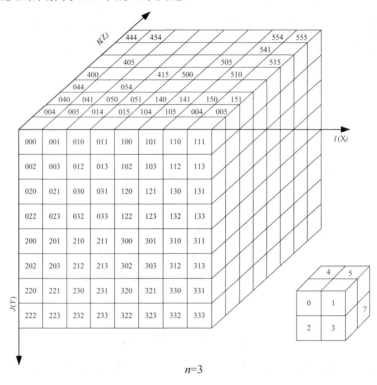

$n=3$

图 2-31　八叉树编码图解

2.4.3　矢、栅结构的比较与相互转换

1. 矢、栅结构的特点

1) 矢量数据的特点

(1) 用离散的线或点来描述地理现象及特征。在矢量数据中，把空间地物分成如下三类空间目标。

点：空间的一个坐标点(x, y)。

线：多个点组成矢量弧段$(x_1, y_1)(x_2, y_2)\cdots (x_n, y_n)$。

面：由线段组成的多边形。

点用来描述地图上的各种标志点，如监控点、居民点。线包括直线和曲线。曲线一般包括一般曲线和封闭曲线，分别用来表示河流、道路及行政界等。此外曲线还包括一些特殊的曲线如等高线。面用来描述一块连续的区域，如湖泊、林地等。

(2) 用拓扑关系来描述矢量数据之间的关系。矢量数据结构能以最小存储空间精确地表达地物的几何位置。在实际应用中往往采用拓扑结构编码，不再像栅格数据那样用诸如游程编码等方案。

在矢量数据系统中，常用几何信息描述空间几何位置，用拓扑信息来描述空间的"相连""相邻"及"包含"关系，从而清楚地表达空间地物之间结构。

(3) 面向目标的操作。对矢量数据的操作，更多地面向目标，从而使精度高、数据冗余度小、运算量少。如对区域面积的计算和道路长度的量算，分别用计算区域多边形面积及道路长度而获得。这样直接根据目标物几何形状用坐标值计算方法，使计算精度大大提高。另外，由于矢量数据是以点坐标为基础记录数据，不仅便于对图形放大、缩小，而且还便于将数据从一个投影系统转换到另一个投影系统。

(4) 数据结构复杂且难以同遥感数据结合。矢量数据系统不仅难于同 DEM 模型数据结合，而且也难于同遥感数据相结合，从而限制了矢量数据系统的功能和效率。在目前基于矢量数据结构的 GIS 中，为了解决同遥感的结合问题，往往是将矢量数据转换成栅格数据，再进行分析，然后根据需要再转换回去。这是矢量数据结构在地理信息应用中的最大不足。

(5) 难于处理位置关系(如求交，包含等)。在矢量数据结构中，给出的是地物取样点坐标，判断地物的空间位置关系时，往往需要进行大量的求交运算。例如当已知某一土壤类型图和某一积温图，要叠置获取新分类图时，需进行多边形求交运算，组成新多边形，建立新的拓扑关系。因此，矢量数据结构解决这类问题是相当复杂的。

2) 栅格数据的特点

(1) 用离散的量化栅格值表示空间实体。栅格数据把真实的地理面假设成平面笛卡儿来描述地理空间。在每个笛卡儿平面中，用行列值来确定各个栅格元素的位置，以栅格元素值来表示空间属性。栅格元素是栅格数据的最小单位。在栅格数据中：点：用一个栅格元素来表示。线：用一组相邻的栅格元素来表示。面(区域)：用相邻栅格单元的集合来表示。

(2) 描述区域位置明确，属性明显。栅格数据的位置一般用坐标(行列数)确定，栅格值可以用单位栅格交点归属法、单元栅格面积占优法、单位栅格长度占优法来描述。每一位置只能表示单一特征，当某一位置需要表示多种特征值时，引入图层的概念，如某一地区地形图需要同时描述高程、县界、河流和公路时，在栅格数据表示中需要建立四个栅格数据层，它们分别描述该区域的高程、县界、河流和公路的特性。描述每个图层属性的值，可以是整型数、实型数或字符型数。

(3) 数据结构简单，易于同遥感结合。栅格数据以阵列(数组)方式来描述空间实体，其数据结构简单，便于同遥感图像交换信息，并予以分析处理。

(4) 难以建立地物间拓扑关系。栅格数据是一种面向位置的数据结构。在平面空间上的任意一点都可以直接同某个或某类地物相联系，很难完整建立地物间的拓扑关系。实际上，一类地物或一个目标可能在区域的多处出现，这时只能通过遍历整个栅格矩阵才能得到，这导致栅格数据结构不便于对单目标操作。

(5) 图形质量低且数据量大。在栅格数据中，栅格元素是表示地区目标的最基本单位。因此所反映的实体在形态上会出现畸变，在属性上会出现偏差，从而影响图形质量。为了提高图形质量，要尽可能减少栅格尺寸，即增加栅格数，从而增加栅格数据量和数据的冗余度。

2. 矢、栅结构的比较

自从 20 世纪 70 年代美国学术界提出 GIS 中的两种空间数据结构方式以来，目前各国所用的 GIS 仍然采用矢量数据结构和栅格数据结构。这主要是因为两种数据结构各有长处，又各有不足，而且相互之间还具有互补性。

栅格结构和矢量结构是模拟地理信息的两种不同的方法。栅格数据结构类型具有"属性明显、位置隐含"的特点，它易于实现且操作简单，有利于基于栅格的空间信息模型的分析，如在给定区域内计算多边形面积、线密度，栅格结构可以很快算得结果，而采用矢量数据结构则麻烦得多；但栅格数据表达精度不高，数据存储量大，工作效率较低。如要提高一倍的表达精度(栅格单元减小一半)，数据量就需增加三倍，同时也增加了数据的冗余。因此，对于基于栅格数据结构的应用来说，需要根据应用项目的自身特点及其精度要求来恰当地平衡栅格数据的表达精度和工作效率两者之间的关系。另外，因为栅格数据格式的简单性(不经过压缩编码)，其数据格式容易为大多数程序设计人员和用户所理解，基于栅格数据基础之上的信息共享也较矢量数据容易。最后，遥感影像本身就是以象元为单位的栅格结构，所以，可以直接把遥感影像应用于栅格结构的 GIS 中，也就是说栅格数据结构比较容易和遥感技术相结合。

矢量数据结构类型具有"位置明显、属性隐含"的特点，它操作起来比较复杂，许多分析操作(如叠置分析等)用矢量数据结构难于实现；但它的数据表达精度较高，数据存储量小，输出图形美观且工作效率较高。

两种数据结构的比较如表 2-15 所示。

表 2-15　栅格、矢量数据结构特点比较

比较内容	矢量格式	栅格格式
数据量	小	大
图形精度	高	低
图形运算	复杂、高效	简单、低效
遥感影像格式	不一致	一致或接近
输出表示	抽象、昂贵	直观、便宜
数据共享	不易实现	容易实现
拓扑和网络分析	容易实现	不易实现

目前 GIS 软件以矢量数据结构为主流，但在涉及遥感图像处理及数字地形模型的应用中，以栅格数据为主；在交通、公共设施、市场等领域的 GIS 中通常矢量数据结构占优势；而在资源和环境管理领域中常常同时采用矢量数据结构和栅格数据结构。

为充分发挥和利用这两种数据结构各自的优点，实现不同 GIS 之间的数据传输，达到数

据共享的目的，尤其是随着 GIS 和遥感技术的结合，地图数据和图像数据的混合处理已成为当前 GIS 的发展趋势。这就要求统一管理和处理矢量数据和栅格数据，这种统一管理和处理既包括矢量数据和栅格数据的一体化表示方法的研究，也包括对这两种数据类型之间转换方法的研究。

空间数据类型的转换是 GIS 的主要功能之一，通常可以分为矢量数据向栅格数据的转换及栅格数据向矢量数据的转换。就技术方法而言，前者较为简单，因而方法也比较成熟。栅格矢量数据相互转换，虽然速度很快，但系统中还是存储了两种不同结构的数据。因此栅格矢量数据一体化是目前 GIS 学科中研究的热点之一。

3. 矢、栅结构的相互转换

在 GIS 中，栅格数据与矢量数据各具特点与适用性，为了在一个系统中可以兼容这两种数据，以便有利于进一步的分析处理，常常需要实现两种结构的转换。

1) 矢量数据结构向栅格数据结构的转换

许多数据如行政边界、交通干线、土地利用类型、土壤类型等都是用矢量数字化的方法输入计算机或以矢量的方式存在计算机中，表现为点、线、多边形数据。然而，矢量数据直接用于多种数据的复合分析等处理将比较复杂，特别是不同数据要在位置上一一配准，寻找交点并进行分析。相比之下利用栅格数据模式进行处理则容易得多。加之土地覆盖和土地利用等数据常常从遥感图像中获得，这些数据都是栅格数据，因此矢量数据与它们的叠置复合分析更需要把其从矢量数据的形式转变为栅格数据的形式。

矢量数据结构向栅格数据结构的转换时，首先必须确定栅格元素的大小，即根据原矢量图的大小、精度要求及所研究问题的性质，确定栅格的分辨率。如把某一地区的矢量数据结构的地形图向栅格数据转换时，必须考虑地形的起伏变化，当该地区的地形起伏变化很大时(黄土高原丘陵沟壑区)，必须选用高的分辨率，否则无法反映地形变化的真实情况。又如，当把矢量数据向栅格数据转换后，希望同 TM 影像匹配时，应尽量考虑与 TM 的分辨率相同，以便进行各种处理。

此外，必须了解矢量数据和栅格数据的坐标表示，如图 2-32 所示。有时，矢量数据的基本坐标是直角坐标，原点为图的左下方；而栅格数据的坐标是行列坐标，原点在图的左上方。在进行两种坐标数据转换时，通常使直角坐标系的 x，y 轴分别同栅格数据的行列平行。

矢量数据和栅格数据的坐标转换关系所示，其转换公式为

$$\Delta x = \frac{x_{\max} - x_{\min}}{J}$$

$$\Delta y = \frac{y_{\max} - y_{\min}}{I}$$

式中：Δx，Δy——表示每个栅格单元的边长；

　　　$x_{\max}$，$x_{\min}$——表示矢量坐标中 x 的最大值和最小值；

　　　$y_{\max}$，$y_{\min}$——表示矢量坐标中 y 的最大值和最小值；

　　　I，J——表示栅格的行列数。

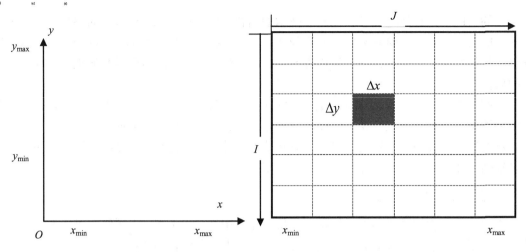

图 2-32　矢量和栅格的坐标关系

(1) 基本要素的转换。

由于曲线可用折线来表示，也就是当折线上取点足够多时，所画的折线在视觉上成为曲线，因此，线的变换实质上是完成相邻两点之间直线的转换。如图 2-33 若已知一直线 AB 其两端点坐标分别为 $A(x_1，y_1)$ 和 $B(x_2，y_2)$，则其转换过程不仅包括坐标点 A，B 分别从点矢量数据转换成栅格数据，还包括求出直线 AB 所经过的中间栅格数据。其转换过程如下。

利用上述点转换法，将点 $A(x_1，y_1)$ 和 $B(x_2，y_2)$ 分别转换成栅格数据，求出相应的栅格的行列值。

由上述行列值求出直线所在行列值的范围。

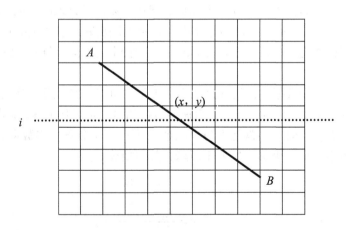

图 2-33　线的转换

确定直线经过的中间栅格点。若从直线两端点转换中，求出该直线经过的其始行号为 i_1，终止行号 i_m，其中间行号必定为 i_2，$i_3\cdots$，i_{m-1}。现在的问题是求出相应行号相交于直线的列号，其步骤如下。

求出相应 i 行中心处同直线相交的 y 值：

$$y = y_{max} - \Delta y\left(i - \frac{1}{2}\right)$$

用直线方程求出 y 值的点的 x 值：

$$x = \frac{x_2 - x_1}{y_2 - y_1}(y - y_1) + x_1$$

从 x，y 值按公式求出相应 i 行的列值 j：

$$j = 1 + \text{Integer}\left(\frac{x - x_{\min}}{\Delta_x}\right)$$

如上所述，不断求出直线所经过的各行的列值，最后完成直线的转换。

曲线的转换或多边形轮廓的转换实质上是通过直线转换而形成的。但对面域数据而言，在转换同时还需要解决面域数据(多边形数据)的填充。

(2) 区域填充。

在矢量数据结构中，通常以不规则多边形来表示区域，对于多边形内填充的晕线或符号，只是图形输出的表示方法，并不作为空间数据参加运算。

矢量数据转成栅格数据是通过矢量边界轮廓的转换实现的。在栅格数据结构中，栅格元素值直接表示属性值。因此，当矢量边界线段转换成栅格数据后，还须进行面域的填充。

从计算机图形学的角度看，区域填充有很多算法，但基本上分为两大类：①适合光栅扫描设备的算法，如种子填充法；②适合画线式设备的算法，如射线法。不论哪种算法，其关键是判断哪些点或栅格单元在多边形之内，哪些点在多边形之外。

射线法：该法中常用水平线扫描(或垂直线)法来判断一点是否在区域内。假如有一疑问点 $P(x, y)$，要判断它是否在多边形内，可从该疑问点向左引水平扫描线(即射线)，计算此线段与区域边界的相交的次数 c，如果 c 为奇数，认为疑问点在多边形内；c 为偶数，则疑问点在多边形外。如图 2-31(a)所示。为了方便起见，利用上述原理，可直接作一系列水平扫描线，求出扫描线和区域边界的交点，并对每个扫描线交点按 x 值的大小进行排序，其两相邻坐标点之间的射线在区域内。如图 2-34(b)中扫描 I_1 中 $x_1 x_2$ 段，扫描线 I_2 中 $x'_1 x'_2$，$x'_3 x'_4$ 均在区域内。但上述情况中常出现一些例外，称奇异性。如图 2-35(b)中射线 I_1，I_2 分别遇到了极值点 P、P'，从而可能出现判断错误。对这种情况应采用邻点分析法区分出极值点。当用直线段逼近曲线时，极值点必定是两条直线的交点。如图 2-35(a)中 P_1、P_2 点。但两直线的交点不一定是极值点，如点 P_3、P_4。为此，需要判断与顶点相交的两个直线段是否在扫描线的同一侧。若在同一侧为极值点，否则是非极值点。这样，当扫描线遇到多边形顶点时分两种情况：一种是该顶点为极值点，另一种是非极值点。对极值点看作两个同值交点，对非极值点看作一个交点，从而解决奇异性。

这样，增加了射线法的复杂性，为此出现了简化方法。高端点下移射线法就是一个例子。这种算法是采用坐标修正法来简化算法。它对组成多边形的每条直线的高端点 y 值坐标进行负修正，修正值根据设备和系统规定的精度和容差值确定，这样避开了上述奇异性。多边形对每条直线 y 值高端点坐标进行负修正后，这时各扫描线同原边界的交点如图 2-36 所示，从而避开了奇异点。这种求交法也称"上闭下开"法。即在二直线的交点处，扫描线上面的边与该扫描线相交的点有效，扫描线下面的边与该扫描线相交的交点无效，当扫描线与多边形边重合时不做求交运算。

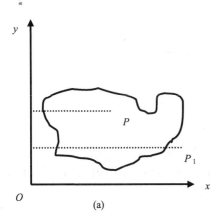
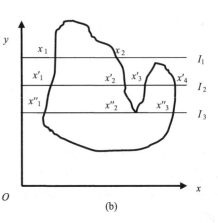

图 2-34 多边形内部点的判断

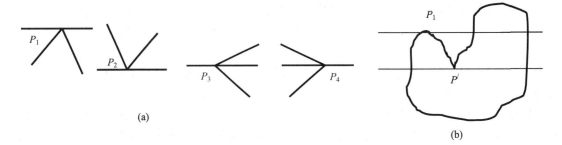

图 2-35 射线法的特殊点

图 2-36 高端坐标点的负修正

　　边界点跟踪法：这是另一种填充法，该法从边界上某一栅格单元开始按顺时针方向跟踪边界上各栅格(对多边形中岛则按逆时针方向跟踪，使岛内不被填充)。这里将跟踪的每个栅格分别赋予字符 R、L 或 N。

其中，R 表示该栅格同相邻像素的行数不同，且行数增加的单元；

L 表示该栅格同相邻像素的行数不同，且行数减少的单元；

N 表示该栅格极值单元或相邻单元行数相同的单元。

最后，逐行扫描，根据填充字符值，填充 L→R 之间的栅格，如图 2-37 所示。

			N	N	N	N									
			L			R									
		L					R								
		L			N	N		R							
	L				R		L	R							
	L				R			L		N	N	N	N		
L				R			L				R				
L				R			L				R				
L					N	N					R				
L				N	N					R					
	L		R			L					R				
	L		R			L				R					
	L		R				L			R					
	L		R					N	N	N	N				
		N	N												

图 2-37　边缘跟踪法填充

(3) 边界代数法。

矢量向栅格转换的关键是对矢量表示的多边形边界内的所有栅格赋予多边形，形成栅格数据阵列。为此需要逐点判断与边界关系，而边界代数不必逐点判断与边界关系即可完成矢量向栅格的转换。这时，面的填充是根据边界的拓扑信息，通过简单的加减运算将边界位置信息动态地赋予各栅格的。实现边界代数法填充的前提是已知组成多边形边界(弧段)的拓扑关系，即沿边界前进方向的左右多边形号。

图 2-38 所示为边界代数法的填充过程。这里假定前沿边界前进方向 y 值下降时称下行，y 值上升时称上行。填充值基于积分求多边形面积的思想，上行时填充值为该处的左多边形号减右多边形号，下行时填充值为右多边形号减左多边形号，将每次填充值同该处的原始值作代数运算得到最终填充属性值。

图 2-38(a)中，N_1，N_2 弧上行，左多边形号减右多边形号为 0-1=-1。在弧段 N_1，N_2 左边栅格值为-1。

图 2-38(b)中，N_2，N_3 弧下行，右多边形号减左多边形号为 2-0=2。在弧段 N_2，N_3 左边栅格值为 2。

图 2-38(c)中，N_3，N_1 弧下行，右多边形号减左多边形号为 3-0=3。在弧段 N_3，N_1 左边栅格值为 3。

图 2-38(d)中，N_1，N_4 弧上行，左多边形号减右多边形号为 1-3=-2。在弧段 N_1，N_4 左边栅格值为-2。

图 2-38(e)中，N_4，N_2 弧上行，左多边形号减右多边形号为 1-2=-1。在弧段 N_4，N_2 左边栅格值为-1。

图 2-38(f)中，N_4，N_3 弧下行，右多边形号减左多边形号为 3-2=1。在弧段 N_4，N_3 左边栅格值为 1。最后得到如图 2-38 所示的属性值。

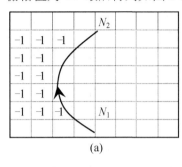

(a)

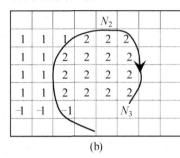

(b)

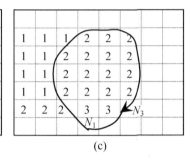

(c)

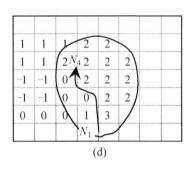

(d)

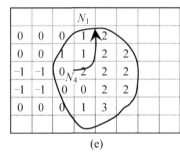

(e)

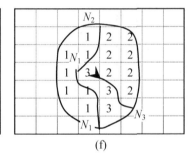

(f)

图 2-38　边界代数法

本例中的每条弧段均为单值上行弧或下行弧。实际上，有时一条弧段可能既包含上行段，亦包括下行段，这时将该弧段分成上行段、下行段分别处理即可。

本算法可不考虑边界存放顺序及搜索轨迹，每条边界只计算一次，免去了边界的重复运算，因算法简单，可靠性高，运算速度快，广泛地应用于微机 GIS 中。

2) 栅格数据向矢量数据的转换

栅格数据向矢量数据的转换实质上是将具有相同属性代码的栅格集合转变成由少量数据组成的边界弧段以及区域边界的拓扑关系。栅格数据转成矢量数据比矢量数据转成栅格数据在原理上或实现方法上均要复杂得多。本文以线性栅格数据矢量化的典型过程为例。

(1) 栅格数据向矢量数据转换需要复杂的前处理。前处理的方法可能因原始栅格图不同而异，但最终目的是把栅格图预处理成近似线划图的二值图形，使每条线只有一个象元宽度。图 2-39 表示了两种典型栅格图的预处理：一种是从遥感影像中获得的分类图或已栅格化的分类图的预处理；另一类是由原来线划图经扫描仪输入而得到的栅格图。

由于在扫描输入栅格图时很可能有各种干扰，为此首先要除去干扰，如散布在图上的麻点；同时将扫描后的图二值化处理，使得到具有一个像素宽度的线条；再进行编辑检查，供矢量化。

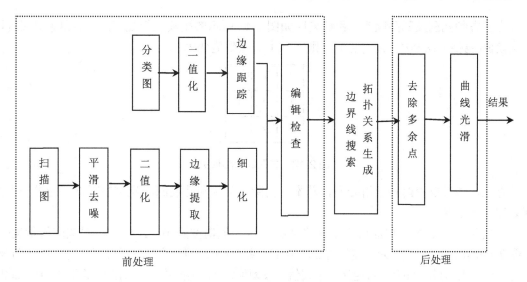

图 2-39 栅格数据矢量化的典型过程

平滑去噪：在将地图扫描或摄像输入时，由于线不光滑以及扫描、摄像系统分辨率的限制，使得一些曲线目标带来多余的小分支(即毛刺噪声)；此外，还有孔洞和凹陷噪声，如图 2-40 所示。如果不在细化前除去这几种噪声，就会造成细化误差和失真，这样最终会影响地图跟踪和矢量化。曲线目标越宽，提取骨架和去除轮廓所需的次数也就越多，因此噪声影响也越大。

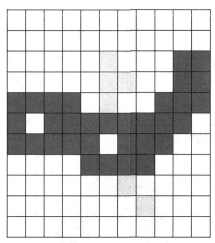

图 2-40 扫描图像的"毛刺"和"凹陷孔洞"

为了去除毛刺噪声的影响，可以采用如图 2-41 所示的 3×3 模板进行处理。

0	0	0
0	1	0
X	X	X

图 2-41 去毛刺模板，X 为任意数值

为了去除孔洞及凹陷噪声，我们采用如图 2-42 所示的模板进行处理，只要图像对应区域与该模板(包括三次 90°旋转)匹配，则区域中心点数值变为 1。

X	1	X
1	0	1
X	X	X

图 2-42　去孔洞凹陷模板

总之，通过以上两种平滑处理，基本上消除了毛刺和孔洞凹陷噪声的影响，为进一步进行处理打下了基础。

二值化：线划图形扫描后产生栅格数据。这些数据按照 0～255 的不同灰度值量度(类似图 2-43(b))。设 $G(i, j)$。为了将这种 256 或 128 级不同的灰阶压缩到两个灰阶，即 0 和 1 两级，首先要在最大与最小灰阶之间定义一个阈值。设阈值为 T，则如果 $G(i, j)$ 大于等于 T，则记此栅格的值为 1；如果 $G(i, j)$ 小于 T，则记此栅格的值为 0，得到一幅二值图，如图 2-43(c)所示。

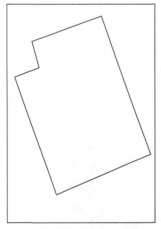

5	2	2	124	192	5	1
9	245	212	110	350	12	9
10	156	5	7	110	135	4
141	73	6	6	135	201	8
138	144	8	5	6	166	21
9	178	29	4	4	127	12
5	132	11	7	7	256	211
3	23	214	133	244	155	43
1	7	167	122	12	9	5
0	3	5	5	2	1	0

(a) 扫描前的矢量数据　　　　　　(b) 扫描得到的灰度值

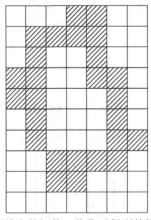

(c) 根据给定的阈值二值化后得到的栅格数据

图 2-43　经扫描得到栅格数据的过程

细化：是消除线划横断面栅格数的差异，使得每一条线只保留代表其轴线或周围轮廓线 (对面状符号而言)位置的单个栅格的宽度。对于栅格线"细化"方法，可分为"剥皮法"和"骨架化"两大类。剥皮法的实质是从曲线的边缘开始，每次剥掉等于一个栅格宽的一层，直到最后留下彼此连通的由单个栅格点组成的图形。因为一条线在不同位置可能有不同的宽度，故在剥皮过程中必须注意一个条件，即不允许剥去会导致曲线不连通的栅格，这是这一方法的技术关键所在。其解决的办法是，借助一个在计算机中存储着的，由待剥栅格为中心的 3×3 栅格组合图来决定。如图 2-44 所示为一个 3×3 的栅格窗口，其中心栅格有八个邻域，因此组合图共有 28 种不同的排列格式。若将相对位置关系的差异只是转置 90°、180°、270° 或互为镜像反射的方法进行归并，则共有 51 种排列格式。

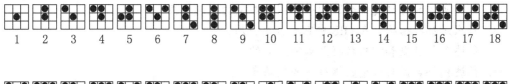

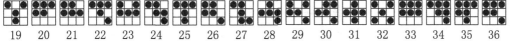

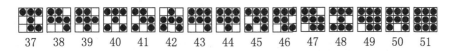

图 2-44　3×3 栅格组合图

跟踪：跟踪的目的是将写入数据文件的细化处理后的栅格数据，整理为从节点出发的线段或闭合的线条，并以矢量形式存储于特征栅格点中心的坐标[见图 2-45(d)]。跟踪时，从图幅西北角开始，按顺时针或逆时针方向，从起始点开始，根据八个邻域进行搜索，依次跟踪相邻点，并记录节点坐标，然后搜索闭合曲线，直到完成全部栅格数据的矢量化，写入矢量数据库。

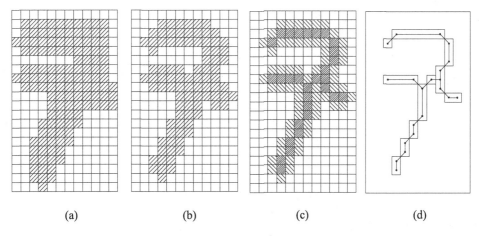

图 2-45　栅格-矢量转换过程

(2) 矢量化。生成矢量线，可以使用 Douglas-Peucker 算法。用来将线划图从栅格数据变成坐标数据，并通过边界线搜索生成拓扑关系，建立边界弧段与栅格图上各多边形的空间关系，并建立与属性数据的联系。

(3) 栅格数据矢量化后的后处理。后处理的目的，一方面是为了除去逐个栅格矢量化产生的多余点，减少数据的冗余；另一方面是为了采用插补算法对曲线进行光滑处理，光顺矢量化的曲线。常用的插补算法有分段三次多项式插值法、样条函数插值法、线形迭代法等。

习　　题

1. 地理空间数据的描述有哪些坐标系？它们之间的相互关系如何？
2. 地理实体的特征是什么？列举出某些类型的空间数据。
3. 什么是拓扑结构？在 GIS 中它有什么作用？
4. 简述矢量数据和栅格数据是如何定义的。
5. 简述栅格数据与矢量数据结构的优缺点。
6. 简述栅格数据向矢量数据转换的基本步骤。

第3章 空间数据获取与处理

学习重点：

- 空间数据的来源
- 空间数据处理与编辑
- 数据质量控制与误差分析

数据的获取与处理是建设 GIS 工程的基础。因空间数据的来源不同，数据存在的类型和格式不同，数据的获取方法不同，所以数据在获取的过程中存在不同程度的误差。这就需要对数据进行编辑和处理，以便为日后建立空间数据库打下基础，实现统一管理。

3.1 数据源的种类

GIS 的数据源是指建立的地理数据库所需的各种数据的来源，主要包括地图、遥感图像、统计资料、文本和立法资料、实验和实测数据、网络数据、已有系统的数据等。

1. 地图数据

地图是 GIS 的主要数据源，因为地图包含着丰富的内容，不仅含有实体的类别和属性，而且含有实体间的空间关系。地图是地理数据的传统描述形式，是具有共同参考坐标系统的点、线、面的二维平面，内容丰富，空间关系直观，而且实体的类别或属性可以用各种不同的符号加以识别和表示。不同种类的地图，其研究的对象不同，应用的部门、行业也不同，所表达的内容也不同。地图主要包括普通地图和专题地图两类。普通地图是指以相对平衡的详细程度表示地球表面上的自然地理和社会经济要素，主要表达居民地、交通网、水系、地貌、境界、土质和植被等。专题地图着重反映一种或少数几种专题要素，如地质、地貌、土壤、植被和土地利用等原始资料。

通常以地图作为 GIS 数据源时，可用点、线、面及注记来表示地理实体及实体间的关系来表达地图内容。

点——居民点、采样点、高程点、控制点等。

线——河流、道路、构造线等。

面——湖泊、海洋、植被等。

注记——地名注记、高程注记等。

地图数据主要用于生成 DLG、DRG 数据或 DEM 数据。

在应用地图数据时应注意以下几点。

(1) 地图存储介质的缺陷。由于地图多为纸质，在不同的存放条件下存在不同程度的变形,具体应用时须对其进行纠正。

(2) 地图现势性较差。传统地图更新周期较长,造成现存地图的现势性不能完全满足实际需要。

(3) 地图投影的转换。使用不同投影的地图数据进行交流前,必须先进行地图投影的转换。

2. 遥感影像

通过遥感影像(见图 3-1)可以快速、准确地获得大面积的、综合的各种专题信息。航天遥感影像(见图 3-2)还可以取得周期性的资料,这些都为 GIS 提供了丰富的信息。但是由于每种遥感影像都有其自身的成像规律、变形规律,所以对其应用要注意影像的纠正、影像的分辨率、影像的解译特征等方面的问题。

遥感数据(影像数据)可以用来提取并生成线划数据和数字正射影像数据、DEM 数据。

图 3-1 卫星遥感影像

图 3-2 航空影像

3. 统计资料

许多部门和机构都拥有不同领域(如人口、自然资源等方面)的大量统计资料、国民经济的各种统计数据,这些通常也是 GIS 的数据源,尤其是属性数据的重要来源。统计数据一般都是和一定范围内的统计单元或观测点联系在一起,因此在采集这些数据时,要注意包括研究对象的特征值、观测点的几何数据和统计资料的基本统计单元。当前,在很多部门和行业里,统计工作已经在很大程度上实现了信息化,除以传统的表格方式提供使用外,已建立起各种规模的数据库,数据的建立、传送、汇总已普遍使用计算机。各类统计数据可存储在属性数据库中与其他形式的数据一起参与分析。

4. 文本和立法资料

文本资料是指各行业、各部门的相关法律文档、行业规范、技术标准、条文条例等。这些也属于 GIS 的数据源。各种文字报告和立法文件在一些管理类的 GIS 系统中有很大的应用,如在城市规划管理信息系统中;各种城市管理法规及规划报告在规划管理工作中起着很大的作用。对于一个多用途的或综合型的系统,一般都要建立一个大而灵活的数据库,以支持其非常广泛的应用范围。而对于专题型和区域型的系统,则数据类型与系统功能之间具有非常密切的关系。

5. 实验和实测数据

野外实验、实地测量数据是 GIS 中不可少的数据源。各种地学实验数据可以输入到 GIS 中，利用该系统的分析功能进行分析。例如通过对土壤理化特性的分析测试数据，了解土壤特性，通过径流量的测试分析数据，了解水土流失情况。又如常年的气象、水文观测数据是环境资源中不可缺少的数据，如表 3-1 所示。随着测绘仪器的更新和测绘技术、计算机的发展，传统的测绘技术方法逐渐被数据测绘技术方法所取代。各种测绘新技术可直接获得矢量数据，主要有 GPS 的定位数据、全站仪实测数据、全数字摄影测量数据等。这些数据可以形成高精度的地形、地籍和其他专题电子地图，是 GIS 的一个很准确和现势的资料。

表 3-1　各地气温递减率　　　　　　　　　　　　　　　　　　　　　　　(℃/100m)

地　区	测　站	高度差/m	1 月	4 月	7 月	10 月
天南南坡	阿克苏-阿合奇	833	0.03	0.57	0.59	0.31
天山北坡	乌鲁木齐-小渠子	1266	-0.40	0.5	0.74	0.40
祁连山北坡	玉门镇-玉门市	800	-0.03	0.49	0.50	0.26
贺兰山区	银川-贺兰山	1789	0.29	0.59	0.64	0.50

6. 网络数据

随着计算机网络的发展，网络支持下的计算机信息服务，将为 GIS 提供公共基础数据和其他需用的地理信息数据，如经济数据、遥感数据、电子地图数据等。

7. 已有系统的数据

GIS 还可以从其他已经建成的信息系统和数据库中获得相应的数据。由于规范化和标准化的推广，不同系统之间的可交换性和共享性越来越强，不仅拓展了系统的可用性，同时也增加了系统数据的基础价值。

空间数据经编修后，形成不同格式和结构的数据集。数据集是结构化的相关数据的集合体，包括数据本身和数据之间的拓扑关系。GIS 主要的数据集包括数字线划数据、数字扫描数据、影像数据、数字高程数据和属性数据、专业数据等。

3.2　空间数据的采集

数据采集就是运用各种技术手段，通过各种渠道收集数据的过程。服务于 GIS 的数据采集工作包括两方面内容：空间数据的采集和属性数据的采集。它们在过程上有很多不同，但也有一些具体方法是相通的。空间数据采集的方法主要包括野外数据采集、现有地图数字化、摄影测量方法、遥感图像处理方法等。属性数据采集包括采集及采集后的分类和编码，主要是从相关部门的观测、测量数据、各类统计数据、专题调查数据、文献资料数据等渠道获取，如图 3-3 所示。此外，遥感图像解译也是获取属性数据的重要渠道。本节将对空间数据和属性数据的采集做系统介绍。

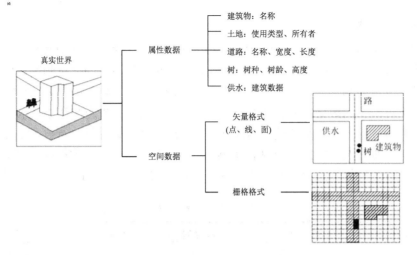

图 3-3　属性数据与地理数据的采集解译过程

3.2.1　空间数据的分类与编码

空间数据的编码是空间数据结构的组织和实质，它实质上反映了一种转换过程。也就是说，它是在数据结构的指导下，把空间的图形数据和属性数据经过分类、量化和组织，转换成计算机所能接收的形式，以便进行各种处理分析。因此，可以把空间数据编码看作把反映空间实体的信息转成计算机所要求的信息，并将其存入计算机中。

不管是属性数据还是图形数据，对其进行编码都需要注意标准化问题，如在确定分类分级体系时必须注意各专业的分级标准，对图形图像数据库需要注意现有标准格式，此外编码要注意灵活性、唯一性及特征性。

空间实体的编码是 GIS 设计中最主要的技术步骤之一，它同用户的要求、数据源质量、精度和类型有一定关系，它以一定数据结构为支撑。不同类型数据必须用合适的数据结构进行组织，才便于处理分析。空间数据编码过程如图 3-4 所示。

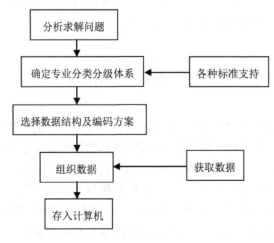

图 3-4　空间数据编码过程

3.2.2　属性数据的采集

属性数据即空间实体的特征数据，一般包括名称、等级、数量、代码等多种形式。属性数据的内容有时直接记录在栅格或矢量数据文件中，有时则单独输入数据库存储为属性文件，通过关键码与图形数据相联系。对于要输入属性库的属性数据，通过键盘则可直接输入。对于要直接记录到栅格或矢量数据文件中的属性数据，则必须先对其进行编码，将各种属性数据变为计算机可以接收的数字或字符形式。下面主要从属性数据的编码原则、编码内容、编码方法方面加以说明。

1．编码原则

属性数据编码一般要基于以下原则。

(1) 编码的系统性和科学性。编码系统在逻辑上必须满足所涉及学科的科学分类方法，以体现该类属性本身的自然系统性，另外，还要能反映出同一类型中不同的级别特点。一个编码系统能否有效运作，其核心问题就在于此。

(2) 编码的一致性。一致性是指对象的专业名词、术语的定义等必须严格保证一致，对代码所定义的同一专业名词、术语必须是唯一的。

(3) 编码的标准化和通用性。为满足未来有效的信息传输和交流，所制定的编码系统必须在有可能的条件下实现标准化。

(4) 编码的简洁性。在满足国家标准的前提下，每一种编码应该是以最小的数据量载负最大的信息量，这样既便于计算机存储和处理，又具有相当的可读性。

(5) 编码的可扩展性。虽然代码的码位一般要求紧凑经济、减少冗余代码，但应考虑到实际使用时往往会出现新的类型需要加入编码系统中，因此编码的设置应留有扩展的余地，避免新对象的出现而使原编码系统失效，造成编码错乱现象。

2．编码内容

属性编码一般包括三方面的内容。

(1) 登记部分：用来标识属性数据的序号，可以是简单地连续编号，也可划分不同层次进行顺序编码。

(2) 分类部分：用来标识属性的地理特征，可采用多位代码反映多种特征。

(3) 控制部分：用来通过一定的查错算法，检查在编码、录入和传输中的错误，在属性数据量较大情况下具有重要意义。

3．编码方法

编码的一般方法步骤如下。

(1) 列出全部制图对象清单。

(2) 制定对象分类、分级原则和指标，将制图对象进行分类、分级。

(3) 拟定分类代码系统。

(4) 设定代码及其格式。设定代码使用的字符和数字、码位长度、码位分配等。

(5) 建立代码和编码对象的对照表。这是编码最终成果档案，是数据输入计算机进行编码的依据。

属性的科学分类体系无疑是 GIS 中属性编码的基础。目前，较为常用的编码方法有层次分类编码法与多源分类编码法两种基本类型。

1) 层次分类编码法

空间数据的分类是根据系统的功能以及相应的国际、国家和行业空间信息分类规范和标准，将具有不同空间特征和语义的空间要素区别开来的过程，是为了在空间数据的逻辑结构上将数据组织为不同的信息层，标识空间要素的类别。空间数据一般采用线分类法对空间实体进行分类，即将分类对象按选定的空间特征和语义信息作为分类划分的基础，逐次地分成相应的若干个层级的类目，并排列成一个有层次的、逐级展开的分类体系。同级类之间是并列关系，下级类与上级类存在着隶属关系，同级类不重复、不交叉，从而将地理空间的空间实体组织为一个层级树，因此也称做层级分类法。

层次分类编码法是按照分类对象的从属和层次关系为排列顺序的一种代码，它的优点是能明确表示出分类对象的类别，代码结构有严格的隶属关系。

目前我国已有的关于空间数据分类的国家标准如下。

国家基础 GIS 地形数据库境界和居民地要素执行国家标准《中华人民共和国行政区划代码》(GB/T 2260—2007)，并根据需要扩充了部分代码。代码的结构如图 3-5 所示。

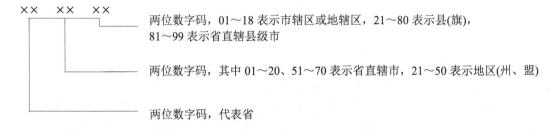

图 3-5　中华人民共和国行政区划代码

国家基础 GIS 地形数据库数据分类编码执行国家标准《国土基础信息数据分类与代码》(GB/T 13923—2006)。代码为五位数字码，其结构如图 3-6 所示。

图 3-6　国土基础信息数据分类与代码

其他相关资料，参考国家基础地理信息中心网站。空间数据的分类体系是设计数据标准的前提，而分类体系应考虑专业领域专家的意见，并根据 GIS 的要求来制定，尽可能反映分类的合理性。图 3-7 以土地利用类型的编码为例，说明层次分类编码法所构成的编码体系。

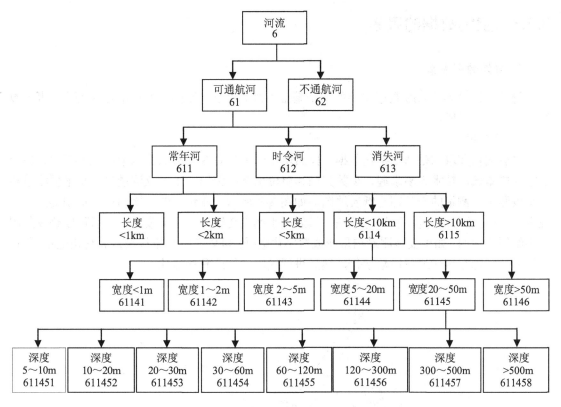

图 3-7　土地利用类型编码(层次分类编码法)

2) 多源分类编码法

多源分类编码法又称独立分类编码法,是指对于一个特定的分类目标,根据诸多不同的分类依据分别进行编码,各位数字代码之间并没有隶属关系。表 3-2 以河流为例说明了属性数据多源分类编码法的编码方法。

表 3-2　河流编码的标准分类方案

通航情况		流水季节		河流长度		河流宽度		河流深度	
通航:	1	常年河:	1	<1km:	1	<1m:	1	5~10m:	1
不通航:	2	时令河:	2	<2km:	2	1~2m:	2	10~20m:	2
		消失河:	3	<5km:	3	2~5m:	3	20~30m:	3
				<10km:	4	5~20m:	4	30~60m:	4
				>10km:	5	20~50m:	5	60~120m:	5
						>50m:	6	120~300m:	6
								300~500m:	7
								>500m:	8

例如,表 3-2 中常年河、通航、河床形状为树形,主流长 7km,宽 25m,平均深度为 50m,在表中表示为 11454。由此可见,该种编码方法一般具有较大的信息载量,有利于对空间信息进行综合分析。

在实际工作中,往往将这两种编码方法结合使用,以达到更理想的效果。

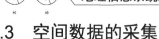

3.2.3　空间数据的采集

1. 野外数据采集

野外数据采集是 GIS 数据采集的一个基础手段。对于大比例尺的城市 GIS 而言，野外数据采集是主要手段。

1) 平板测量

平板测量获取的是非数字化数据。虽然现在已不是 GIS 野外数据获取的主要手段，但由于它的成本低，技术容易掌握，少数部门和单位仍然在使用。平板仪测量包括小平板测量和大平板测量，测量的产品都是纸质地图。如图 3-8 所示，在传统的大比例尺地形图的生产过程中，一般在野外测量绘制铅笔草图，然后用小笔尖转绘到聚酯薄膜上，之后可以晒成蓝图提供给用户使用。如果要将测量结果变成数字化数据，可以在野外平板测量获得铅笔草图后，使用手扶跟踪数字化或扫描数字化，然后进行编辑、修改和符号化。

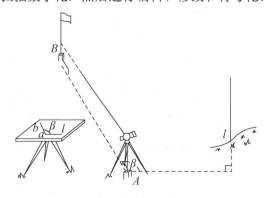

图 3-8　平板测量示意图

2) 全站仪测图

全站仪是全站型电子速测仪的简称，它集电子经纬仪、光电测距仪和微处理器于一体，是一种集光、机、电为一体的高技术测量仪器。全站仪的外形与电子经纬仪类似。在实际的数字测量中，大多数情况下需要角度和距离观测值，因此全站仪得到了广泛应用。全站仪的基本功能是在一起照准目标后，通过微处理器的控制，能自动完成测距、水平方向和天顶距读书、观测数据的显示、存储等。全站仪测图是获取数字化数据的重要手段，如图 3-9 所示。

图 3-9　全站仪工作示意图

3) GPS 数据录入

GPS 导航系统是以全球 24 颗定位人造卫星为基础，向全球各地全天候地提供三维位置、三维速度等信息的一种无线电导航定位系统。它由三部分构成，一是地面控制部分，由主控站、地面天线、监测站及通信辅助系统组成；二是空间部分，由 24 颗卫星组成，分布在六个轨道平面；三是用户装置部分，由 GPS 接收机和卫星天线组成，如图 3-10 所示。民用的定位精度可达 10m 内。GPS 定位的基本原理是根据高速运动的卫星瞬间位置作为已知的起算数据，采用空间距离后方交会的方法，确定待测点的位置。全球定位系统可以快速、廉价地确定地球表面的特征位置，并直接以坐标数据输入给计算机。因此，全球定位系统技术将成为野外实地测量地图数据的重要工具。目前，结合实地调查已用它获取很多大比例尺图，作为一种输入手段它必将成为 GIS 和土地信息系统的重要组成部分。

(a) 地面控制部分　　　　(b) 空间部分　　　　(c) 用户部分

图 3-10　GPS 组成部分

2. 地图数字化

地图数字化是指根据现有的纸质地图，通过手扶跟踪或扫描矢量化的方法，生产出可在计算机上进行存储、处理和分析的数字化数据。

1) 手扶跟踪数字化

早期的地图数字化采用的工具是手扶跟踪数字化仪，如图 3-11 所示。手扶跟踪数字化仪是利用电磁感应原理，当使用者在电磁感应板上移动游标到图件的指定位置，按动相应的按钮时，电磁感应板周围的多路开关等线路可以检测出最大信号的位置，从而得到该点的坐标值。利用手扶跟踪数字化仪可以输入点地物、线地物以及多边形边界的坐标。其具体的输入方式与 GIS 软件的实现有关，另外有些 GIS 也支持用数字化仪输入非空间信息，如等高线的高度，地物的编码数值等。但因为这种方式数字化的速度比较慢，工作量大，自动化程度低，数字化精度与作业员的操作有很大关系，所以目前已基本上不再采用。

手扶跟踪数字化仪在工作中为了保证数据录入的正确，必须设置数字化软件的参数与数字化仪的设置相一致。手扶跟踪数字化仪的通信和参数：手扶跟踪数字化仪是通过 RS-232 接口(串口)与计算机进行连接的，为了能够进行正确的数据发送和接收，需要进行通信参数的设置，包括波特率、数据位、校验位、停止位等。此外，数字化仪还包括坐标原点、分辨率、采点方式、数据格式等参数。数字化仪的参数通常可以利用数字化板上的开关和菜单确定。

通常，数字化仪采用两种数字化方式，即点方式和流方式，点方式是当录入人员按下游标的按键时，向计算机发送一个点的坐标。输入点状地物要素时必须使用点输入方式；而线和多边形地物的录入可以使用点方式，也可以使用流方式。在输入时，输入者可以有选择地输入曲线上的采样点，而采样点必须能够反映曲线的特征。

图 3-11　手扶跟踪数字化仪示意图

流方式录入能够加快线或多边形地物的录入速度，在录入过程中，当录入人员沿着曲线移动游标时，能够自动记录经过点的坐标。采用流方式录入曲线时，往往采集点的数目要多于点方式，造成数据量过大。其解决方案是对记录的点进行实时采样，即尽管系统接收到了点的坐标，但是可以根据采样原则确定是否记录该点。

目前大多数系统采取两种采样原则，即距离流方式和时间流方式，如图 3-12 所示。

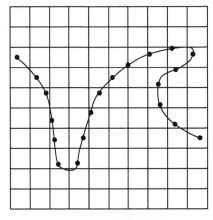

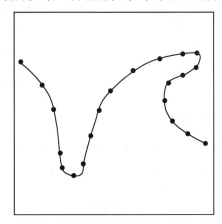

(a) 距离流方式　　　　　　　　　　　　　　(b) 时间流方式

图 3-12　距离流方式和时间流方式

距离流方式是当前接收的点与上一点距离超过一定阈值时，才记录该点；

采用时间流方式时，按照一定的时间间隔对接收的点进行采样。

采用时间流方式录入时，一个优点是当录入曲线比较平滑时，录入人员往往移动游标比较快，这样记录点的数目少；而曲线比较弯曲时，游标移动较慢，记录点的数目就多。而采用距离流方式时，容易遗漏曲线拐点，从而使曲线形状失真。所以在保证曲线的形状方面，时间流方式要优于距离流方式。

在实际的录入过程中，可以根据不同的录入对象选择不同的录入方式。例如，当录入地块图时，由于其边界多为直线，并且点的数据较少，可以采用点方式录入；录入交通线时，因为要保证某些特征点位置的准确性，可以采用点方式录入也可以采用流方式录入；而等高线的录入由于数据量大，使用流方式可以加快录入速度。

2) 扫描矢量化

随着计算机软件和硬件更加便宜，并且提供了更多的功能，空间数据获取成本成为 GIS

项目中最主要的成分。由于手扶跟踪数字化需要大量的人工操作，使得它成为以数字为主体的应用项目瓶颈。扫描技术的出现无疑为空间数据录入提供了有力的工具。目前，地图数字化一般采用扫描矢量化的方法。根据地图幅面的大小，选择合适规格的扫描仪，对纸质地图扫描生成栅格图像，然后在经过几何纠正之后，即可进行矢量化。专用扫描仪如图 3-13 所示。常见的地图扫描处理的过程如图 3-14 所示。由于扫描仪扫描幅面一般小于地图幅面，因此大的纸地图需先分块扫描，然后进行相邻图对接；当显示终端分辨率及内存有限时，拼接后的数字地图还要裁剪成若干个归一化矩形块，对每个矩形块进行矢量化处理后生成便于编辑处理的矢量地图，最后把这些矢量化的矩形图块合成为一个完整的矢量电子地图，并进行修改、标注、计算和漫游等编辑处理。

在扫描后处理中，需要进行栅格转矢量的运算，一般称为扫描矢量化过程。扫描矢量化过程通常有三种方法：①完全手工矢量化，这种方法与数字化仪的点方式基本一致，只是数字化仪在数字化面板上采点，而该方法是在计算机屏幕上采点；②交互跟踪矢量化，或者称为半自动矢量化，该方法首先要选择采集数据要素栅格的灰度阈值或者 RGB 色彩阈值，然后进行交互跟踪矢量化，这时计算机会根据设置的阈值自动进行跟踪矢量化，当计算机在模糊不清的地方无法跟踪时，操作者会给出提示；③完全自动矢量化，扫描图经过一系列的图像处理后，设置一定的条件矢量化可以自动进行。但是扫描地图中包含多种信息，系统难以自动识别分辨，例如，在一幅地形图中，有等高线、道路、河流等多种线地物，尽管不同地物有不同的线型、颜色，但是对于计算机系统而言，仍然难以对它们进行自动区分，这使得完全自动矢量化的结果不那么"可靠"，除非扫描的质量非常好。所以在实际应用中，常常采用交互跟踪矢量化。

图 3-13　专用扫描仪

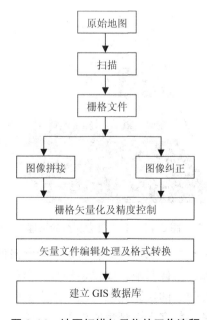

图 3-14　地图扫描矢量化的工作流程

将栅格图像转换为矢量地图一般需要以下一系列步骤。

(1) 图像二值。图像二值化用于从原始扫描图像计算得到黑白二值图像，通常将图像上的白色区域的栅格点赋值为 0；而黑色区域的栅格点赋值为 1，黑色区域对应了要矢量化提取的地物，又称为前景。

(2) 平滑。图像平滑用于去除图像中的随机噪声，通常表现为斑点。

(3) 细化。细化将一条线细化为只有一个像素宽，细化是矢量化过程中的重要步骤，也是矢量化的基础。

(4) 链式编码。链式编码将细化后的图像转换成为点链的集合，其中每个点链对应一条弧段。

(5) 矢量线提取。将每个点链转化成为一条矢量线。每条线由一系列点组成，点的数目取决于线的弯曲程度和要求的精度。

扫描矢量化能否快速完成，与扫描质量的好坏有关，与矢量化软件的程序算法有关。随着扫描技术、计算机技术、人工智能、神经网络技术的发展，扫描矢量化在半自动和全自动矢量化方面必将得到发展，地图矢量化将以扫描矢量化为主。

3. 摄影测量方法

摄影测量包括航空摄影测量和地面摄影测量。地面摄影测量一般采用倾斜摄影或交向摄影，航空摄影一般采用垂直摄影。摄影机镜头中心垂直于聚焦平面(胶片平面)的连线称为相机的主轴线。航测上规定当主轴线与铅垂线方向的夹角小于 3° 时为垂直摄影。摄影测量通常采用立体摄影测量方法。采集某一地区空间数据，对同一地区同时摄取两张或多张重叠的像片，在室内的光学仪器上或计算机内恢复它们的摄影方位，重构地形表面，即把野外的地形表面搬到室内进行观测。航测上对立体覆盖的要求是当飞机沿一条航线飞行时相机拍摄的任意相邻两张像片的重叠度(航向重叠)不少于 55%～65%，在相邻航线上的两张相邻像片的旁向重叠应保持在 30%，如图 3-15 所示。

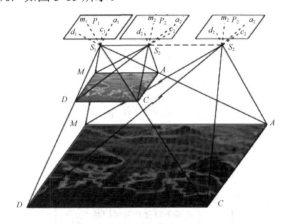

图 3-15　立体摄影测量的原理

数字摄影测量一般是指全数字摄影测量。它是基于数字影像与摄影测量的基本原理，应用计算机技术、数字影像处理、影像匹配、模式识别等多学科的理论与方法，提取所摄对象用数字方式表达的集合与物理信息的摄影测量方法。数字摄影测量是摄影测量发展的全新阶段，与传统摄影测量不同的是，数字摄影测量所处理的原始影像是数字影像。数字摄影测量继承立体摄影测量和解析摄影测量的原理，同样需要内定向、相对定向和绝对定向。不同的是数字摄影测量直接在计算机内建立立体模型。由于数字摄影测量的影像已经完全实现了数字化，数据处理在计算机内进行，所以可以加入许多人工智能的算法，使它进行自动内定向、自动相对定向、半自动绝对定向，不仅如此，还可以进行自动相关、识别左右像片的同名点、自动获取数字高程模型，进而生成数字正射影像，还可以加入某些模式识别的功能，自动识别和提取数字影像上的地物目标，如图 3-16 所示。

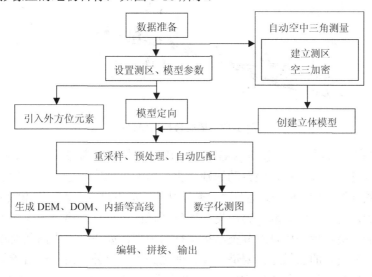

图 3-16　摄影测量采集数据的基本流程

4. 遥感图像采集

遥感是通过遥感器这类对电磁波敏感的仪器，在远离目标和非接触目标物体条件下探测目标地物，获取其反射、辐射或散射的电磁波信息(如电场、磁场、电磁波、地震波等信息)，并进行提取、判定、加工处理、分析与应用的一门科学和技术。如图 3-17 所示遥感是利用航空，航天技术获取地球资源和环境信息的重要途径。由于它能周期性、动态地获取丰富的信息，并可直接以数字方式记录和传送，因此在宏观决策中常用它来获取和更新 GIS 中数据库内容，并直接用于模型综合分析。例如，利用航空照片和卫星图像拍摄的同一地区的重叠图像，经数字相关技术来获取地形高程信息，此外遥感影像还可自动提取专题信息等。因为地面接受太阳辐射，地表各类地物对其反射的特性各不相同，搭载在卫星上的传感器捕捉并记录这种信息，之后将数据传输回地面，然后将所得数据经过一系列处理过程，可得到满足 GIS 需求的数据。

(1) 利用航空航天影像，经过目视判读，编制出各种专题图。利用这些专题图，经过数字化仪把所需信息输入到 GIS 中。这种方式一直是遥感和 GIS 结合的主要形式。这种结合方式的实质是用遥感形成专题系列图提供给 GIS。这些专题系列图的各专题要素因来自同一信息源，保证了时相和图幅位置配准，因而很适合 GIS 中进行多重信息的综合分析，从而派生综合性数据及图件。例如，在流域综合治理中，根据单要素的坡度图、土壤类型图、地貌类型图及植被类型图通过 GIS 中模型派生出土地利用评价图及土地利用规划图。对于那些没有做过资源清查、缺乏数据源或数据需要更新的地方，遥感数据源十分重要。

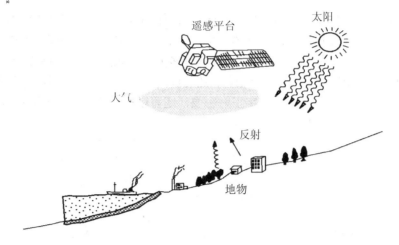

图 3-17　遥感数据采集过程

(2) 遥感数据经识别处理直接进入 GIS 数据库。这是遥感为 GIS 提供数据的最理想的方式。当遥感数据进入计算机后，经自动识别分类，编辑处理成专题图，然后进入 GIS，实现高效快速获取数据的目的。整个过程在"全数字化"环境下进行。其工作流程如图 3-18 所示。其中预处理目的是为了得到专题内容而提高遥感图像的可分性；遥感图像的识别分类是影响自动获取数据的关键；后处理是对分类结果进行再处理，如在分类中出现面积过小的图斑的处理等，有时，分类后的图像还需要进一步做增强处理。另外，由于最后所得到的专题图像其数据结构仍为栅格数据，其中很可能出现不够平滑等问题，为此还需要根据情况进行处理，并对得到的图中某些不合理现象，如不应出现的间断等进行编辑加工，并将其转换成 GIS 要求的数据格式，送到 GIS 数据库。

5. 其他数据集

(1) 其他数据转换。

其他格式数据的转换包括三种情形：①其他矢量格式数据(往往是由其他 GIS 软件制订)的转换；②坐标数据，往往表现为关系数据库表的形式(见表 3-3)；③位置描述信息，以关系数据表形式存取，同样可以转换为不太精确的坐标数据(见表 3-4)。

表 3-3　测站信息表(部分)

测站编码	经　度	纬　度
68013344	107.2	29.8
68026785	115.5	30.2

表 3-4　企业员工信息表(部分)

姓　名	住　址
张三	北京市海淀区
李四	河北省石家庄市

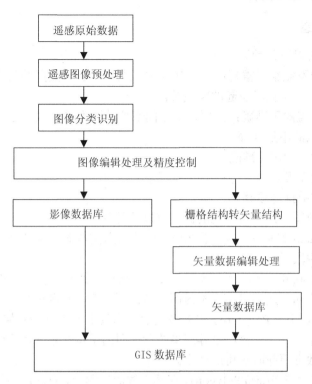

图 3-18　遥感数据转换为 GIS 数据的基本流程

(2) 键盘录入。对于数据量较小并且已知地物精确坐标的情况下，可以采用键盘录入。此外，键盘录入也是录入属性数据的主要手段。

(3) 鼠标录入。用鼠标点取坐标，有时可设置捕捉对象的特征点，如线段的中点、圆的圆心点。捕捉点取对象的特征点，获得矢量数据。

3.3　空间数据编辑与处理

由于各种空间数据源本身的误差，以及数据采集过程中不可避免的错误，使得获得的空间数据不可避免地存在各种错误。为了满足空间分析与应用的需要，在采集完数据之后，必须对数据进行必要的检查，包括空间实体是否遗漏、是否重复录入某些实体、图形定位是否错误、属性数据是否准确以及与图形数据的关联是否正确等。数据编辑是数据处理的主要环节，并贯穿于整个数据采集与处理过程，以满足数据库建库的需要。

3.3.1　误差或错误的检查与编辑

通过矢量数字化或扫描数字化所获取的原始空间数据，都不可避免地存在着错误或误差，属性数据在建库输入时，也难免会存在错误，所以，对图形数据和属性数据进行一定的检查、编辑是很有必要的。

1. 图形数据误差

图形数据误差有以下几种。

(1) 空间数据的不完整或重复：主要包括空间点、线、面数据的丢失或重复、区域中心点的遗漏、栅格数据矢量化时引起的断线等。

(2) 空间数据位置的不准确：主要包括空间点位的不准确、线段过长或过短、线段的断裂、相邻多边形节点的不重合等。

(3) 空间数据的比例尺不准确。

(4) 空间数据的变形。

(5) 空间属性和数据连接有误。

在数字化后的地图上，经常出现的错误有以下几种。

(1) 伪节点(Pseudo Node)。当一条线没有一次录入完毕时，就会产生伪节点。伪节点使一条完整的线变成两段。

(2) 悬挂节点(Dangling Node)。当一个节点只与一条线相连接，那么该节点称为悬挂节点。悬挂节点有过头和不及、多边形不封闭、节点不重合等几种情形。

(3) 碎屑多边形(Sliver Polygon)。碎屑多边形也称条带多边形。因为前后两次录入同一条线的位置不可能完全一致，就会产生碎屑多边形，即由于重复录入而引起。另外，当用不同比例尺的地图进行数据更新时也可能产生。

(4) 不正规的多边形(Weird Polygon)。在输入线的过程中，点的次序倒置或者位置不准确会引起不正规的多边形。在进行拓扑生成时，会产生碎屑多边形。

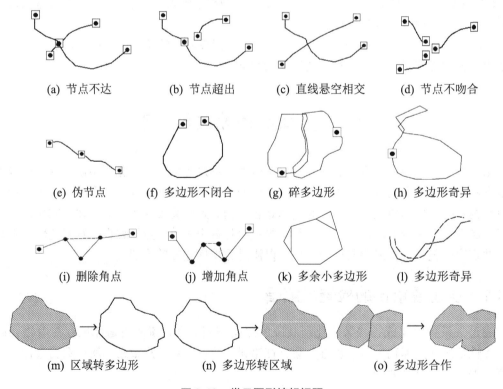

(a) 节点不达　　(b) 节点超出　　(c) 直线悬空相交　　(d) 节点不吻合

(e) 伪节点　　(f) 多边形不闭合　　(g) 碎多边形　　(h) 多边形奇异

(i) 删除角点　　(j) 增加角点　　(k) 多余小多边形　　(l) 多边形奇异

(m) 区域转多边形　　(n) 多边形转区域　　(o) 多边形合作

图 3-19　常见图形编辑问题

为发现并有效消除误差，一般采用如下方法进行检查。

(1) 叠合比较法：是空间数据数字化正确与否的最佳检核方法，按与原图相同的比例尺把数字化的内容绘在透明材料上，然后与原图叠合在一起，在透光桌上仔细的观察和比较。一般情况下，对于空间数据的比例尺不准确和空间数据的变形马上就可以观察出来，对于空间数据的位置不完整和不准确则必须用粗笔把遗漏、位置错误的地方明显标注出来。如果数字化的范围比较大，分块数字化时，除了检核一幅(块)图内的差错外，还需对已存入计算机的其他图幅的接边情况进行检核。

(2) 目视检查法：指在屏幕上用目视检查的方法，检查一些明显的数字化误差与错误，如图 3-19 所示，包括线段过长或过短、多边形的重叠和裂口、线段的断裂等。

(3) 逻辑检查法：如根据数据拓扑一致性进行检验，将弧段连成多边形，进行数字化误差的检查。有许多软件已能自动进行多边形节点的自动平差。另外，对属性数据的检查一般也最先用这种方法，检查属性数据的值是否超过其取值范围。属性数据之间或属性数据与地理实体之间是否有荒谬的组合。

2．属性数据的误差

属性数据的误差有以下几种。

(1) 属性数据与空间数据是否正确关联，标识码是否唯一，不含空值。

(2) 属性数据是否准确，属性数据的值是否超过其取值范围等。对属性数据进行校核很难，因为不准确性可能归结于许多因素，如观察错误、数据过时和数据输入错误等。

(3) 属性数据不完整。

空间数据采集过程中，人为因素是造成图形数据错误的主要原因。如数字化过程中手的抖动、两次录入之间图纸的移动等都会导致位置不准确，并且在数字化过程中，难以实现完全精确的定位。常见的数字化错误是线条连接过头和不及两种情况。

属性数据错误检查可通过以下方法完成。

(1) 首先可以利用逻辑检查，检查属性数据的值是否超过其取值范围、属性数据之间或属性数据与地理实体之间是否有荒谬的组合。在许多数字化软件中，这种检查通常使用程序来自动完成。例如有些软件可以自动进行多边形节点的自动平差、属性编码的自动查错等。

(2) 把属性数据打印出来进行人工校对，这和用校核图来检查空间数据准确性相似。

对属性数据的输入与编辑，一般在属性数据处理模块中进行。但为了建立属性描述数据与几何图形的联系，通常需要在图形编辑系统中设计属性数据的编辑功能，主要是将一个实体的属性数据连接到相应的几何目标上，亦可在数字化及建立图形拓扑关系的同时或之后，对照一个几何目标直接输入属性数据。一个功能强的图形编辑系统可提供删除、修改、复制属性等功能。

3.3.2　数学基础变换

几何纠正主要针对扫描得到的地形图和遥感影像，是实现数字化数据的坐标转换和图纸变形的误差纠正方法。

以下是造成地形图数据和遥感数据变形的原因，在这种情况下必须进行几何纠正。

受地形图介质及存放条件等因素的影响，使地形图的实际尺寸发生变形；在扫描过程中，工作人员的操作会产生一定的误差，如扫描时地形图或遥感影像没被压紧、产生斜置或扫描参数的设置等因素都会使被扫入的地形图或遥感影像产生变形，直接影响扫描质量和精度；遥感影像本身就存在着几何变形；所需地图图幅的投影与资料的投影不同，或需将遥感影像的中心投影或多中心投影转换为正射投影等；扫描时，受扫描仪幅面大小的影响，有时需将一幅地形图或遥感影像分成几块扫描，这样会使地形图或遥感影像在拼接时难以保证精度。

对扫描得到的图像进行几何纠正，主要是建立要纠正的图像与标准的地形图或地形图的理论数值或纠正过的正射影像之间的变换关系。目前，主要的变换函数有仿射变换、双线性变换、平方变换、双平方变换、立方变换、四阶多项式变换等。具体采用哪一种，则要根据纠正图像的变形情况、所在区域的地理特征及所选点数来决定。

1) 栅格地形图的纠正

对地形图的纠正，一般采用四点纠正法或逐网格纠正法，如图 3-20 所示。

(1) 四点纠正法，一般是根据选定的数学变换函数，输入需纠正地形图的图幅行、列号、地形图的比例尺、图幅名称等，生成标准图廓，分别采集四个图廓控制点坐标来完成。

(2) 逐网格纠正法，是在四点纠正法不能满足精度要求的情况下采用的。这种方法和四点纠正法的不同点就在于采样点数目的不同，它是逐千米方格网进行的，也就是说，对每一个公里方格网点，都要采点。

具体采点时，一般要先采源点(需纠正的地形图)，后采目标点(标准图廓)，先采图廓点和控制点，后采公里方格网点。

(a) 四点纠正　　　　　　　　　　(b) 采集控制点

图 3-20　栅格地形图纠正

2) 遥感影像的纠正

如图 3-21 所示，遥感影像的纠正，一般选用和遥感影像比例尺相近的地形图或正射影像图作为变换标准，选用合适的变换函数，分别在要纠正的遥感影像和标准地形图或正射影像图上采集同名地物点。

遥感影像纠正的主要处理过程如下。

(1) 根据影像的成像方式确定影像坐标和地理坐标之间的数学模型。

(2) 根据所采用的数字模型选择纠正公式。

(3) 根据地面控制点和对应影像点坐标计算平差、变换参数并进行评定精度。

具体采点时，要先采源点(影像)，后采目标点(地形图)。选点时，要注意选点的均匀分布，点不能太多。如图 3-22 所示，如果在选点时没有注意点位的分布或点太多，这样不但不能保证精度，反而会使影像产生变形。另外选点时，点位应选由人工建筑构成的并且不会移动的地物点，如渠或道路交叉点、桥梁等，尽量不要选河床易变动的河流交叉点，以免点的移位影响配准精度。

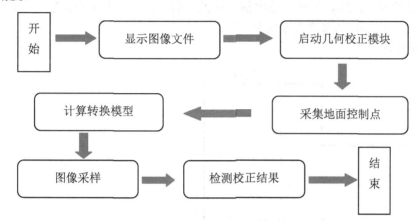

图 3-21　影像纠正的基本流程图

(a) 选取特征控制点　　　　　　　　(b) 均匀选取控制点

图 3-22　影像纠正

3) 栅格数据重采样

如图 3-23 所示，重采样是栅格数据空间分析中处理栅格分辨率匹配问题的常用数据处理方法。进行空间分析时，用来分析的数据资料由于来源不同，经常要对栅格数据进行何纠正、旋转、投影变换等处理，在这些处理过程中都会产生重采样问题。因此，重采样在栅格数据的处理中占有重要地位。下面介绍三种常用的重采样方法。

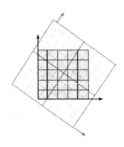

原始栅格数据

—— 采样栅格数据

图 3-23　栅格数据重采样

(1) 最近邻域法。这是三种方法中最简单的一种，第(c,r)点的灰度值 $V_{c,r}=V(\text{IFIX}(c+0.5, r+0.5))$ 用最靠近(c,r)点的灰度值来代替。

(2) 双线性法。

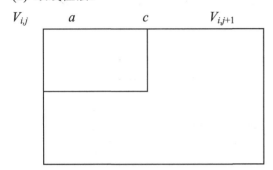

其中：$a=c-j$, $j=|c|$

$b=r-i$, $i=|r|$

用(c,r)周围四个点的灰度值来计算 $V_{c,r}$。

(3) 立方卷积法。

$V_{c,m}=-a(1-a)^2V_{j-1,m}+(1-2a^2+a^3)V_{j,m}+a(1+a-a^2)V_{j+1,m}-a^2(1-a)V_{j+2,m}$

$V_{c,m}=-b(1-b)^2V_{c,i-1}+(1-2b^2+b^3)V_{c,i}+b(1+b-b^2)V_{c,i+1}-b^2(1-b)V_{c,i+2}$

　　$(m=i-1, i;\ i+1, i+2, i=|r|, a=c-j\ )$

在这三种方法中，最近邻域法是最简单的方法，其优点是灰度值没有任何改变，但像元的位移较大，在制作大比例尺图像时一些线性地物会出现锯齿状；立方卷积法由周围 4×4 个像元点来确定灰度值，是最复杂的方法，计算量大，但效果最好。双线性法介于二者之间，计算量不很大，但对图像起平滑作用，尤其是线性特征会得到平滑。

3.3.3　数据格式转换

数据格式的转换一般分为两大类：不同数据介质之间的转换，即将各种不同类型的数据如地图、照片、各种文字及表格转为计算机可以兼容的格式，主要采用数字化、扫描、键盘输入等方式；第二类转换是数据结构之间的转换，而数据结构之间的转换又包括同一数据结构不同组织形式间的转换和不同数据结构间的转换。同一数据结构不同组织形式间的转换包括不同栅格记录形式之间的转换和不同矢量结构之间的转换。这两种转换方法要视具体的转换内容，根据矢量和栅格数据编码的原理和方法来进行。不同数据结构间的转换主要包括矢量到栅格数据的转换和栅格到矢量数据的转换两种。这部分内容在第 2 章已做详细的讲解。

3.3.4　坐标变化

坐标数据变换是空间数据处理的基本内容，它是将地理实体从一个坐标系转换为另一个坐标系，以建立之间的对应关系。当数据采集完毕后，由于数据源不同，来自不同的空间参考系统，或者数据输入时是一种投影，输出时是另外一种投影，造成同一空间区域的不同数据，它们的空间参考有时并不相同，为了空间分析和数据管理，经常需要进行坐标变换，统一到同一空间参考系下。

1. 投影转换

当系统使用的数据取自不同地图投影的图幅时，需要将一种投影的数字化数据转换为所需要投影的坐标数据。投影转换的方法可以采用以下方法。

(1) 正解变换：通过建立一种投影变换为另一种投影的严密或近似的解析关系式，直接由一种投影的数字化坐标 x、y 变换到另一种投影的直角坐标 X、Y。

(2) 反解变换：即由一种投影的坐标反解出地理坐标(x、$y \rightarrow B$、L)，然后再将地理坐标代入另一种投影的坐标公式中(B、$L \rightarrow X$、Y)，从而实现由一种投影的坐标到另一种投影坐标的变换(x、$y \rightarrow X$、Y)。

(3) 数值变换：根据两种投影在变换区内的若干同名数字化点，采用插值法，或有限差分法，最小二乘法，或有限元法，或待定系数法等，从而实现由一种投影的坐标到另一种投影坐标的变换。

目前，大多数 GIS 软件是采用正解变换法来完成不同投影之间的转换，并直接在 GIS 软件中提供常见投影之间的转换。几种不同投影形式如图 3-24 所示。

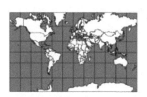

图 3-24　几种不同投影形式

2. 仿射变换

如果综合考虑图形的平移、旋转和缩放，则其坐标变换式如下：

$$(X', Y') = \lambda \begin{bmatrix} \cos\theta & \sin\theta \\ -\sin\theta & \cos\theta \end{bmatrix} \begin{bmatrix} X \\ Y \end{bmatrix} + \begin{bmatrix} T_X \\ T_Y \end{bmatrix}$$

上式是一个正交变换，其更为一般的形式是：

$$(X', Y') = \lambda \begin{bmatrix} a & b \\ c & d \end{bmatrix} \begin{bmatrix} X \\ Y \end{bmatrix} + \begin{bmatrix} T_X \\ T_Y \end{bmatrix}$$

后者被称为二维的仿射变换(Affine Transformation)，如图 3-25 所示。仿射变换在不同的方向可以有不同的压缩和扩张，可以将圆球变为椭球，将正方形变为平行四边形。

图 3-25　仿射变换

3. 基本坐标变换

坐标变换是由一个图形变换为另一个图形，在改变的过程中保持形状不变(大小可以改变)。在二维坐标变换过程中，经常遇到的是平移、旋转和缩放三种基本的坐标变换操作。

在投影变换过程中，有以下三种基本的操作：平移、旋转和缩放，如图 3-26 所示。

(1) 平移。平移是将图形的一部分或者整体移动到笛卡儿坐标系中另外的位置，其变换公式如下：

$$x' = x + \Delta x$$
$$y' = y + \Delta y$$

式中：x，y——原坐标系的坐标；

x'，y'——平移后坐标系的坐标；

Δx——X 轴的平移值，Δy 表示 Y 轴的平移值。

(2) 缩放。缩放操作可以用于输出大小不同的图形，其公式为

$$x' = K_x x$$
$$y' = K_y y$$

式中：x，y——原坐标系的坐标；

x'，y'——缩放后坐标系的坐标；

K_x，K_y——X 轴和 Y 轴方向上新旧坐标的单位长度之比。

(3) 旋转。在地图投影变换中，经常要应用旋转操作，实现旋转操作要用到三角函数，假定逆时针旋转角度为θ，其公式为

$$x' = x\cos\theta + y\sin\theta$$
$$y' = y\cos\theta - x\sin\theta$$

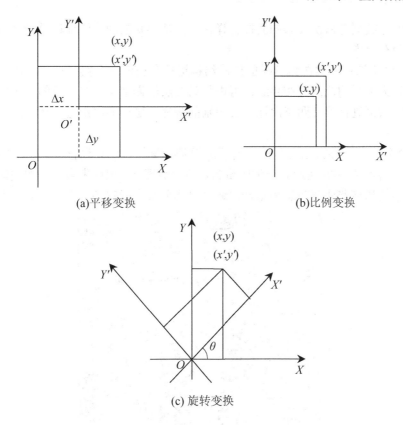

(a)平移变换　　　　(b)比例变换

(c) 旋转变换

图 3-26　坐标变换方法

3.3.5　图像解译

图像解译是一项涉及诸多内容的复杂过程。对图像解译需要研究地理区域的一般知识；掌握影像分析的经验和技能；对影像特征的深入理解；进行野外特征点的验证。有时，在图像解译之前，还会对其进行图像增强处理。图像解译过程一般是建立在对图像及其解译区域进行系统研究的基础之上，包括图像的成像原理、图像的成像时间、图像的解译标志、成像地区的地理特征、地图、植被、气候学以及区域内有关人类活动的各种信息。遥感图像的解译标志很多，包括图像的色调或色彩、大小、形状、纹理、阴影、位置及地物之间的相互关系等。色调被认为是最基本的因素，因为没有色调变化，物体就不能被识别。大小、形状和纹理较复杂，需要进行个体特征的分析和解译。而阴影、类型、位置和相互关系则最为复杂，涉及特征间的相关关系。影像分析是一个不断重复的过程，其中要对各种地物类型的信息以及信息之间的相互关系进行周密调查，收集资料、检验假说、做出解译并不断修正错误，才能最终得出正确的结果，如图 3-27 所示。

影像解译一般采用以下四种方法。

(1) 直接判读法：是根据不同的湿地类型的色调、色彩、大小、形状、纹理图案等在遥感影像上的影像特征建立直接解译标志，可直观识别目标地物。

(2) 相关分析法：也叫作地学相关分析法，即应用地学有关专业知识，从遥感图像上寻找与解译的湿地类型有密切关系的间接解译标志，从已知的间接解译标号推断出湿地类型的属性位置及分布范围。

(3) 分层分析法：根据湿地分类的层次结构进行分析解译。第一层是应用直接和间接解译标志确定各大类型的范围分布界线，再进行第二层解译把第二级分类的各个类别湿地解译出来，然后依次再进行第三四层湿地亚类级别的解译。这样循序渐进，逐层逐级勾绘出各类湿地界线。

(4) 综合分析法：该方法就是综合遥感影像基础资料、统计调查资料、地图及一些湿地拍摄的图片资料以及 GPS 实地野外调查资料，运用地理学、湿地生态学等相关知识进行综合研究，将遥感信息与非遥感信息相结合，通过对比分析来确定各类型湿地属性及范围界线。

图 3-27　解译效果图

3.3.6　图幅拼接

在相邻图幅的边缘部分，由于原图本身的数字化误差，使得同一实体的线段或弧段的坐标数据不能相互衔接，或由于坐标系统、编码方式等不统一，需进行图幅数据边缘匹配处理。图幅的拼接总是在相邻两图幅之间进行的。要将相邻两图幅之间的数据集中起来，就要求相同实体的线段或弧的坐标数据相互衔接，也要求同一实体的属性码相同，因此必须进行图幅数据边缘匹配处理。其具体步骤如下。

(1) 逻辑一致性的处理。由于人工操作的失误，两个相邻图幅的空间数据库在接合处可能出现逻辑裂隙，如一个多边形在一幅图层中具有属性 A，而在另一幅图层中属性为 B。此时，必须使用交互编辑的方法，使两相邻图斑的属性相同，取得逻辑一致性。

(2) 识别和检索相邻图幅。将待拼接的图幅数据按图幅进行编号，编号有两位，如图 3-28 所示，其中十位数指示图幅的横向顺序，个位数指示纵向顺序，并记录图幅的长宽标准尺寸。因此，当进行横向图幅拼接时，总是将十位数编号相同的图幅数据收集在一起；进行纵向图幅拼接时，总是将个位数编相同的图幅数据收集在一起。其次，图幅数据的边缘匹配处理主要是针对跨越相邻图幅的线段或弧，为了减少数据容量，提高处理速度，一般只提取图幅边界 2 cm 范围内的数据作为匹配和处理的目标，同时要求图幅内空间实体的坐标数据已经进行过投影转换。

31	32	33
21	22	23
11	12	13

图 3-28　图幅编号及图幅边缘数据提取范围

(3) 相邻图幅边界点坐标数据的匹配。相邻图幅边界点坐标数据的匹配采用追踪拼接法。追踪拼接有四种情况，只要符合下列条件，两条线段或弧段即可匹配衔接：相邻图幅边界两条线段或弧段的左右码各自相同或相反；相邻图幅同名边界点坐标在某一允许值范围内(一般为±0.5)。匹配衔接时是以一条弧或线段作为处理的单元，因此，当边界点位于两个节点之间时，须分别取出相关的两个节点，然后按照节点之间线段方向一致性的原则进行数据的记录和存储，如图 3-29 所示。

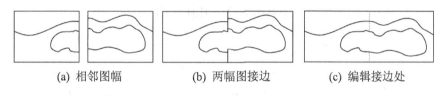

(a) 相邻图幅　　　　(b) 两幅图接边　　　　(c) 编辑接边处

图 3-29　图幅拼接

(4) 相同属性多边形公共边界的删除。如图 3-30 所示，当图幅内图形数据完成拼接后，相邻多边形会有相同属性。此时，应将相同属性的两个或多个相邻多边形组合成一个图斑，即消除公共边界，并对共同属性进行合并。多边形公共界线的删除，可以通过构成每一面域的线段坐标链，删去其中共同的线段，然后重新建立合并多边形的线段链表。对于多边形的属性表，除多边形的面积和周长需重新计算外，其余属性保留其中之一图斑的属性即可。

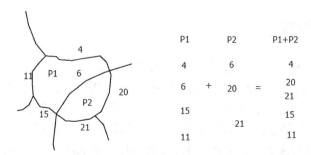

图 3-30　多边形公共边界的自动删除

3.4 空间数据编辑算法

图形编辑的关键是点、线、面的捕捉，即如何根据光标的位置找到需要编辑的要素，以及图形编辑的数据组织。图形编辑是在计算机屏幕上进行的，因此首先应把图幅的坐标转换为当前屏幕状态的坐标系和比例尺。以下对各类图形编辑算法加以介绍。

3.4.1 点的捕捉算法

如图 3-31 所示，设光标点为 $S(x,y)$，某点状要素的坐标为 $A(X,Y)$，捕捉半径为 D。捕捉半径主要由屏幕的分辨率和屏幕的尺寸决定，一般为 3～5 个像素。若 S 和 A 的距离 $d<D$，则认为捕捉成功，即认为找到的点是 A，否则失败，继续搜索其他点。d 可由下式计算：

$$d = \sqrt{(X-x)^2 + (Y-y)^2}$$

但是由于在计算 d 时需进行乘方运算，所以影响了搜索速度。为了加快搜索速度，把捕捉范围由圆形改为矩形，则距离 d 公式变为

$$d = \max(|X-x|, |Y-y|)$$

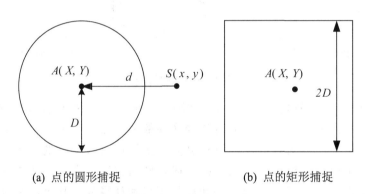

(a) 点的圆形捕捉   (b) 点的矩形捕捉

图 3-31 点的捕捉方法

3.4.2 线的捕捉算法

设光标点坐标为 $S(x,y)$，D 为捕捉半径，线的坐标为 (x_1,y_1)，(x_2,y_2)，…，(x_n,y_n)。通过计算 S 到该线的每个直线段的距离 d_i 来确定光标 S 是否捕捉到了该条线。若 $\min(d_1,d_2,\cdots,d_{n-1})<D$，则认为捕捉到了，否则为未捕捉到。实际捕捉中，每计算一个距离 d_i 就进行一次比较，若 $d_i<D$，则捕捉成功，不需再进行下面直线段到点 S 的距离计算了。

为了加快线捕捉的速度，可以把不可能被光标捕捉到的线以简单算法去除。如图 3-32 所示，对一条线可求出其最大最小坐标值 $x_{\min}$，$y_{\min}$，$x_{\max}$，$y_{\max}$，对由此构成的矩形再向外扩 D 的距离，若光标点 S 落在该矩形内，才可能捕捉到这条线，因而通过简单的比较运算就可去除大量的不可能捕捉到的情况。

对于线段与光标点也应该采用类似的方法处理。即在对一个线段进行捕捉时，应先检查光标点是否可能捕捉到该线段。即对由线段两端点组成的矩形再往外扩 D 的距离，构成新的矩形，若 S 落在该矩形内，计算点到该直线段的距离，否则应放弃该直线段，而取下一直线段继续搜索。

点 $S(x,y)$ 到直线段 (x_1,y_1)，(x_2,y_2) 的距离 d 的计算公式为

$$d = \frac{\left|(x-x_1)(y_2-y_1)-(y-y_1)(x_2-x_1)\right|}{\sqrt{(x_2-x_1)^2+(y_2-y_1)^2}}$$

可以看出计算量较大，速度较慢，因此可按如下方法计算。即从 $S(x,y)$ 向线段 (x_1,y_1)，(x_2,y_2) 做水平和垂直方向的射线，取 d_x，d_y 的最小值作为 S 点到该线段的近似距离。由此可大大减少运算量，提高搜索速度。其计算方法为

$$x' = \frac{(x_2-x_1)(y-y_1)}{y_2-y_1} + x_1$$

$$y' = \frac{(y_2-y_1)(x-x_1)}{x_2-x_1} + y_1$$

$$d_x = \left|x'-x\right|$$

$$d_y = \left|y'-y\right|$$

$$d = \min(d_x, d_y)$$

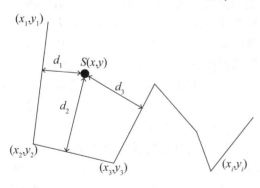

| (a) 线的捕捉 | (b) 线的矩形捕捉 |

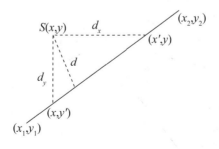

(c) 线的射线捕捉

图 3-32　线的捕捉方法

3.4.3　面的捕捉算法

如图 3-33 所示，面的捕捉实际上就是判断光标点 $S(x,y)$ 是否在多边形内，若在多边形内，则说明捕捉到。判断点是否在多边形内的算法主要有垂线法或转角法，这里介绍垂线法。

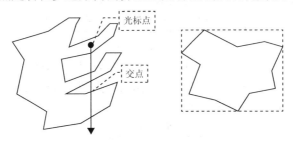

图 3-33　捕捉面的示意图

垂线法的基本思想是从光标点引垂线(实际上可以是任意方向的射线)，计算与多边形的交点个数。若交点个数为奇数则说明该点在多边形内；若交点个数为偶数则该点在多边形外，如图 3-34 所示。

为了加速搜索速度，可先找出该多边形的外接矩形，即由该多边形的最大最小坐标值构成的矩形。若光标点落在该矩形中，才有可能捕捉到该面，否则放弃对该多边形的进一步计算和判断，即不需进行做垂线并求交点个数的复杂运算。通过这一步骤，可去除大量不可能捕捉的情况，大大减少了运算量，提高了系统的响应速度。在计算垂线与多边形的交点个数时，并不需要每次都对每一线段进行交点坐标的具体计算。对不可能有交点的线段应通过简单的坐标比较迅速去除。多边形的边分别为 1～8，而其中只有第 3、7 条边可能与 S 所引的垂直方向的射线相交。即若直线段为 (x_1,y_1)，(x_2,y_2) 时，若 $x_1 \leq x \leq x_2$ 或 $x_2 \leq x \leq x_1$ 时才有可能与垂线相交，这样就可不对 1、2、4、5、6、8 边继续进行交点判断了。

对于 3、7 边的情况，若 $y > y_1$ 且 $y > y_2$ 时，必然与 S 点所做的垂线相交(如图 3-35 所示)；若 $y < y_1$ 且 $y < y_2$ 时，必然不与 S 点所做的垂线相交。这样就可不必进行交点坐标的计算就能判断出是否有交点了。对于 $y_1 \leq y \leq y_2$ 或 $y_2 \leq y \leq y_1$，且 $x_1 \leq x \leq x_2$ 或 $x_2 \leq x \leq x_1$ 时。这时可求出铅垂线与直线段的交点 (x, y')，若 $y' < y$，则是交点；若 $y' > y$，则不是交点；若 $y' = y$，则交点在线上，即光标在多边形的边上。

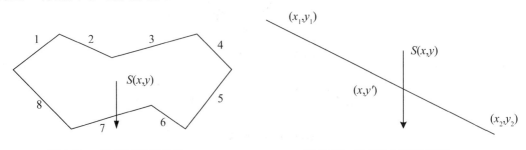

图 3-34　垂线捕捉示意图　　　　　图 3-35　铅垂线与直线相交

以上都是一些提高面捕捉算法的常用技术。

3.5　数据质量评价与控制

空间数据是 GIS 最基本和最重要的组成部分,也是一个 GIS 项目中成本比重最大的部分。数据质量的好坏,关系到分析过程的效率高低,以及影响着系统应用分析结果的可靠程度和系统应用目标的真正实现。因此,对数据质量的评价与控制就显得尤为重要。

3.5.1　空间数据质量的相关概念

如图 3-31 所示,与空间数据质量相关的几个概念有以下几点。

(1) 误差(Error)。误差是数据与其真值之间的差异。误差的概念只取决于量测值,因为真值是确定的。误差与不确定性有着不同的含义。不确定性指的是"未知或未完全知",因此,不确定性是基于统计的推理、预测。这样的预测即针对未知的真值,也针对未知的误差。误差主要包括:位置误差,即点的位置的误差、线的位置的误差和多边形的位置的误差;属性误差;位置和属性误差之间的关系。

(2) 准确度(Accuracy)。准确度是记录值(量测值)与真值之间的接近程度。空间数据的准确度经常是根据所指的位置、拓扑或非空间属性来分类的。它可以用误差(Error)来衡量。

(3) 偏差(Bias)。与误差不同,偏差基于一个面向全体量测值的统计模型,通常以平均误差来描述。

(4) 精密度(Precision)。精密度是指在对某个量的多次量测中,各量测值之间的离散程度。可以看出,精密度的实质在于它对数据准确度的影响。很多情况下,它可以通过准确度而得到体现,故常把二者结合在一起称为精确度,简称精度。精度通常表示成一个统计值,它基于一组重复的监测值,如样本平均值的标准差。

离中心圆圆心距离越近,表示越高的准确度。图 3-36 中,A 组量测值中,只有一个距离圆心较近,准确度相对较高,整体值比较分散,说明这一组数据偏差大,精密度较差;B 组量测值偏差不大但精密度较低,数据整体准确度较低;C 组值偏差较大,虽具有较高的精密度,整体准确度仍较低;D 组值偏差较小且具有很高的精密度,数据整体准确性较高。

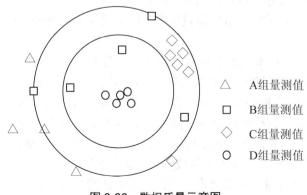

图 3-36　数据质量示意图

(5) 不确定性(Uncertainty)。不确定性是指对真值的认知或肯定的程度，是更广泛意义上的误差，包含系统误差、偶然误差、粗差、可度量和不可度量误差、数据的不完整性、概念的模糊性等。GIS 中的不确定性包括空间位置的不确定性、属性不确定性、时域不确定性、逻辑上的不一致性及数据的不完整性。空间位置的不确定性是指 GIS 中某一被描述物体与其地面上真实物体位置上的差别；属性不确定性是指某一物体在 GIS 中被描述的属性与其真实的属性的差别；时域不确定性是指在描述地理现象时，时间描述上的差错；逻辑上的不一致性指数据结构内部的不一致性，尤其是指拓扑逻辑上的不一致性；数据的不完整性是指对于给定的目标，GIS 没有尽可能完全地表达该物体。

3.5.2　空间数据质量评价

1. 评价指标

数据质量是数据对待特定用途的分析和操作的适用程度，但这只是数据使用者的观点，数据质量的概念对于数据生产领域和数据使用领域有着不同的含义。对于生产者来说，空间数据质量是通过真实标记的原则将 GIS 产品的特性和特征通过一定的方式进行标记；对于数据使用者来说，数据质量是按满足指定应用需求的原则进行标记。因此，数据质量是整体性能的综合体现，而空间数据质量标准是生产、应用和评价空间数据的依据。为了描述空间数据质量，许多国家和国际组织都制定了相应的空间数据质量标准和指标。空间数据质量指标的建立必须考虑空间过程和现象的认知、表达、处理、再现等全过程。从实用的角度来讨论空间数据质量，空间数据质量指标应包括以下几个方面。

(1) 完备性。要素、要素属性和要素关系的存在和缺失。完备性包括两个方面的具体指标：①多余，即数据集中多余的数据；②遗漏，即数据集中缺少的数据。

(2) 逻辑一致性。对数据结构、属性及关系的逻辑规则的依附度(数据结果可以是概念上的、逻辑上的或物理上的)。它包括四个具体指标：①概念一致性，即对概念模式规则的符合情况；②值域一致性，即值对值域的符合情况；③格式一致性，即数据存储同数据集的物理结构匹配程度；④拓扑一致性，即数据集拓扑特征编码的准确度。

(3) 位置准确度。位置准确度是空间实体的坐标数据与真实位置的接近程度，常表现为空间三维坐标数据的精度。它包括三个具体指标：①绝对或客观精度，即坐标值与可以接受或真实值的接近程度；②相对或内在精度，即数据集中要素的相对位置和其可以接受或真实的相对位置的接近程度；③格网数据位置精度，即格网数据位置值同可以接受或真实值的接近程度。

(4) 时间准确度。时间准确度是要素时间属性和时间关系的准确度。它包括三个具体指标：①时间量测准确度，即时间参照的正确性(时间量测误差报告)；②时间一致性，即事件时间排序或时间次序的正确性；③时间有效性，即时间上数据的有效性。

(5) 专题准确度。专题准确度是指定量属性的准确度，定性属性的正确性，要素的分类分级以及其他关系。它包括四个具体指标：①分类分级正确性，即要素被划分的类别或等级，或者它们的属性与论域(例如，地表真值或参考数据集)的比较；②非定量属性准确度，即非定量属性的正确性；③定量属性准确度，即定量属性的准确度；④对于任意数据质量指标可以根据需要建立其他的具体指标。

2．评价方法

空间数据质量评价方法分为直接评价、间接评价和非定量评价三种。

1）直接评价法

通过对数据集抽样并将抽样数据与各项参考信息(评价指标)进行比较，最后统计得出数据质量结果。

(1) 用计算机程序自动检测。某些类型错误可以用计算机软件自动发现，数据中不符合要求的数据项的百分率或平均质量等级也可由计算机软件算出。

(2) 随机抽样检测。在确定抽样方案时，应考虑数据的空间相关性。

2）间接评价法

对数据的来源和质量、生产方法等间接信息进行数据集质量评价的方法，又称预估度量。间接评价法是一种基于外部知识的数据集质量评价方法。

3）非定量描述法

非定量描述法是指通过对数据质量的各组成部分的评价结果进行的综合分析来确定数据的总体质量的方法。

3.5.3　空间数据的误差源及误差传播

空间数据的误差一般分为源误差和处理误差。数据是通过对现实世界中的实体进行解译、测量、数据输入、空间数据处理以及数据表示而完成的。其中每一个过程均有可能产生误差，从而导致相当数量的误差积累。GIS 的各类空间数据源本身都会有误差存在，这种误差会一直传播到 GIS 的分析结果中。在对数据进行输入时，由于采样方法、仪器设备等固有误差以及一些无法避免的因素造成的新误差，这些误差会随着数据进入空间数据库。GIS 对数据库中数据的处理和分析过程也会产生误差，并传播到处理、分析结果数据中。总之，空间数据的误差源蕴含在整个 GIS 运行的每个环节，并且往往会随系统的运行而不断传播，使得 GIS 空间数据的误差分析相当复杂，甚至在某些环节没有任何方式可对其进行分析。

1）源误差

是指数据采集和录入中产生的误差，主要来自以下几方面。

(1) 遥感数据。摄影平台、传感器的结构及稳定性、分辨率等。

(2) 测量数据。读数误差、仪器不完善、环境干扰误差。

(3) 属性数据。数据的录入、数据库的操作等。

(4) GPS 数据。信号的精度、接收机精度、定位方法、处理算法等。

(5) 地图。控制点精度、编绘、清绘、制图综合等精度。

(6) 地图数字化精度。纸张变形、数字化仪精度、操作员的技能等。

2）处理误差

处理误差是指 GIS 对空间数据进行处理时产生的误差，主要包括几何纠正、坐标变换、几何数据编辑、属性数据编辑、空间分析、图形简化、数据格式转换、空间内插、数据结构转换等。

3）GIS 中的误差传播

误差传播是指对有误差的数据，经过处理生成的 GIS 产品也存在着误差。误差传播在

GIS 中可归结为以下几点。

(1) 代数关系下的误差传播。这是指对有误差的数据进行代数运算后，所得结果的误差。

(2) 逻辑关系下的误差传播。这是指在 GIS 中对数据进行逻辑交、并等运算所引起的误差传播，如叠置分析时的误差传播。

(3) 推理关系下的误差传播。这是指不精确推理所造成的误差。

3.5.4 误差类型分析

空间数据误差包括几何误差、属性误差、时间误差和逻辑误差四大类。其中又以图形几何误差和属性误差对数据质量影响最大。

1) 几何误差

几何误差即空间数据在描述空间实体时，在几何属性上的误差。此处以地图数字化采集为例，分析其误差来源及累计过程。

2) 属性误差

GIS 的属性误差是空间实体的属性值与其真实值的相符程度，它通常取决于数据的类型，且与位置误差有关。

(1) 拓扑分析误差。在地形图叠加并使用特定的算法时会产生拓扑分析误差。边界交叉、向量地图的栅格化、多层网络系统叠加等，都可能产生拓扑关系上的误差。

(2) 数据分类误差。数据类别的定义模糊是引起分类误差的主要来源。常有这种可能，某给定的特征不能完全落入某一定义的类别内，由此而导致类别不一致的误差。在遥感数据分类时总是要参照一定的分类系统。例如根据国家标准把土地覆盖分成若干大类，更进一步分成若干子类等，以便 GIS 中的数据分析。在混合像片、变换区域或动态系统进行标识类别时，由于所依据的分类系统的不同，可能会对相同像素不同的类别识别。

(3) 文本文件数据误差。文本文件数据是 GIS 属性数据的一种，一般由调查统计方法得到，要求文本文件数据完整、清晰、无错误。

(4) 人工解译误差。在数据分析与解译过程中，人为造成的误差也难以避免，而且是最难量化的。人为误差可能出现在数据输入误差和人对遥感影像的理解能力以及技术水平有关。

3) 时间误差

时间误差主要是指数据的现势性。大多数 GIS 使用已有的数据，而这种数据一般是过时的。通过数据采集的时间、数据更新时间与频度来反映 GIS 数据的时效精度。

4) 逻辑误差

逻辑一致性是指数据之间的关系上的可靠性，包括数据结构、数据内容、空间属性与专题属性，以及拓扑性质的内在一致性。

3.5.5 空间数据质量的控制

空间数据质量控制是指在 GIS 建设和应用过程中，对可能引入误差的步骤和过程加以控制，对这些步骤和过程的一些指标和参数予以规定，对检查出的错误和误差进行修正，以达到提高系统数据质量和应用水平的目的。在进行空间数据质量控制时，必须明确数据质量是一个相对的概念，除了可度量的空间和属性误差外，许多质量指标是难以确定的。因此空间数据质量控制主要是针对其中可度量和可控制的质量指标而言的。数据质量控制是一个复杂的过程，要从数据质量产生和扩散的所有过程和环节入手，分别采取一定的方法和措施来减少误差。

1．空间数据质量控制的方法

空间数据质量控制常见的方法有以下几种。

1）传统的手工方法

质量控制的手工方法主要是将数字化数据与数据源进行比较，图形部分的检查包括目视方法、绘制到透明图上与原图叠加比较，属性部分的检查采用与原属性逐个对比或其他比较方法。

2）元数据方法

数据集的元数据中包含了大量的有关数据质量的信息，通过它可以检查数据质量，同时元数据也记录了数据处理过程中质量的变化，通过跟踪元数据可以了解数据质量的状况和变化。

3）地理相关法

用空间数据的地理特征要素自身的相关性来分析数据的质量。例如，从地表自然特征的空间分布着手分析，山区河流应位于微地形的最低点，因此，叠加河流和等高线两层数据时，若河流的位置不在等高线的汇水线上且不垂直相交，则说明两层数据中必有一层数据有质量问题；若不能确定哪层数据有问题，则可以通过将它们分别与其他质量可靠的数据层叠加来进一步分析。因此，可以建立一个有关地理特征要素关系的知识库，以备各空间数据层之间地理特征要素的相关分析之用。

2．空间数据生产过程中的质量控制

数据质量控制应体现在数据生产和处理的各个环节。下面仍以地图数字化生成空间数据过程为例，介绍数据质量控制的措施。

1）数据源的选择

由于数据处理和使用过程的每一个步骤都会保留甚至加大原有误差，同时可能引入新的数据误差，因此，数据源的误差范围至少不能大于系统对数据误差的要求范围。所以对于大比例尺地图的数字化，原图应尽量采用最新的二底图，即使用变形较小的薄膜片基制作的分版图，以保证资料的现势性和减少材料变形对数据质量的影响。

2）数字化过程的数据质量控制

它主要从数据预处理、数字化设备的选用、对点精度、数字化限差和数据精度检查等环节出发。

(1) 数据预处理。它主要包括对原始地图、表格等的整理、誊清或清绘。对于质量不高的数据源，如散乱的文档和图面不清晰的地图，通过预处理工作不但可减少数字化误差，还可提高数字化工作的效率。对于扫描数字化的原始图形或图像，还可采用分版扫描的方法，来减小矢量化误差。

(2) 数字化设备的选用。它主要按手扶数字化仪、扫描仪等设备的分辨率和精度等有关参数进行挑选,这些参数应不低于设计的数据精度要求。一般要求数字化仪的分辨率达到 0.025 mm,精度达到 0.2 mm;对扫描仪的分辨率则不低于 300DPI (dots per inch)。

(3) 数字化字化对点的精度。数字化对点精度是指数字化时数据采集点与原始点重合的程度。一般要求数字化对点误差小于 0.1 mm。

(4) 数字化限差。数字化时各种最大限差规定为:曲线采点密度 2 mm、图幅接边误差 0.2 mm、线划接合距离 0.2 mm、线划悬挂距离 0.7 mm。对于接边误差的控制,通常当相邻图幅对应要素间距离小于 0.3 mm 时,可移动其中一个要素以使两者接合;当这一距离在 0.3 mm 与 0.6 mm 之间时,两要素各自移动一半距离;若距离大于 0.6 mm,则按一般制图原则接边,并做记录。

(5) 数据的精度检查。它主要检查输出图与原始图之间的点位误差一般要求,对直线地物和独立地物,这一误差应小于 0.2 mm;对曲线地物和水系,这一误差应小于 0.3 mm;对边界模糊的要素,这一误差应小于 0.5 mm。

习　题

1. GIS 数据源有哪些?各自有什么特点?
2. 简述手扶跟踪数字化和扫描矢量化的优缺点。
3. 图形数据误差都有哪些?
4. 栅格图形重采样有哪些方法?
5. GIS 数据的误差有哪些类型?误差来源各是什么?
6. GIS 误差传播有哪些途径?
7. 空间数据质量控制方法有哪些?

第4章　空间数据库

学习重点：

- 空间数据库含义
- 数据库模型种类
- 空间数据索引方法
- 空间数据库设计流程

能够表达和处理空间信息是 GIS 区别于常规管理信息系统的一个重要特征，对空间数据的存储、处理和使用也是其精华所在。而空间数据惊人的数据量和空间上的复杂性，使得传统数据库系统管理空间数据存在非常大的局限，从而空间数据库技术应运而生。

4.1　数据库概述

4.1.1　传统数据库

数据库技术是 20 世纪 60 年代发展起来的一门数据管理自动化的新型综合技术，是计算机科学的重要分支。数据库(Datebase)，顾名思义，就是存储数据的仓库。只不过这个仓库是建立在计算机大容量的存储器设备上的，而且数据必须按照一定的格式存放。所以，数据库是长期存储在计算机内的、统一管理的、有组织的可共享的数据的集合。

传统的数据库是指第一代和第二代数据库系统。

第一代数据库系统以 20 世纪 70 年代研制的层次和网络数据库系统为主要标识。层次数据库系统的典型代表是 1969 年 IBM 公司研制出的层次模型的数据库管理技术 IMS。20 世纪 70 年代初，美国数据库系统语言协会下属的 DBTG(Data Base Task Group，数据库任务组)提出了若干报告，被称为 DBTG 报告。DBTG 报告确定并建立了网状数据库系统的许多概念、方法和技术，是网状数据库的典型代表。在 DBTG 思想和方法的指引下数据库系统的实现技术不断成熟，开发了许多商品化的数据库系统，它们都是基于层次模型和网状模型的。可以说，层次数据库是数据库系统的先驱，而网状数据库则是数据库概念、方法、技术的奠基者。第一代数据库系统具有如下特点：支持三级模式的体系结构；用指针表示数据间的联系；有独立的数据定义语言；具有导航式的数据操作语言。

第二代数据库系统是关系数据库系统。1970 年 IBM 公司的 San Jose 研究试验室的研究员 Edgar F.Codd 发表了题为《大型共享数据库数据的关系模型》的论文，提出了关系数据模型，开创了关系数据库方法和关系数据库理论，为关系数据库技术奠定了理论基础。

关系数据库的发展大概经历了三个阶段：

(1) 从 20 世纪 70 年代初期 E. F. Codd 提出关系模型后开始了关系数据库理论研究和原型开发的时代，其中以 IBM 公司的 San Jose 研究试验室开发的 System R 和 Berkeley 大学研制的 Ingres 为典型代表。

(2) 从 20 世纪 70 年代后期开始，关系数据库的使用阶段。从大量的理论成果和实践经验终于使关系数据库从实验室走向了社会，同时出现了大量的商业关系数据库系统产品，以 Oracle、DB2、Informix、SQL Server 等为代表，因此，人们把 20 世纪 70 年代称为数据库时代。

(3) 从 20 世纪 80 年代以来，几乎所有新开发的系统均是关系型的，其中涌现出了许多性能优良的商品化关系数据库管理系统，如 DB2、Ingres、Oracle、Informix、Sybase 等。这些商用数据库系统的应用使数据库技术日益广泛地应用到企业管理、情报检索、辅助决策等方面，成为实现和优化信息系统的基本技术。

4.1.2　空间数据库

空间数据库是描述与特定空间位置有关的真实世界对象的数据集合。其目的是使用户能方便灵活地查询出所需的地理空间数据集，同时能够进行有关地理空间数据的各种操作。空间数据库系统在整个 GIS 中占有极其重要的地位，是 GIS 发挥功能和作用的关键。

一个完整的空间数据库系统包括空间数据库、空间数据库管理系统和空间数据库应用系统。空间数据库是 GIS 在计算机物理存储介质存储的与应用相关的地理空间数据的总和，一般是以一系列特定结构的文件形式存储在计算机介质上的。空间数据库管理系统是指能够对物理介质上存储的地理空间数据进行有效维护和更新的一套软件系统。空间数据库应用软件由 GIS 的分析模块和应用模块组成，通过它不仅可以全面地管理空间数据，还可以运用空间数据进行分析决策。其中，空间数据库管理系统的实现是建立在常规数据库管理系统之上的。它处理需要完成常规数据库管理系统的必备功能之外，还需要提供特定的这对空间数据的管理功能。空间数据库管理系统的实现方法通常有两种，一是直接对常规数据库管理系统进行扩展，加入一定量的空间数据存储和管理功能。这种方法以 Oracle 系统为代表。另一种是在常规数据库管理系统之上添加一层空间数据引擎，以获得常规数据库管理系统之外的空间数据存储和管理能力，代表性的是 ESRI 的 SDE 等。

空间数据库与一般的数据库相比，除了具有一般数据库的主要特征外，还具有以下特征。

(1) 空间数据描述现实世界中的复杂的地物和地貌特征必须经过抽象处理。空间数据的抽象不仅包括人为的取舍数据，还会使数据产生多语义问题。

(2) 在当前通用的关系数据库管理系统中，数据记录一般是结构化的，即它每一条记录是定长的，数据项表达的是原始数据，而空间数据则不能满足这样的要求。若一条记录表达一空间对象，它的数据项可能是变长的。

(3) 一般而言每一个空间对象都有一个分类编码，这种分类编码往往属于某个标准，某种地物类型在某个 GIS 中属性项的个数是相同的。因此，许多情况下，一种地物类型对应一个属性数据文件。

(4) 空间数据的复杂、多样。

同时，空间数据库与传统的数据库在数据管理方面也存在很大的差异。传统的数据库管理的是不连续的、相关性较小的数字和字符，而空间数据库是连续的，具有很强的相关性；传统数据库的数据类型少，实体类型间只有简单的固定的关系，而空间数据库数量类型繁多，类型之间存在着复杂的空间关系；地理空间数据库存储和操作的对象可能是一维的、二维的、三维的甚至更高维的；因为地理空间对象繁多、复杂，空间数据库管理技术还必须具有对地理对象进行模拟和推理的功能；空间数据库还包含了拓扑信息、距离信息、时空信息，通常按复杂的、多维的空间索引结构组织数据，能被特有的空间数据访问方式所访问，经常需要空间推理、几何计算和空间知识表达等技术。

4.2　数　据　模　型

现实世界由事物或实体组成，实体内部及实体之间都有着错综复杂的联系。为了有效地管理和处理数据，数据库把相关的数据集合及集成的方式加以组织。但是，在实际应用中，由于数据的特征和性质，结构和表达方式都相当复杂。所以数据库中用一些形式化的方法来描述数据的逻辑结构和一些操作，于是产生了数据模型的概念。

数据模型是描述数据内容及数据间联系的一个工具，数据库用数据模型这个工具来抽象、表示和处理现实世界中的数据和信息。通俗地讲，数据模型是对现实世界的模拟。任何一种数据模型都应满足三方面的要求：能够比较真实地模拟现实世界；容易为人所理解；便于在计算机上实现。为满足上述要求，一个数据库的数据模型至少应该包括数据结构、数据操作和数据的完整性约束三个方面。

4.2.1　传统数据模型

传统的数据模型主要指层次模型、网状模型和关系模型三类。

1. 层次数据模型

层次模型是出现较早的一种公认的数据库管理系统数据模型。它是将数据组织成有向有序的树结构，并用"一对多"的关系联结不同层次的数据库。早在 1968 年 IBM 公司就推出了 IMS 的最初版本，之后，层次数据库管理系统得到了迅速发展，同时它也影响了其他类型的数据库管理系统，特别是网状系统的出现和发展。

层次模型如何表示实体间的联系主要靠的就是树形的数据结构。在层次模型树结构中，每个节点表示一个描述实体的记录类型，每个记录类型包含若干描述实体属性的字段。记录之间的联系用节点之间的连线(有向边)表示，这表示父子之间的一对多的联系，当然，一对一的情况也就包含其中了。根据树的定义，任何一个给定的记录值只有按其路径查看时，才能看清其全部意义，没有无父亲记录值的子女记录值。对图 4-1 所示的地图用层次模型表示如图 4-2 所示。

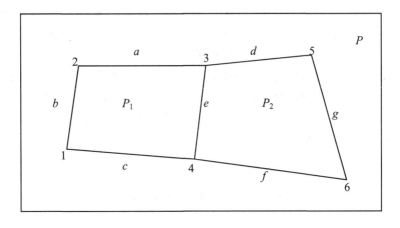

图 4-1　原始地图

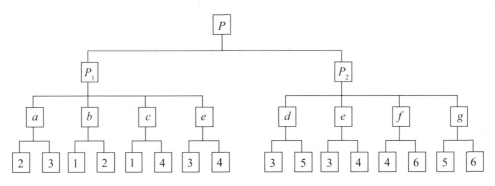

图 4-2　层次数据模型

层次模型反映了现实世界中实体间的层次关系，它是众多空间对象的自然表达形式，数据模型简单，只需要少数的命令就可以操纵数据库，使用方便，实体间的联系是固定的，可提供良好的完整性支持。但是，应用层次模型时存在以下问题。

(1) 由于层次结构的严格限制，引起数据的查询和更新操纵很复杂，导致应用程序编写困难。对任何对象的查询必须始于其所在的层次结构的根，使得对底层对象的处理效率较低，并难以进行方向查询。

(2) 难以实现系统扩充，因为数据的更新涉及许多指针，插入和删除操作复杂。父节点的删除意味着下面所有子节点均被删除。

(3) 层次命令具有过程式性质，要求用户了解数据的物理结构，并在操作命令中显示给出的存取路径。

(4) 对数据间多对多的联系容易导致物理存储上的冗余。

(5) 数据的独立性差。

2. 网状数据模型

网状数据模型是数据模型的另一种重要结构，反映现实世界中实体间更为复杂的联系，比层次模型更直接地描述现实世界。网状数据模型摆脱了层次模型的一些限制，允许一个以上的节点无双亲，并且一个节点可以有多于一个的双亲。如图 4-3 所示为某地各城市间通信网关系的网状模型。

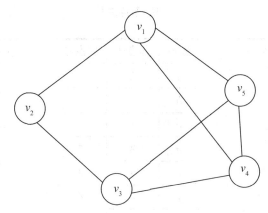

图 4-3　网状数据模型

网状模型用连接命令或指针来确定数据间的连接关系，是具有多对多类型的数据组织方式，网状模型将数据组织成有向图结构。结构中的每一点代表一个数据记录型，每个记录型包含若干字段，节点间的连线描述不同节点数据的关系。

网状模型的有向图结构比层次结构具有更大的灵活性和更强的数据建模能力。可以描述现实世界中普遍的多对多的联系，并具有良好的性能。数据的存储效率较高，在一定程度上支持数据的重构，具有一定的数据共享性。但同时应注意以下问题。

(1) 网状结构的复杂，增加了用户查询的困难。它要求用户熟悉数据的逻辑结构，知道自身所处的位置。

(2) 数据的独立性较差。由于实体间的联系实质上是通过存取路径指示的，因此，应用程序在访问数据时要指定存取路径。

(3) 数据定义语言极其复杂。

(4) 不直接支持层次结构的表达。

3. 关系数据模型

关系模型是目前最重要的一种数据模型。关系数据库系统采用关系模型作为数据的组织方式。1970 年美国 IBM 公司 San Jose 研究室的研究员 E. F.Codd 首次提出了数据库系统的关系模型，开创了数据库关系方法和关系数据理论的研究，为数据库技术奠定了理论基础。

关系模型与层次模型和网状模型不同，它是建立在严格的数学概念的基础上的，它是根据集合代数的概念建立的，它把数据的逻辑结构归纳为满足一定条件的二维表的形式，即在关系模型中用二维表表示实体本身及实体间的联系。每一个二维表表示一个关系，表中的一行对应一个实体，叫作一个元组或记录，表中的一列称为一个属性，属性的取值范围称为域，二维表的表头那一行称为关系模式，若干关系模式的集合及各关系之间的联系构成了关系数据库。对于图 4-1 中的地图，其关系数据模型如表 4-1 所示。

表 4-1　关系表

节点坐标关系

节点号	X坐标	Y坐标
1	x_1	y_1
2	x_2	y_2
3	x_3	y_3
4	x_4	y_4
5	x_5	y_5
6	x_6	y_6

边-节点关系

边号	起点号	终点号
a	2	3
b	1	2
c	1	4
d	3	5
e	3	4
f	4	6
g	5	6

多边形-边关系

多边形	边号
P_1	a
P_1	b
P_1	c
P_1	e
P_2	d
P_2	e
P_2	f
P_2	g

关系数据模型是应用最广泛的数据模型，具有以下优点。

(1) 关系模型与非关系模型不同，它是建立在严格的数学概念的基础上的。

(2) 关系模型的概念单一。无论实体还是实体之间的联系都用关系表示。对数据的检索结果也是关系(即表)。所以其数据结构简单、清晰，用户易懂易用。

(3) 关系模型的存取路径对用户透明，从而具有更高的数据独立性、更好的安全保密性，也简化了程序员的工作和数据库开发建立的工作。

虽然，目前大多数的数据库系统都采用关系模型，但它也存在某些问题。

(1) 实现效率不高。

(2) 描述对象语义的能力较弱。

(3) 由于存取路径对用户透明，查询效率往往不如非关系模型。

(4) 模型可扩展性差。

(5) 不直接支持层次结构。

(6) 模拟和操作复杂对象的能力较弱。

4.2.2　面向对象数据模型

面向对象的基本概念是在 20 世纪 70 年代萌发出来的，它的基本做法是把系统工程中的某个模块和构件视为问题空间的一个或一类对象。到了 80 年代，面向对象的方法得到很快发展，在系统工程、计算机、人工智能等领域获得了广泛应用。但是，在更高级的层次上和更广泛的领域内对面向对象的方法进行研究还是 90 年代的事。

1. 基本思想和基本概念

面向对象的基本思想是通过对问题领域进行自然的分割，用更接近人类通常思维的方式建立问题领域的模型，并进行结构模拟和行为模拟，从而使设计出的软件能尽可能地直接表现出问题的求解过程。因此，面向对象的方法就是以接近人类通常思维方式的思想，将客观世界的一切实体模型化为对象。每一种对象都有各自的内部状态和运动规律，不同对象之间的相互联系和相互作用就构成了各种不同的系统。

在面向对象的方法中，对象、类、方法和消息是基本的概念。

1) 对象

对象是含有数据和操作方法的独立模块，可以认为是数据和行为的统一体。如一个城市、一棵树均可作为地理对象。对于一个对象，应具有如下特征：①具有一个唯一的标识，以表明其存在的独立性；②具有一组描述特征的属性，以表明其在某一时刻的状态；③具有一组表示行为的操作方法，用以改变对象的状态。

2) 类

共享同一属性和方法集的所有对象的集合构成类。从一组对象中抽象出公共的方法和属性，并将它们保存在一个类中，是面向对象的核心内容。例如，河流均具有共性，如名称、长度、流域面积等，以及相同的操作方法，如查询、计算长度、求流域面积等，因而可抽象为河流类。被抽象的对象称为实例，如长江、黄河等。

3) 消息

消息是对对象进行操作的请求，是连接对象与外部世界的唯一通道。

4) 方法

方法是对对象的所有操作，如对对象的数据进行操作的函数、指令、例程等。

2. 面向对象的特性

面向对象方法具有抽象性、封装性、多态性等特性。

(1) 抽象是对现实世界的简明表示。形成对象的关键是抽象，对象是抽象思维的结果。抽象思维是通过概念、判断、推理来反映对象的本质，揭示对象内部联系的过程。任何一个对象都是通过抽象和概括而形成的。面向对象方法具有很强的抽象表达能力，正是因为这个缘故，可以将对象抽象成对象类，实现抽象的数据类型，允许用户定义数据类型。

(2) 封装是指将方法与数据放于一个对象中，以使对数据的操作只可通过该对象本身的方法来进行。即一个对象不能直接作用于另一个对象的数据，对象间的通信只能通过消息来进行。对象是一个封装好的独立模块。封装是一种信息隐蔽技术，封装的目的在于将对象的使用者和对象的设计者分开，用户只能见到对象封装界面上的信息，对象内部对用户是隐蔽的。也就是说，对用户而言，只需了解这个模块是干什么的即功能是什么，至于怎么干即如何实现这些功能则是隐蔽在对象内部的。一个对象的内部状态不受外界的影响，其内部状态的改变也不影响其他对象的内部状态。封装本身即模块性，把定义模块和实现模块分开，就使得用面向对象技术开发或设计的软件的可维护性、可修改性大为改善。

(3) 多态是指同一消息被不同对象接收时，可解释为不同的含义。因此，可以发送更一般的消息，把实现的细节都留给接收消息的对象。即相同的操作可作用于多种类型的对象，并能获得不同的结果。

3. 面向对象数据模型的四种核心技术

1) 分类

类是具有相同属性结构和操作方法的对象的集合，属于同一类的对象具有相同的属性结构和操作方法。分类是把一组具有相同属性结构和操作方法的对象归纳或映射为一个公共类的过程。对象和类的关系是"实例"的关系。

同一个类中的若干个对象，用于类中所有对象的操作都是相同的。属性结构即属性的表现形式相同，但它们具有不同的属性值。所以，在面向对象的数据库中，只需对每个类定义一组操作，供该类中的每个对象使用，而类中每一个对象的属性值要分别存储，因为每个对象的属性值是不完全相同的。例如，在面向对象的地理数据模型中，城镇建筑可分为行政区、商业区、住宅区、文化区等若干个类。以住宅区类而论，每栋住宅作为对象都有门牌号、地址、电话号码等相同的属性结构，但具体的门牌号、地址、电话号码等是各不相同的。当然，对它们的操作方法如查询等都是相同的。

2) 概括

概括是把几个类中某些具有部分公共特征的属性和操作方法抽象出来，形成一个更高层次、更具一般性的超类的过程。子类和超类用来表示概括的特征，表明它们之间的关系是"即是"关系，子类是超类的一个特例。作为构成超类的子类还可以进一步分类，一个类可能是超类的子类，同时也可能是几个子类的超类。所以，概括可能有任意多层次。例如，建筑物是住宅的超类，住宅是建筑物的子类，但如果把住宅的概括延伸到城市住宅和农村住宅，则住宅又是城市住宅和农村住宅的超类。

概括技术的采用避免了说明和存储上的大量冗余，因为住宅地址、门牌号、电话号码等是"住宅"类的实例(属性)，同时也是它的超类"建筑物"的实例(属性)。当然，这需要一种能自动地从超类的属性和操作中获取子类对象的属性和操作的机制。

3) 聚集

聚集是将几个不同类的对象组合成一个更高级的复合对象的过程。术语"复合对象"用来描述更高层次的对象，"部分"或"成分"是复合对象的组成部分，"成分"与"复合对象"的关系是"部分"的关系，反之，"复合对象"与"成分"的关系是"组成"的关系。例如，医院由医护人员、患者、门诊部、住院部、道路等聚集而成。

每个不同属性的对象是复合对象的一个部分，它们有自己的属性数据和操作方法，这些是不能为复合对象所公用的，但复合对象可以从它们那里派生得到一些信息。复合对象有自己的属性值和操作，它只从具有不同属性的对象中提取部分属性值，且一般不继承子类对象的操作。这就是说，复合对象的操作与其成分的操作是不兼容的。

4) 联合

联合是将同一类对象中的几个具有部分相同属性值的对象组合起来，形成一个更高水平的集合对象的过程。术语"集合对象"描述由联合而构成的更高水平的对象，有联合关系的对象称为成员，"成员"与"集合对象"的关系是"成员"的关系。

在联合中，强调的是整个集合对象的特征，而忽略成员对象的具体细节。集合对象通过其成员对象产生集合数据结构，集合对象的操作由其成员对象的操作组成。例如，一个农场主有三个水塘，它们使用同样的养殖方法，养殖同样的水产品，由于农场主、养殖方法和养殖水产品等三个属性都相同，故可以联合成一个包含这三个属性的集合对象。

联合与概括在概念上不同。概括是对类进行抽象概括；而联合是对属于同一类的对象进行抽象联合。联合有点类似于聚集，所以在许多文献中将联合的概念附在聚集的概念中，都使用传播工具提取对象的属性值。

4. 面向对象数据模型的核心工具

1) 继承

继承为面向对象方法所独有，服务于概括。在继承体系中，子类的属性和方法依赖父类的属性和方法。继承是父类定义子类，再由子类定义其子类，一直定义下去的一种工具。父类和子类的共同属性和操作由父类定义一次，然后由其所有子类对象继承，但子类可以有不是从父类继承下来的另外的特殊属性和操作。一个系统中，对象类是各自封装的，如果没有继承这一强有力的机制，类中的属性值和操作方法就可能出现大量重复。所以，继承是一种十分有用的抽象工具，它减少了冗余数据，又能保持数据的完整性和一致性，因为对象的本质特征只定义一次，然后由其相关的所有子类对象继承。

父类的操作适用于所有的子类对象，因为每一个子类对象同时也是父类的对象。当然，专为子类定义的操作是不适用于其父类的。

继承有单重继承和多重继承之分。

(1) 单重继承。指仅有一个直接父类的继承，要求每一个类最多只能有一个中间父类，这种限制意味着一个子类只能属于一个层次，而不能同时属于几个不同的层次。如图 4-4(a)所示，"住宅"是父类，"城市住宅"和"农村住宅"是其子类，父类"住宅"的属性(如"住宅名")可以被它的两个子类继承，同样，给父类"住宅"定义的操作(如"进入住宅")也适用于它的两个子类；但是，专为一个子类定义的操作如"地铁下站"，只适用于"城市住宅"。

继承不仅可以把父类的特征传给中间子类，还可以向下传给中间子类的子类。图 4-4(b)是有三个层次的继承体系。"建筑物"的特征(如"户主""地址"等)可以传给中间子类"住宅"，也可以传给中间子类的子类"城市住宅"和"农村住宅"。

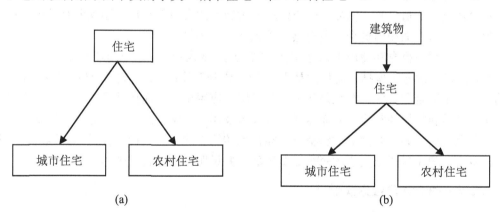

图 4-4　单重继承

(2) 多重继承。允许子类有多于一个的直接父类的继承。严格的层次结构是一种理想的模型，对现实的地理数据常常不适用。多重继承允许几个父类的属性和操作传给一个子类，这就不是层次结构。

GIS 中经常遇到多重继承问题。图 4-5 是两个不同的体系形成的多重继承的例子。一个体系为交通运输线，另一个体系为水系。运河具有人工交通运输线和河流等两个父类特性，通航河流也有自然交通运输线和河流等两个父类的特性。

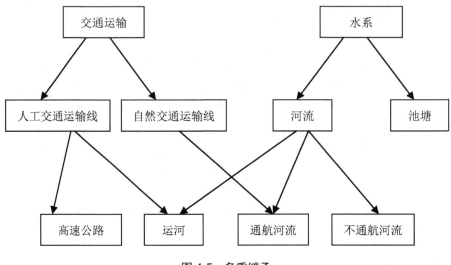

图 4-5 多重继承

2) 传播

传播是一种作用于聚集和联合的工具，用于描述复合对象或集合对象对成员对象的依赖性并获得成员对象的属性的过程。它通过一种强制性的手段将成员对象的属性信息传播给复合对象。

复合对象的某些属性不需单独存储，可以从成员对象中提取或派生。成员对象的相关属性只能存储一次。这样，就可以保证数据的一致性，减少数据冗余。从成员对象中派生复合对象或集合对象的某些属性值，其公共操作有"求和""集合和""最大""最小""平均值"和"加权平均值"等。例如，一个国家最大城市的人口数是这个国家所有城市人口数的最大值，一个省的面积是这个省所有县的面积之和，等等。

继承和传播在概念和使用上都是有差别的。这主要表现在：继承是用概括（"即是"关系）体系来定义的，服务于概括，而传播是用聚集（"成分"关系）或联合（"成员"关系）体系来定义的，作用于联合和聚集；继承是从上层到下层，应用于类，而传播是自下而上，直接作用于对象；继承包括属性和操作，而传播一般仅涉及属性；继承是一种信息隐含机制，只要说明子类与父类的关系，则父类的特征一般能自动传给它的子类，而传播是一种强制性工具，需要在复合对象中显式定义它的每个成员对象，并说明它需要传播哪些。

5. GIS 的面向对象数据模型

1) 面向对象的几何抽象类型

对于 GIS 中的地物，从其几何抽象来看大致可以分为四类：点状地物、线状地物、面状地物和由它们混合组成的复杂地物。因而，这四种类型可以作为 GIS 中各类型的超类，如图 4-6 所示。从几何位置抽象来看，点状地物为点，具有(x,y,z)坐标。线状地物由弧段组成，弧段又由节点组成，面状地物由弧段和面域组成，复杂地物由多个同类或不同类的简单地物组成。例如，一个面状地物由周边的弧段和中间的面域组成，弧段又包含节点，因此，弧段组成线状地物，简单地物组合成复杂地物，节点的坐标由标识符传递给线状地物和面状地物，进而还可以传递给复杂地物。

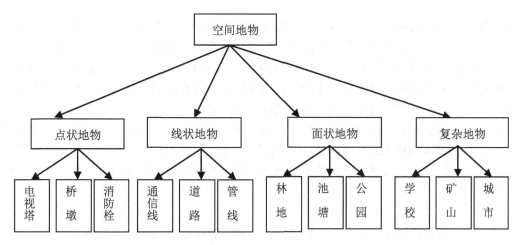

图 4-6 空间对象的几何抽象模型

2) 面向对象的属性数据模型

关系数据模型和关系数据库管理系统基本上适合 GIS 中属性数据的表达和管理。但若采用面向对象数据模型，语义将更丰富，层次关系将更明确。它既包含了关系数据模型和关系数据库管理系统的优点，在某些功能上又加以扩展，增加了面向对象模型的封装、继承和信息传递功能。

4.2.3 空间数据模型

空间数据模型是关于现实世界中空间实体及其相互间联系的概念，它为描述空间数据的组织和设计空间数据库模式提供着基本方法。因此，对空间数据模型的认识和研究在设计 GIS 空间数据库和发展新一代 GIS 系统的过程中起着举足轻重的作用。

空间数据模型可以归纳为概念数据模型、逻辑数据模型和物理数据模型。概念数据模型包括场模型，用于描述空间中连续分布的现象；对象模型，用于描述各种空间地物；网络模型，可以模拟现实中的各种网络。常用的空间逻辑模型包括矢量数据模型、栅格数据模型、不规则三角网模型等。物理数据模型是概念数据模型在计算机内的具体的存储形式和操作机制，是系统抽象的底层。在此重点介绍空间数据模型的概念模型和逻辑模型。

1. 空间数据的概念模型

现实世界的空间现象及其信息的形态、结构方式、功能关系、发展变化过程等方面各式各样，但根据其分布特征及其表达要求来看，空间数据模型大体上可以分为三类：基于对象或要素的模型、基于场或域的模型、网络模型。

1) 对象模型

对象数据模型，又称作要素数据模型，强调了个体现象，该现象以独立的方式或者以与其他现象之间的关系的方式来研究。任何现象，无论大小，只要能从概念上与其相邻的其他地物区分来看，都可以被确定为一个对象。要素可以由不同的对象所组成，而且它们可以与其他的相分离的对象有特殊的关系。在一个与土地和财产的拥有者记录有关的应用中，采用的是基于要素的视点，因为每一个土地块和每一个建筑物必须是不同的，而且必须是唯一标识的并且可以单个地测量。一个基于要素的观点是适合于已经组织好的边界现象的，尽管并不被限定。因此，这也适合于人为现象的，例如，建筑物、道路、设施和管理区域。一些自然现象，如湖、河、岛及森林，经常被表现在基于要素的模型中的，因为它们为了某些目的，可以被看成离散的现象，但应该记住的是，这种现象的边界随着时间的变化很少是固定的，因此，在任何时刻，它们的实际的位置定义很少是精确的。

基于要素的空间信息模型把信息空间分解为对象或实体。一个实体必须符合三个条件：可被识别；重要(与问题相关)；可被描述(有特征)。实体可按空间、时间和非空间属性以及与其他要素在空间、时间和语义上的关系来描述。传统的地图是以对象模型进行地理空间抽象和建模的典型实例。

2) 场模型

场模型，也称作域(Field)模型，是把地理空间中的现象作为连续的变量或体来看待，如大气污染程度、地表温度、土壤湿度、地形高度以及大面积空气和水域的流速和方向等。根据不同的应用，场可以表现为二维或三维。一个二维场就是在二维空间 R2 中任意给定的一个空间位置上，都有一个表现某现象的属性值，即 $A=f(x,y)$。一个三维场是在三维空间 R3 中任意给定一个空间位置上，都对应一个属性值，即 $A=f(x,y,z)$。一些现象如大气污染的空间分布本质上是三维的，但为了便于表达和分析，往往采用二维空间来表示。

由于连续变化的空间现象难以观察，在研究实际问题中，往往在有限时空范围内获取足够高精度的样点观测值来表征场的变化。在不考虑时间变化时，二维空间场一般采用六种具体的场模型来描述。

(1) 规则分布的点。在平面区域布设数目有限、间隔固定且规则排列的样点，每个点都对应一个属性值，其他位置的属性值通过线性内插方法求得。

(2) 不规则分布的点。在平面区域根据需要自由选定样点，每个点都对应一个属性值，其他任意位置的属性值通过克里金内插、距离倒数加权内插等空间内插方法求得。

(3) 规则矩形区。将平面区域划分为规则的、间距相等的矩形区域，每个矩形区域称作格网单元(Grid Cell)。每个格网单元对应一个属性值，而忽略格网单元内部属性的细节变化。

(4)不规则多边形区。将平面区域划分为简单连通的多边形区域，每个多边形区域的边界由一组点所定义；每个多边形区域对应一个属性常量值，而忽略区域内部属性的细节变化。

(5) 不规则三角形区。将平面区域划分为简单连通三角形区域，三角形的顶点由样点定义，且每个顶点对应一个属性值；三角形区域内部任意位置的属性值通过线性内插函数得到。

(6) 等值线。用一组等值线 C_1，C_2，…，C_n，将平面区域划分成若干个区域。每条等值线对应一个属性值，两条等值线中间区域任意位置的属性是这两条等值线的连续插值。

3) 网络模型

网络模型与对象模型的某些方面相同，都是描述不连续的地理现象，不同之处在于它需要考虑通过路径相互连接多个地理现象之间的连通情况。网络是由欧式空间 R2 中的若干点及它们之间相互连接的线(段)构成，亦即在地理空间中，通过无数"通道"互相连接的一组地理空间位置。现实世界许多地理事物和现象可以构成网络，如公路、铁路、通信线路、管道、自然界中的物质流、物量流和信息流等，都可以表示成相应的点之间的连线，由此构成现实世界中多种多样的地理网络。

由于网络是由一系列节点和环链组成的，从本质上看与对象模型没有本质的区别。按照基于对象的观点，网络模型也可以看成对象模型的一个特例，它是由点对象和线对象之间的拓扑空间关系构成的。因此可将空间数据概念模型归结为对象模型(或称要素模型)和场模型(或称域模型)两类。

2. 空间数据的逻辑模型

空间实体和空间现象既有连续的也有非连续的，对于计算机而言，如何表示、处理这些空间对象可以采用不同的空间数据模型，称为空间数据的逻辑模型。常用的空间数据的逻辑模型有矢量数据模型、栅格数据模型、面向对象数据模型。面向对象数据模型前面已经介绍过，在此只对前两种数据模型加以描述。

1) 栅格数据模型

栅格数据模型比较适合表示连续铺盖的空间对象，它是将连续的空间离散化。在栅格模型中，地理空间被划分为规则的小单元(像元)，像元的形状通常是正方形，有时也用等边三角形、矩形或六边形，如图 4-7 所示。空间位置由像元的行列号表示。像元的大小反映数据的分辨率，空间物体由若干像元隐含描述。例如一条道路由其值为道路编码值的一系列相邻的像元表示，要从数据库中删除这条道路，则必须将所有有关像元的值改变成该条道路的背景值。栅格数据模型的涉及思想是将地理空间看成一个连续的整体，在这个空间中处处有定义。栅格数据模型是以规则的阵列来表示空间地物或现象分布的数据组织，组织中的每个数据表示地物或现象的非几何属性特征。

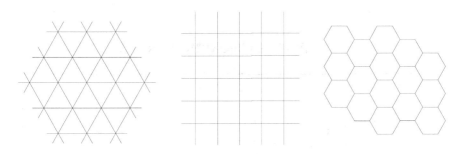

图 4-7　栅格像元的几种形式

如图 4-8 所示，在栅格数据模型中，点状地物用一个栅格单元表示；线状地物则用沿线走向的一组相邻栅格单元表示，每个栅格单元最多只有两个相邻单元在线上；面或区域用记有区域属性的相邻栅格单元的集合表示，每个栅格单元可有多于两个的相邻单元同属一个区域。任何以面状分布的对象(土地利用、土壤类型、地势起伏、环境污染等)，都可以用栅格数据逼近。遥感影像就属于典型的栅格结构，每个像元的数字表示影像的灰度等级。

2) 矢量数据模型

矢量模型将地理空间看成一个空间区域，地理要素存于其间。在矢量模型中，各类地理要素根据其空间形态特征分为点、线、面三类，对实体是位置显式、属性隐式进行描述的。

如图 4-9 所示，点实体包括由单独一对(x, y)坐标定位的一切地理或制图实体。在矢量数据结构中，除点实体的(x, y)坐标外还应存储其他一些与点实体有关的数据来描述点实体的类型、制图符号和显示要求等。点是空间上不可再分的地理实体，可以是具体的也可以是抽象的，如地物点、文本位置点或线段网络的节点等，如果点是一个与其他信息无关的符号，则记录时应包括符号类型、大小、方向等有关信息；如果点是文本实体，记录的数据应包括字符大小、字体、排列方式、比例、方向以及与其他非图形属性的联系方式等信息。对其他类型的点实体也应做相应的处理。

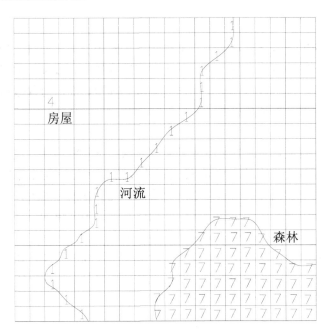

图 4-8　空间对象栅格模型表示

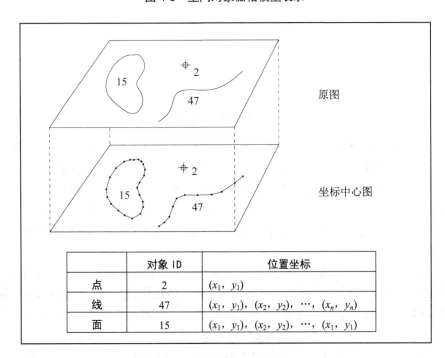

	对象 ID	位置坐标
点	2	(x_1, y_1)
线	47	$(x_1, y_1), (x_2, y_2), \cdots, (x_n, y_n)$
面	15	$(x_1, y_1), (x_2, y_2), \cdots, (x_1, y_1)$

图 4-9　空间对象矢量模型表示

线实体用其中心轴线(或侧边线)上的抽样点坐标串表示其位置和形状；线实体可以定义为直线元素组成的各种线性要素，直线元素由两对以上的(x, y)坐标定义。最简单的线实体只存储它的起止点坐标、属性、显示符等有关数据。

面实体用范围轮廓线上的抽样点坐标串表示位置和范围，多边形面(有时称为区域)数据是描述地理空间信息的最重要的一类数据。在区域实体中，具有名称属性和分类属性的，多用多边形表示，如行政区、土地类型、植被分布等；具有标量属性的有时也用等值线描述(如地形、降雨量等)。

矢量数据模型非常适合表达图形对象特征和进行高精度的制图。其存储的数据结构要比栅格数据模型复杂得多，以矢量形式进行图形叠加运算相当复杂，但它能精确表达点、线、多边形地理实体，并能方便地进行比例尺变化、投影变化及拓扑与网络分析。

3) 矢量-栅格一体化数据模型

矢量数据模型和栅格数据模型在描述和表达空间实体时各有优缺点。将两种数据模型的优点结合起来，构造矢量-栅格一体化数据模型，将有利于地理空间现象的表达。

在矢量-栅格一体化数据模型中，对地理空间实体同时按矢量数据模型和栅格数据模型来表达。面状实体的边界采用矢量数据模型描述，而其内部采用栅格数据模型表达；线状实体一般采用矢量数据模型表达，同时将线所经过的栅格单元进行充填；点实体则同时描述其空间坐标以及栅格单位置，这样，则将矢量数据模型的特点与栅格数据模型的特点有机结合在一起。矢量-栅格一体化数据模型一方面保留了矢量数据模型的全部特性，空间实体具有明确的位置信息，并能建立和描述拓扑关系；另一方面又建立栅格与实体的联系，即明确了栅格与实体的对应关系。从本质上说,矢量-栅格一体化数据模型是一种以栅格为基础的数据模型，对空间实体及其关系描述的数据量增大。

4) 镶嵌数据模型

镶嵌(Tessellation)数据模型采用规则或不规则的小面块集合来逼近自然界不规则的地理单元，适合于用场模型抽象的地理现象。通过描述小面块的几何形态、相邻关系及面块内属性特征的变化来建立空间数据的逻辑模型。小面块之间不重叠且能完整铺满整个地理空间。根据面块的形状，镶嵌数据模型可分为规则镶嵌数据模型和不规则镶嵌数据模型。

(1) 规则镶嵌数据模型。

所谓规则镶嵌数据模型就是用规则的小面块集合来逼近自然界不规则的地理单元。在实际应用中，普遍采用正方形对地理空间进行划分，有时也会采用矩形、三角形，每个网格单元对应一个属性值。此时的规则镶嵌数据模型就转化为栅格数据模型。

构造规则镶嵌的具体做法是：用数学手段将一个铺盖网格(具有代表性的是正方形网格)叠置在所研究的区域上，把连续的地理空间离散为互不覆盖的面块单元(网格)。划分之后，使空间变化描述的机制简单化，同时也使得空间关系(如毗邻、方向和距离等)明确，可进行快速的布尔集合运算。在这种结构中每个网格的有关信息都是基本的存储单元。

从数据结构上看，规则网格系统的主要优点在于其数据结构为通常的二维矩阵结构，每个网格单元表示二维空间的一个位置，不管是沿水平方向还是沿垂直方向均能方便地遍历这种结构。处理这种结构的算法很多，并且大多数程序语言中都有矩阵处理功能。此外，以矩阵形式存储的数据具有隐式坐标，不需要进行坐标数字化；规则网格系统还便于实现多要素的叠置分析。因而，规则镶嵌是一种重要的空间数据处理工具。

(2) 不规则镶嵌数据模型。

不规则镶嵌数据结构是指用来进行镶嵌的小面块具有不规则的形状或边界。最典型的不规则镶嵌数据模型有 Voronoi 图 (也称作 Thiessen 多边形) 和不规则三角网 (Triangular Irregular Network，TIN)模型，如图 4-10 所示。当用有限离散的观测样点来表示某地理现象的空间分布规律时，适合于采用不规则镶嵌数据模型。

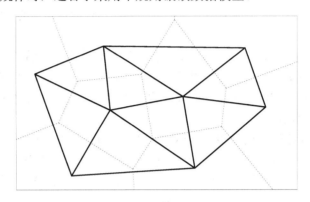

图 4-10　TIN 和 Voronoi 多边形数据模型

Voronoi 图是俄国数学家 M. G. Voronoi 于 1908 年发现的几何构造，并以他的名字命名。早在 1850 年，另一位数学家 G. L. Dirichelt 同样研究过几何构造，有时也称为 Dirichelt 格网。由于 Voronoi 图在空间剖分上的等分性特征，在许多领域获得了应用，也产生了多种叫法，通常以最先将其应用到专业领域的专家的名字来命名。最早应用该模型的是荷兰气候学家 A. H. Thiessen，他提出了一种根据离散分布的气象站的降雨量来计算平均降雨量的方法，即将所有相邻气象站连成三角形，作这些三角形各边的垂直平分线，于是每个气象站周围的若干垂直平分线便围成一个多边形。用这个多边形内所包含的一个唯一气象站的降雨强度来表示这个多边形区域内的降雨强度，并称这个多边形为泰森多边形。

Voronoi 多边形的特点是：组成多边形的边总是与两相邻样点的连线垂直，并且多边形内的任何位置总是离该多边形内样点的距离最近，离相邻多边形内样点的距离远，且每个多边形内包含且仅包含一个样点。

以 Voronoi 多边形内的样点属性作为整个多边形区域的属性。因此只要给定具有若干空间离散点，根据 Voronoi 多边形的构造方法就可获得完整覆盖地理区域的 Voronoi 多边形。表达 Voronoi 多边形的顶点位置，Voronoi 多边形各边与顶点的连接关系，多边形间的连接关系，以及 Voronoi 多边形包含的样点就可得到 Voronoi 多边形的逻辑数据模型。

除表达地理空间现象外，Voronoi 多边形还可有效地用于许多空间分析问题，如邻接、接近度(Proximity)和可达性分析等，以及解决最近点(Closest Point)、最小封闭圆问题。

将 Voronoi 多边形中的参考点连接起来，就形成了 Delaunary 三角网。 Delaunary 三角网是由俄国科学家 B. Delaunary 与 1934 年提出。Delaunary 三角网具有如下性质：①唯一性，即不论从何处开始联网，最终得到的结果是一致的；②空圆性，又称为 Delaunary 三角网的 Circle 准则，即在任意一个三角形的外接圆范围内不包括离散点集合中的任何其他点；③最大最小角特性，即如果任意两个相邻三角形组成的凸四边形的对角线可以互换的话，那么就可以获得等角性最好的三角形，这种特性说明，三角形具有最佳形状特性。

Delaunary 三角网具有良好的特性,在生成 TIN 的所有三角形中,对模型拟合最为逼真的是 Delaunary 三角网。因此,在生成 TIN 的过程中常常使用 Delaunary 三角网。

三角网的优点是,三角形大小随样点密度的变化自动变化,所有样点都称为三角形的顶点,当样点密集时生成的三角形小,而样点较稀时则三角形较大。TIN 在表示不连续地理现象时也具有优势,如用 TIN 表示地形的变化,将悬崖、断层、海岸线、山谷山脊线等作为约束条件,可构造约束 TIN。

4.2.4 三维空间数据模型

目前 3D GIS 的理论研究和产品的开发都还处于一个探索的节点,绝大多数的商品化 GIS 软件包还只是在二维平面的基础上模拟并处理现实世界上所遇到的现象和问题,但是我们生活中真实的三维环境是由大量的三维空间体构成的,由三维体来表现或模拟现实世界有利于直观的表达和分析问题。所以,研究 3D GIS 的数据模型具有非常重要的意义。近十年来,国内外学者提出了众多三维数据模型,总体可以归纳为基于面表示的模型、基于体表示的模型和混合模型三大类。

基于面表示的数据模型是借助微小的面单元或面元素来描述物体的几何特性。它主要侧重于三维空间实体的表面表示,如地表表面、地质表面和地下工程的表面轮廓等。面模型的优点是便于显示和数据的更新,不足之处是因缺少 3D 几何描述和内部属性记录而难以进行 3D 空间查询和分析。面元模型主要包括以矢量数据描述的不规则三角网(TIN)、边界表示、线框模型、断面模型等;以栅格数据描述的规则格网、形状模型和格网形式多层;以栅格矢量数据集成方式描述的格网-三角网混合数字高程模型。

基于体表示的模型是用体元信息代替表面信息来描述对象的内部,是基于 3D 空间的体元分割和真 3D 实体表达,侧重于 3D 空间实体的边界和内部的整体表示,如地层、矿体、水体、建筑物等。体元模型可以按照体元面分为四面体、六面体、棱柱体和多面体四种类型,也可以根据体元的规则性分为规则体元和非规则体元两大类,实际应用中规则体元常用于水体、污染和磁场等面向场物质的连续问题构模,而非规则体元均是采用具有采样约束的、基于地质地层界面和地质构造的面向实体的 3D 模型。体模型易于进行空间操作和分析,但是存储空间大,计算速度慢。

混合模型的目的是综合面模型和体模型的优点,以及综合规则体元与非规则体元的优点,取长补短。

4.3 空间数据索引

在 GIS 中,常常需要根据空间位置进行查询,例如,"找出某个区域的所有河流""检索某个区域内的所有道路"等。这就需要在庞大的数据库中快速检索、提取所需的空间数据,以满足空间分析、模拟和决策的需要。空间索引就是在存储空间数据时依据空间对象的位置和形状或空间对象之间的某种空间关系,按一定顺序排列的一种数据结构,其中包含空间对象的概要信息,如对象的标识、外接矩形及指向空间对象的实体指针。作为一种辅助性的空间数据结构，空间索引介于空间操作和空间对象之间，通过它的筛选，将排除大量的与特定空间操作无关的空间对象，从而提高空间操作的效率。

空间索引的目的是为了在 GIS 中快速定位到所选中的空间要素，从而提高空间操作的速度和效率。它是空间数据库和 GIS 的一项关键技术，是快速、高效地查询、检索和显示地理空间数据的重要指标。空间索引方法的采纳与否以及空间索引性能的优劣都直接影响空间数据库与 GIS 的整体性能。

4.3.1 简单网格空间索引

网格空间索引的思路比较简单。它的基本思想是将空间范围划分为一系列大小相等的网格，记录每一个网格所包含的空间要素。当用户进行查询时，首先找到查询空间要素所占的网格，然后再在该网格中快速定位到所查询的空间要素。这样就大大加快了空间查询的速度。

4.3.2 二叉树索引

1. KDB 树索引

KDB 树是 KD 树和 B 树的结合，它由区域页和点页两种基本结构组成，如图 4-11 所示，点页存储点目标，区域页存储索引子空间的描述及指向下层页的指针。KDB 树中，区域页的子空间两两不相交，且一起构成该区域页的矩形索引空间，即父区域页的子空间。

对于点查询，需要访问所有索引子空间包括该查找点的区域页直至某一点页，最后提取页中的点加以判断。对区域查询，需要访问所有索引空间与查找区域相交的区域页与点页，查找路径往往是多条。

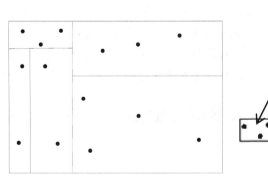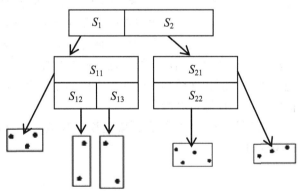

图 4-11　KDB 树结构

2. BSP 树索引

BSP 树(Binary Space Partitioning Tree)是一种二叉树，将空间逐级进行一分为二的划分，如图 4-12 所示。BSP 树能很好地与空间对象的分布情况适应，但一般而言，BSP 树深度较大，对各种操作均有不利影响。

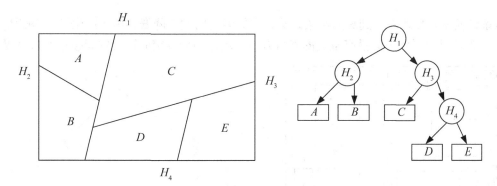

图 4-12　BSP 树索引

4.3.3　R 树索引和 R⁺树索引

　　R 树索引是一种高效的空间索引，是 B 树在多维空间的扩展。如图 4-13 所示，对于一棵 M 阶的 R 树，R 树的每个非叶节点都由若干数据对 (p, MBR) 组成。MBR 为包含其对应孩子的最小边界矩形，这个边界矩形在二维上是矩形，三维上就是长方体，以此类推，p 为指向其对应孩子节点的指针。页节点是由若干数据对 (OI, MBR) 组成，MBR 是包含对应的空间对象的最小外接矩形，OI 是空间对象的标号，通过该标号可以得到空间对象的详细信息。

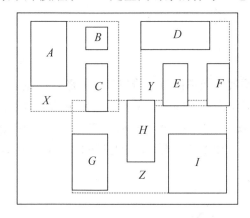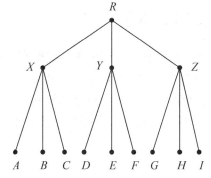

图 4-13　R 树索引

　　R 树索引采用空间聚集的方式把邻近的空间对象划分在一起，组成更高一级的节点，在更高一级由根据这些节点的最小外包矩形进行聚集，划分形成更高一级的节点，直到所有实体组成一个根节点。R 树中的每一个节点所拥有的节点数是有上下限的。下限保证索引对磁盘空间的有效利用，子节点的数目小于下限时将被删除，该节点的子节点将被分配到其他的节点中。设立上限的原因是每一个节点只对应一个磁盘页，如果某个节点要求的磁盘空间大于一个磁盘页，那么该节点就被划分为两个新节点，原来节点的所有子节点将被分配到这两个新的节点中。实现范围查询时，自根节点开始对每一个 MBR 都与查找范围窗口进行求交，如果相交，则继续查找该节点的子节点，直至叶节点；如果不相交，则检查它的下一个子节点。

　　对于 R 树来说，兄弟节点对应的区域有所重叠，因此，R 树比较容易进程插入和删除，但正因为不同节点的边界矩形可能相交，同一个空间对象可能数据多个节点，空间索引可能对多条路径搜索后才能得到最后结果，导致空间索引的效率降低。由此产生了 R⁺树索引(图 4-14)，它是兄弟区域之间没有重叠的索引方法，这样的划分空间可使空间搜索的效率提高。

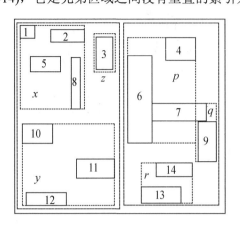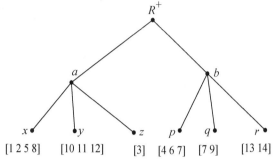

图 4-14　R⁺树索引

R⁺树中间节点目录矩形没有重叠，因此对于点查询而言，查找路径只有一条，区域查询时的搜索路径分支数也可以减少。R⁺树存在的问题是：节点分裂操作复杂，且可能向上、下级节点蔓延。这就会导致节点分裂的增加及目标多次重复存储，除了存储空间加大外，树的深度也会增加，这又会影响查询性能。

4.3.4　CELL 索引

针对 R 和 R⁺树索引的插入、删除和空间搜索效率两方面难以兼顾问题。产生了 CELL 索引(图 4-15)。它在空间划分时不再采用矩形作为基本的划分单位，而是用凸多边形作为基本单位进行空间划分，具体划分法与 BSP 类似，子空间不再有重叠，CELL 树的磁盘访问次数比 R 和 R⁺树少，因此大大提高了搜索性能，CELL 是比较优秀的空间数据索引方法。

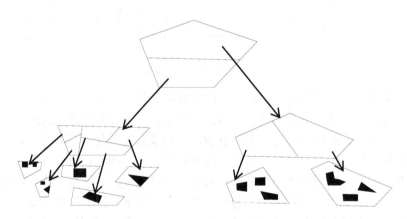

图 4-15　CELL 树

4.3.5　四叉树索引

四叉树作为一种有效的数据结构，不仅可以用来对栅格数据进行组织，四叉树还是一种经常使用的空间索引结构，可以适用于点数据、线数据、区域数据，甚至更高维的空间数据索引查询。

1. 点四叉树索引

点四叉树是针对空间点的存储表达与索引，对 k 维数据空间而言，以新插入的点为中心将其对应索引空间分为两两不相交的 2^k 个子空间，依次与它的 2^k 个子节点存储一个空间点的信息及 2^k 个孩子节点的指针，且隐式地与一个索引空间相对应(图 4-16)。

点四叉树的优点是结构简单，对于精确匹配的点查找性能较高，但树的动态性比较差，删除节点操作复杂；树的结构由点的插入顺序决定，难以保证树深度的平衡；区域查询性能差；对于非点状空间目标，必须采用目标近似与空间映射技术，效果较差；不利于树的外存存储与页面调度；空间存储量大，利用率低。

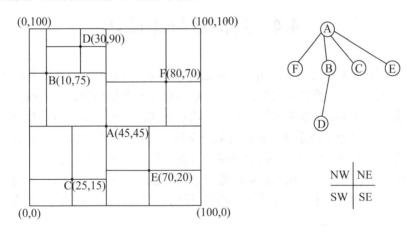

图 4-16　点四叉树结构

2. PR 四叉树索引

PR 四叉树是点四叉树的一个变种，它每次分割时，都是将 1 个正方形分割成 4 个相等的子正方形，依次进行，直到每个正方形的内容不超过给定的桶量(如一个对象)为止。PR 四叉树是四叉树在二维空间的索引结构，如图 4-17 所示。

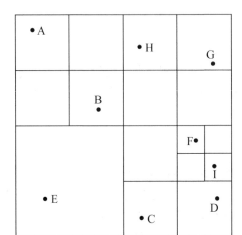 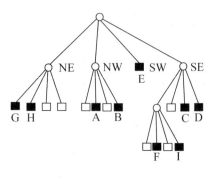

图 4-17　PR 四叉树索引结构

4.4　空间数据库设计

数据库因不同的应用要求会有各种各样的组织形式。数据库的设计就是根据不同的应用目的和用户要求，在一个给定的应用环境中，确定最优的数据模型、处理模式、存储结构、存取方法，建立能反映现实世界的地理实体间信息之间的联系，满足用户要求，又能被一定的 DBMS 接受，同时能实现系统目标并有效地存取、管理数据的数据库。简言之，数据库设计就是把现实世界中一定范围内存在着的应用数据抽象成一个数据库的具体结构的过程。

空间数据库的设计是指在现在数据库管理系统的基础上建立空间数据库的整个过程。主要包括需求分析、概念设计、逻辑设计、物理设计、数据库的实现、数据库的运行和维护六个阶段。

4.4.1　需求分析

需求分析是整个空间数据库设计与建立的基础，主要进行以下工作。

(1) 调查用户需求。了解用户特点和要求，取得设计者与用户对需求的一致看法。

(2) 需求数据的收集和分析。包括信息需求(信息内容、特征、需要存储的数据)、信息加工处理要求(如响应时间)、完整性与安全性要求等。

(3) 编制用户需求说明书。包括需求分析的目标、任务、具体需求说明、系统功能与性能、运行环境等，是需求分析的最终成果。

需求分析是一项技术性很强的工作，应该由有经验的专业技术人员完成，同时用户的积极参与也是十分重要的。

空间数据的需求分析归纳起来主要包括三方面的内容：一是用户基本需求调研；二是分析空间数据线状；三是系统环境/功能分析。通常采用的调研方法有：跟班作业、开调查会、请专人介绍、询问、设计调查表请用户填写、查看业务记录及票据、个别交谈。

通过信息收集了用户需求后，还需要进一步分析和表达需求，分析和表达用户需求分方法主要有自顶向下和自底向上两种。实际开发中常用的方法是自顶向下的结构化分析方法 (Structured Analysis，SA)。其基本思想是从最上层的系统组织机构入手，采用逐层分解的方式分析系统，并且把每一层用数据流图和数据字典描述出来。通过 SA 方法可以把任何一个系统抽象为如图 4-18 所示的形式。

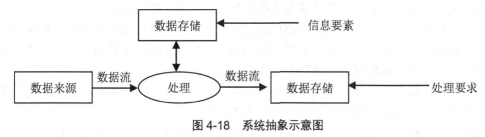

图 4-18　系统抽象示意图

4.4.2　概念设计

概念设计是通过对错综复杂的现实世界的认识与抽象，最终形成空间数据库系统及其应用系统所需的模型。

具体是对需求分析阶段所收集的信息和数据进行分析、整理，确定地理实体、属性及它们之间的联系，将各用户的局部视图合并成一个总的全局视图，形成独立于计算机的反映用户观点的概念模式。概念模式与具体的 DBMS 无关，结构稳定，能较好地反映用户信息需求。

表示概念模型最有力的工具是 E-R 模型，即实体-联系模型，包括实体、联系和属性三个基本成分。用它来描述现实地理世界，不必考虑信息的存储结构、存取路径及存取效率等与计算机有关的问题，比一般的数据模型更接近于现实地理世界，具有直观、自然、语义较丰富等特点，在地理数据库设计中得到了广泛应用。利用空间 E-R 方法建立空间数据库概念模型的步骤如下。

(1) 通过用户调查与分析，提取和抽象出空间数据库中所有实体，包括一般实体和空间实体。

(2) 对提取和抽象出来的实体通过定制其属性来进行界定，即确定各个实体的属性。要求尽可能地减少数据冗余，方便数据存储和操作，并能实现正确无歧义的表达实体。

(3) 根据系统数据流图和实体特征正确定义实体间的联系，这一步骤是保证空间数据正确处理和操作的关键，因此，在定义过程中要仔细求证，确保无误。

(4) 根据提取、抽象和概括出来的实体、实体属性集实体联系绘制空间 E-R 图。

(5) 因为空间 E-R 图涉及的实体、属性和联系复杂，在实际应用中，往往需要根据数据间的关联程度将它们划分成许多小的单元，分别绘制 E-R 图。因此，最后需要根据划分的标准和原则对这些单元的 E-R 图进行综合，并对其进行调整和优化，使其能够无缝地形成一个整体。

(6) 将空间 E-R 图转换成适合 GIS 软件和数据库管理系统的数据模型。

4.4.3 逻辑设计

在概念设计的基础上，按照不同的转换规则将概念模型转换为具体 DBMS 支持的数据模型的过程，即导出具体 DBMS 可处理的地理数据库的逻辑结构(或外模式)，包括确定数据项、记录及记录间的联系、安全性、完整性和一致性约束等。导出的逻辑结构是否与概念模式一致，能否满足用户要求，还要对其功能和性能进行评价，并予以优化。

E-R 模型可以向现有的各种数据库模型进行转换，E-R 模型向数据模型的转换是逻辑数据库设计阶段的重要步骤之一。将 E-R 模型转换为关系模型实际上就是将实体、实体属性和实体间的联系转化为关系模式。这种转换一般遵循如下原则。

(1) 对于 E-R 模型中的每一个实体都应转换为一个关系，该关系包括对应实体的全部属性，并应根据关系所表达的语义确定那个属性为关系的码。

(2) 对于 E-R 模型中的联系，需要根据不同的联系方式采取不同的转换手段，对于二元联系可以按照表 4-2 所示处理。

(3) 三个或三个以上的实体间的一个多元联系转换为一个关系模式。与该多元联系相连的各实体的码及联系本身的属性都转换为关系的属性。而关系的码为各实体码的组合。

(4) 合并具有相同码的关系模式。

(5) 同一实体集的实体间的联系，即自联系，也可按照 1∶1、1∶m、m∶n 三种情况进行处理。

表 4-2 二元关系的处理

二元关系	E-R 图	转换成的关系	联系的处理	码
1∶1	A — A-B — B	关系模式 A 关系模式 B	把模式 B 的码，联系的属性加入到模式 A；或把模式 A 的码，联系的属性加入到模式 B	每个实体的码均为该关系的码
1∶m	A — A-B — B	关系模式 A 关系模式 B	把模式 A 的码，联系的属性加入到模式 B	关系的码为 m 端实体的码

二元关系	E-R 图	转换成的关系	联系的处理	码
m∶n	A A-B B	关系模式 A 关系模式 B 关系模式 A-B	联系转换成关系模式 A-B；模式 A-B 的属性包括联系的属性和两端实体的码	两端实体的码共同构成模式 A-B 的码

为进一步提高数据库应用系统的性能，提高对数据存取的效率，通常以规范化理论为指导，对模式进行进一步调整。

常用的关系模式的优化方法如下。

(1) 确定关系模式的数据依赖。

(2) 对各个关系模式间的关系依赖进行处理，消除容易联系。

(3) 按照数据依赖理论对关系模式逐一进行分析，考查依赖类型，确定各关系模式分别属于第几范式。

(4) 按照需求分析阶段得到的各种应用对数据处理的要求，分析对于这样的应用环境这些模式是否适合，确定是否要对它们进行合并或分解。一般来说，关系模式分解到第三范式就行了。

(5) 对关系模式进行必要的分解。提高数据操作的效率和存储空间的利用效率。常用的两种方法是垂直分解和水平分解。

4.4.4　物理设计

物理设计是指有效地将空间数据库的逻辑结构在物理存储器上实现，确定数据在介质上的物理存储结构，其结果是导出地理数据库的存储模式(内模式)。主要内容包括确定记录存储格式，选择文件存储结构，决定存取路径，分配存储空间。

物理设计的好坏将对地理数据库的性能影响很大，一个好的物理存储结构必须满足两个条件：一是地理数据占有较小的存储空间；二是对数据库的操作具有尽可能高的处理速度。在完成物理设计后，要进行性能分析和测试。

4.4.5　数据库的实现

经过数据库的物理设计，一个数据库系统的物理存储结构基本确定下来，接着就使用数据库系统所提供的各种工具建立数据库结构，当数据库结构建立好后，就可以开始运用DBMS提供的数据语言及其宿主语言编写数据库的应用程序。当应用程序开发和调试完毕后，就可以对原始数据进行采集、整理、转换和入库，并开始数据库的试运行。

当原始数据入库完毕后，应及时建立数据库安全性机制和完整性约束条件，必要时建立一些视图、索引、存储过程、触发器等数据库对象，以便提高系统性能。

4.4.6 数据库的运行和维护

空间数据库经过试运行后即可投入正式运行。在运行过程中必须不断进行评价、调整和修改。

习　　题

1. 什么是数据库？什么是空间数据库？

2. 什么是数据模型？GIS 中常用的数据模型有哪些？

3. 什么是空间索引？它有什么用途？

4. GIS 中常用的空间数据索引方式有哪些？

5. 简述空间数据库的建设过程。

第5章 空间查询与空间分析

学习重点：

- 空间查询方法
- 空间分析种类及方法
- 空间分析方法的应用

GIS 在计算机技术的支持下已经在众多的领域得到了广泛的应用。在地理空间数据的存储、检索、制图和显示功能越来越完善的同时，越来越多的复杂应用问题也对 GIS 产生了更多新的要求，而 GIS 中存储的海量的地理空间数据，迫切需要高效、精确、科学的分析。因此，空间分析和空间建模已经成为目前 GIS 关注的重点。

空间分析是从空间数据中获取有关地理对象的空间位置、分布、形态、形成和演变等信息的分析技术，是 GIS 的最核心的功能之一。空间分析是GIS的主要特征。空间分析能力是GIS区别于一般计算机辅助制图系统的主要方面，也是评价一个 GIS 成功与否的主要指标。目前，GIS 中矢量数据空间分析功能包括：缓冲区分析、叠置分析、网络分析等；栅格数据的空间分析主要包括：表面生成与分析、栅格插值、分类统计等。

5.1 空间分析建模

空间分析具有对空间信息的提取和传输功能，作为各类综合性地学分析模型的基础，空间分析为建立复杂的模型提供了基本工具。空间分析模型是指用于 GIS 空间分析的数学模型，空间分析建模是指运用 GIS 空间分析建立数学模型的过程，其过程包括：明确问题、分解问题、组建模型、检验模型结果和应用分析结果。

5.1.1 空间分析模型

模型是对现实世界中的实体或现象的抽象或简化，是对实体或现象中最重要的构成及其相互关系的表述。建模的过程中，需要用到各种各样的工具。作为各类综合性地学分析模型的基础，空间分析为人们建立复杂的模型提供了基本工具。空间分析是 GIS 的主要特征，也是评价一个GIS功能的主要指标之一。它是基于地理对象的位置和形态特征的数据分析技术，其目的在于提取和传输可见信息。空间分析模型是对现实世界科学体系问题域抽象的空间概念模型，与广义的模型既有联系，又有区别。

(1) 空间定位是空间分析模型特有的性质，构成空间分析模型的空间目标(点、弧段、网络、面域、复杂地物等)的多样性决定了空间分析模型建立的复杂性。

(2) 空间关系也是空间分析模型的一个重要特征，空间层次关系、相邻关系以及空间目标的拓扑关系也决定了空间分析模型建立的特殊性。

(3) 包含坐标、高程、属性以及时序特征的空间数据极其庞大，大量空间数据通常用图形的方式来表示，这样由空间数据构成的空间分析模型也具有了可视化的图形特征。

空间分析模型可以分为以下几类。

(1) 空间分布分析模型。用于研究地理对象的空间分布特征。主要包括：空间分布参数的描述，如分布密度和均值、分布中心、离散度等；空间分布检验，以确定分布类型；空间聚类分析，反映分布的多中心特征并确定这些中心；趋势面分析，反映现象的空间分布趋势；空间聚合与分解，反映空间对比与趋势。

(2) 空间关系分析模型。用于研究基于地理对象的位置和属性特征的空间物体之间的关系。包括距离、方向、连通和拓扑等四种空间关系。其中，拓扑关系是研究得较多的关系；距离是内容最丰富的一种关系；连通用于描述基于视线的空间物体之间的通视性；方向反映物体的方位。

(3) 空间相关分析模型。用于研究物体位置和属性集成下的关系，尤其是物体群(类)之间的关系。在这方面，目前研究得最多的是空间统计学范畴的问题。统计上的空间相关、覆盖分析就是考虑物体类之间相关关系的分析。

(4) 预测、评价与决策模型。用于研究地理对象的动态发展，根据过去和现在推断未来，根据已知推测未知，运用科学知识和手段来估计地理对象的未来发展趋势，并做出判断与评价，形成决策方案，用以指导行动，以获得尽可能好的实践效果。

5.1.2　空间分析建模

空间分析建模是指运用 GIS 空间分析方法建立数学模型的过程。运用数学分析方法建立表达式，反映地理过程，来模拟地理现象的形成过程的模型称为过程模型，也叫处理模型，均是指描述物体或对象之间相互作用的处理过程的模型。过程模型的类型很多，用于解决各种各样的实际问题。如：适宜性建模，是指土地针对某种特定开发活动的建模，包括农业应用、城市化选址、道路选择等；水文建模，指水的流向；表面建模，指城镇某个地方的污染程度；距离建模；指从出发点到目的地的最佳路径的选择、邮递员的最短路径等。

这类模型的建立过程主要如下。

(1) 明确问题。分析的问题的实际背景，弄清建立模型的目的，掌握所分析的对象的各种信息，即明确实际问题的实质所在，不仅要明确所要解决的问题是什么，要达到什么样的目标，还要明确实际问题的具体解决途径和所需要的数据。

(2) 分解问题。找出与实际问题有关的因素，通过假设把所研究的问题进行分解、简化，明确模型中需要考虑的因素以及它们在过程中的作用，并准备相关的数据集。

(3) 组建模型。运用数学知识和 GIS 空间分析工具来描述问题中的变量间的关系。

(4) 检验模型结果。运行所得到的模型、解释模型的结果或把运行结果与实际观测进行对比。如果模型结果的解释与实际状况符合或结果与实际观测基本一致，这表明模型是符合实际问题的。如果模型的结果很难与实际相符或与实际很难一致，则表明模型与实际不相符，不能将它运用到实际问题。如果图形要素、参数设置没有问题的话，就需要返回到建模前关于问题的分解。检查对于问题的分解、假设是否正确，参数的选择是否合适，是否忽略了必要的参数或保留了不该保留的参数，对假设做出必要的修正，重复前面的建模过程，直到模型的结果满意为止。

(5) 应用分析结果。在对模型的结果满意的前提下，可以运用模型来得到对结果的分析。

5.2　空间查询与量算

空间数据的查询和量算是 GIS 的基本功能之一。GIS 在进行深层次的空间分析之前，往往需要对分析空间对象进行查询定位并进行量算与分析，如空间目标的位置、距离、周长、面积、体积、曲率、空间形态以及空间分布等。空间量测与计算是 GIS 获取地理空间信息的基本手段，所获得的基本空间参数是进行复杂空间分析、模拟与决策制定的基础。

5.2.1　空间数据的查询

数据查询是 GIS 的一个重要功能，一般定义为：作用在 GIS 数据上的函数，它返回满足条件的内容。查询是用户与系统交流的途径，是 GIS 用户最经常使用的功能，GIS 用户提出的许多问题都可以通过查询的方式解决，查询方法和范围在很大程度上决定了 GIS 的应用程度和应用水平。

目前，GIS 中的空间查询大致可分为三类：①按照属性信息定位空间位置可分为"属性查图形"。如在中国行政区划图上查询总人口大于 4000 万且城市人口大于 2000 万的省份和城市。该功能与一般的关系数据库的查询没有区别，查询到结果后，再利用图形与属性的对应关系，用指定的方式将结果在地图上定位显示出来。②根据空间要素的地理位置来查询相关的属性信息可分为"图形查属性"。用户可以使用光标，利用 GIS 所提供的点选、画线、圆形、矩形或不规则多边形等选择方式选择对象，显示所查对象的属性列表，并可进行进一步的统计分析。③结合空间关系和非空间属性的查询。如查询距某条河流 $\geqslant 500$ m、种植玉米且面积大于 53 km^2 的土地利用单元。

在大多数的 GIS 中，提供了如下的查询方式。

1. 基于空间定位查询

空间定位查询是给定一个点或一个几何图形，检索出该图形范围内的空间对象以及相应的属性。常用的几种方式包括以下几点。

(1) 按点查询。给定一个鼠标点位，检索出离它最近的空间对象并显示它的属性，得出它是什么，它的属性是什么的查询结果。

(2) 按矩形查询。给定一个矩形窗口，查询出该窗口内某类地物的所有对象。如果需要，则显示每个对象的属性表。在查询过程中，需要考虑检索的是仅包含在该窗口内的对象，还是只要该窗口涉及的无论是被包含还是穿过的地物都被查询出来。这类检索过程异常复杂，它首先需要根据空间索引，检索到哪些对象可能位于该窗口内，然后根据点、线、多边形在矩形内的判断算法，检索出所有完全或部分落在检索窗口内的目标。

(3) 按圆查询。给定一个圆形或椭圆形窗口，检索出该圆或椭圆范围内的某类或某一层的空间对象，其实现的方法与按矩形查询类似。

(4) 按多边形查询。用鼠标给定一个多边形窗口或选定一个多边形要素，检索出位于该窗口内的某类或某一层的空间对象。实现的方法与按矩形查询类似，但要复杂得多。它涉及点在多边形内、线在多边形内、多边形在多边形内的判别，这一操作非常有用。如用户需要查询某一面状地物，特别是行政区所涉及的某类地物。

2. 基于空间关系查询

空间实体间存在着多种空间关系，包括拓扑、顺序、距离、方位等关系。通过空间关系查询和定位空间实体是 GIS 不同于一般数据库系统的功能之一。如查询京广线以东且距离小于 50 km，人口不超过 50 万的城市。

简单的面、线、点相互关系的查询包括以下几点。

(1) 面面关系。查询并判断两个面状地物之间是否相邻、包含、相交以及方向距离关系。例如查询某一湖泊周围的土地类型，就是查询同湖面相邻接区域的图形属性。

(2) 线线关系。查询并判断线与线之间是否有邻接、相交、平行、重叠以及方向距离关系。例如，查询河流的支流就是查询同主流相交的河流。

(3) 点点关系。查询并判断点与点之间的距离、方向及重叠关系。例如，查询某居民点周围距离小于 2 km 的商店。

(4) 线面关系。查询并判断线与面之间的距离、方向、相交及重叠等关系。例如，求通过某县的公路或某一高速公路所经过的县、市。

(5) 点线关系。查询并判断点与线之间的距离、方向及重叠的关系。例如，查找某一条河流上的桥梁或通过某一居民点的公路。

(6) 点面关系。查询并判断点与面之间的距离、方向及包含关系。例如查找某林区内护林站点的位置。

3. SQL 查询

1) 扩展关系数据库的查询语言

由于关系数据库具有严谨的数学基础和简洁的概念，在一般的事务性数据库中占有绝对的统治地位。在关系数据库中，几乎所有的功能都由查询语言(SQL)实现，关系数据库的查询语言(SQL)作为一种工业标准被广泛使用。

SQL 语句通常是由关系运算组合而成的，非常适合于关系表的查询与操作，但并不支持空间运算。由于标准的 SQL 不支持空间概念，因此，不能进行空间数据的查询。

目前的空间数据查询语言是通过对标准 SQL 的扩展来形成的，即在数据库查询语言上加入空间关系查询。为此需要增加空间数据类型(如点、线、面等)和空间操作算子(如求长度、面积、叠加等)。在给定查询条件时也需含有空间概念，如距离、邻近、叠加等。

通过对标准 SQL 的扩展来实现空间数据查询的主要优点是：由于是在标准 SQL 基础上进行扩展的，因而保留了 SQL 的风格，便于熟悉 SQL 的用户掌握，通用性较好，易于与关系数据库连接。

2) 超文本查询

超文本查询把图形、图像、字符等皆当作文本，并设置一些"热点"，它可以是文本、键等。用鼠标单击"热点"后，可以弹出说明信息、播放声音、完成某项工作等。但超文本查询只能预先设置好，用户不能实时构建自己要求的各种查询。

3) 自然语言空间查询

在空间查询中引入自然语言可以使查询更轻松自如。在 GIS 中，很多地理方面的概念是模糊的，例如地理区域的划分实际上并没有像境界一样有明确的界线。而空间数据查询语言中使用的概念往往都是精确的。

为了在空间查询中使用自然语言，必须将自然语言中的模糊概念量化为确定的数据值或数据范围。例如查询气温高的城市时，引入自然语言时可表示为

SELECT　　name
FROM　　cities
WHERE　　temperature is high

如果通过统计分析和计算以及用模糊数学的方法处理，认为当城市气温大于或等于 35.5℃时是高气温，则对上述用自然语言描述的查询操作转换为

SELECT　　　name
FROM　　　cities
WHERE　　　temperature≥35.5

在对自然语言中的模糊概念量化时，必须考虑当时的语义环境。例如，对于不同的地区，城市为"高"气温时的温度是不同的。因此，引入自然语言的空间数据查询只能适用于某个专业领域的 GIS，而不能作为 GIS 中的通用数据库查询语言。

4. 地址匹配查询

地址匹配查询是根据街道的地址来查询地理要素的空间位置和属性信息的一种查询方式。该方法是利用地理编码，输入街道的门牌号后，便可知道其大致的位置和所在街区。应用该方法，只要在属性表中添加了地址，GIS 便可自动地从空间位置角度对各种经济社会调查资料进行统计分析。另外，这种方法常用在邮政、通信、供水、供电、治安、消防、医疗等领域。

5.2.2　空间数据的量算

1. 空间维与空间量测

在地理空间中，不同形态的空间目标存在着不同维度的分布，而不同维的空间目标隐含的信息又存在差异，因此在进行空间量测时首先需要确定空间目标的维度。

1) 零维空间目标

零维就是空间中的一个点。在零维空间中用点代表空间目标时，只考虑目标的位置、与其他目标的关系，而不考虑它的大小、面积、形状等属性。

2) 一维空间目标

一维表示空间中一个线要素，或者空间对象之间的边界。一维线状要素在表示空间目标时同样不要考虑面积、体积等属性，而是突出地物的长度、曲率和方向等特征。

3) 二维空间目标

二维表示空间中的一个面状要素，在二维欧氏平面上指由一组闭合弧段所包围的空间区

域。由于面状要素由闭合弧段所界定，故二维矢量又称为多边形。对二维空间目标，主要量测其面积、周长、形状、曲率和质心等。

4) 三维空间目标

三维空间存在的空间目标是由一组或多组闭合曲面所包围的空间对象。三维空间目标可以由二维空间目标组合，也可由三维体元构成。三维空间目标的量测可以获得体积、表面积、表周长等信息。

2. 几何参数量算

1) 距离量算

长度是空间量测的基本参数，它不仅可以代表实体间的距离，也可以代表线状对象的长度、面和体的周长等。由于长度参数在空间分析中的重要性，使其成为空间量测的重要内容之一。

(1) 两点间距离。GIS 中两点间的距离可以利用笛卡儿坐标系中两点间的距离公式获得。设平面笛卡儿坐标系中的两点 A、B，坐标分别为 (x_1, y_1) 和 (x_2, y_2)，则两点间的距离为：

$$d = |AB| = \sqrt{(x_2 - x_1)^2 + (y_2 - y_1)^2} \tag{5-1}$$

(2) 点到线的距离。GIS 中通常要求点到一条线的距离，这时求点到线的距离是先求点到各条折线段的距离(不是延长线上的距离)，然后进行比较，距离最小的值即为点到该线目标的距离。为求得点到线目标的距离，首先要确定该点到一直线段的距离。设有一直线段 L，其解析方程为 $Ax + By + C = 0$，另一点 P 的坐标为 (x_P, y_P)。点 P 到直线 L 的线距离为：

$$d = \frac{|Ax_P + By_P + C|}{\sqrt{A^2 + B^2}} \tag{5-2}$$

(3) 点到面的距离。点状物体 P 到面状物体 A 的距离大致包括中心距离、最大距离和最短距离。

中心距离：点 P 到面 A 中一特定点 P_0(如重心)的距离表示点 P 与面 A 间的距离。

最短距离：点 P 与面 A 中所有点之间最短的距离。

最大距离：点 P 到面 A 中所有点之间最大的距离。

中心距离与点点距离一致，最小距离和最大距离也与点线距离的计算类似。

(4) 线状物体间距离。两个线状物体 L_1、L_2 间的距离可以定义为 L_1 上的点 $P_1(x_1, y_1)$ 与 L_2 上的点 $P_2(x_2, y_2)$ 间距离的极小值。

(5) 面状目标物间的距离。空间两面状目标物间的距离有三种形式：最短距离、最大距离和重心距离。最短距离是以两目标物最接近点的距离作为两目标物间的距离；最大距离是以最远点的距离作为两目标物间的距离；重心距离是两目标物重心间的距离，如图 5-1 所示。

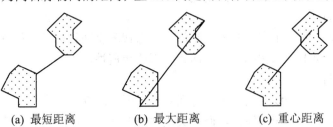

(a) 最短距离　　　(b) 最大距离　　　(c) 重心距离

图 5-1　面状目标物间的距离

面状物体是以折线序列表示的，在假定计算的目标物的相互关系均为不相交的情况下，面状物体间的距离可以仿照线状物体间距离的计算方法。

上述距离的量测均为匀质空间的简单距离量测。然而，很多实际情况下，两点间距离不能走直线，两目标物间的距离要受很多因素制约，如受到障碍物的影响等，这时，简单距离的表达式就不能计算了，此时的距离称为函数距离。例如，如果从某一地出发，到达另一地所消耗的时间仅与两地的欧氏距离成正比，则从一点出发，特定时间后所到达的点必然组成一组等时圆，即形成各向同性表面。而现实生活中，从一点到达另一点所消耗的时间不仅与欧氏距离有关，还与路况、运输工具性能有关，因此，从某一固定点出发，特定时间后所能到达的点在不同方向上距离是不同的，即形成各向异性表面(图 5-2)。

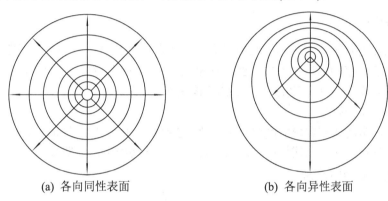

(a) 各向同性表面　　　　　　　　(b) 各向异性表面

图 5-2　各向同性和各向异性表面距离

当有障碍或阻力存在时，两点间的距离就不能用直线距离，计算非标准欧氏距离的一般公式为：

$$d = [(x_i - x_j)^k + (y_i - y_j)^k]^{\frac{1}{k}} \tag{5-3}$$

当 $k=1$ 时，为曼哈顿距离，当 $k=2$ 时，为欧氏距离计算公式。

2) 长度和周长量算

线状地物最基本的形状参数之一是长度，周长则是面状地物的基本量测参数之一，多边形的周长可以通过围绕多边形相互连接的线段进行计算。因此，任意给定一系列点构成的线或多边形的边界线，总长度或周长实际上各条线段距离的和。

$$L = \sum_{i=1}^{n} d_i = \sum_{i=1}^{n} \sqrt{(x_{i+1} - x_i)^2 + (y_{i+1} - y_i)^2 + (z_{i+1} - z_i)^2} \tag{5-4}$$

在栅格数据中，计算线长是逐个将格网单元数值累加得到全长，例如已知格网分辨率为 50 m，且线长包括 15 个格网单元，那么线的全长为 50×15 = 750 m。这种方法适合计算水平线，但是当线相当倾斜，需在格网单元的斜线上计算每个单元之间的斜距，斜线穿过一个正方形格网单元时产生一个直角三角形，它的直角边等于格网单元分辨率，它的斜边可以用勾股定理计算。因此，用 $\sqrt{2}$ 乘以每个斜向邻接的格网单元的分辨率可得到准确的长度，这种方法较简单，一些栅格 GIS 系统就能实现。此外还可以使用等方向性表面来计算，当计算量大时，其优势明显强于点到点距离的简单计算。

3) 面积的量算

面状地物另一最基本的量算参数是面积。对于简单多边形，其面积根据构成多边形边界的弧段坐标求算。假设多边形的顶点数为 n，其面积计算公式为：

$$S = \frac{1}{2}\left|\sum_{i=1}^{n-2}(x_i y_{i+1} - x_{i+1} y_i) + (x_n y_1 - x_1 y_n)\right| \tag{5-5}$$

对于有孔或内岛的多边形，需分别计算多边形与内岛的面积，其差值为原多边形的面积。

在栅格数据结构中，某一区域的面积是选择具有共同属性的格网单元并计算这一区域占据的格网单元数量。对于破碎多边形的面积，必须进行再分类，将每个多边形分割并赋予单独的属性值，再进行统计。

3. 形状量算

对于空间对象除了量测其基本几何参数外，还需量测其空间形态。点状空间目标是零维空间体，没有任何空间形态；而线、面、体空间目标作为超零维的空间体，各自具有不同的几何形态，并且随着空间维数的增加其空间形态越加复杂。

1) 线状地物的形状

曲线形状经常用曲率和弯曲度这两个参数。曲率反映的是曲线的局部弯曲特征，线状地物的曲率由数学分析定义为曲线切线方向角相对于弧长的转动率，设曲线的形式为 $y = f(x)$，则曲线上任意一点的曲率为

$$K = \frac{y''}{(1+y'^2)^{\frac{3}{2}}} \tag{5-6}$$

弯曲度(S)是描述曲线弯曲程度的另一个参数，是曲线长度(L)与曲线两端点线段长度(l)之比。用公式表示为

$$S = L/l \tag{5-7}$$

在实际应用中，弯曲度 S 并不主要用来描述线状物体的弯曲程度，而是反映曲线的迂回特性。在交通运输中，这种迂回特性加大了运输成本，降低了运输效率，提高了运输系统的维护难度，成为企业经济研究的一个重点。另外，曲线弯曲度的量测对于减少公路急转弯处的事故具有重要意义。

2) 面状地物的形状

面状地物的形状特征要比计算周长和面积复杂得多。常见的规则形态有圆形、四边形、梯形、三角形、长方形等，但大多数空间面状物体表现为非规则的复杂形态，如湖泊的形状、城市的形状以及山体的表面形状等，对于它们的描述需要从多个角度运用多种手段进行形态量测。

对面状地物的形状进行量测时需要考虑两个方面：一是以空洞区域和碎片区域确定该区域的空间完整性；二是多边形边界特征描述问题。

空间完整性是空洞区域内空洞数量的度量，常用欧拉函数量测。欧拉函数是关于碎片程度及空洞数量的一个数值量测法，其结果是一个数值，称为欧拉数。计算公式表示为

$$欧拉数=(空洞数)-(碎片数-1) \tag{5-8}$$

如图 5-3，给出了三种可能情况的欧拉数。

(a) 欧拉数=4

(b) 欧拉数=3

(c) 欧拉数=3

图 5-3　欧拉数

对于图(a)，欧拉数= 4- (1-1)或欧拉数= 4-0；对于图(b)欧拉数= 4- (2-1) = 3 或欧拉数= 4-1= 3；图(c)欧拉数=5- (3-1) = 3。

对于多边形的边界描述，由于多边形的外观复杂多变，很难找到一个准确的标准进行量算，常用的指标包括多边形长短轴之比、周长面积比、面积长度比等。定义形状系数为

$$r = \frac{P}{2\sqrt{\pi A}} \tag{5-9}$$

式中，P 和 A 分别是多边形的周长和面积。若 $r<1$，多边形为紧凑型；$r=1$，多边形为标准圆；$r>1$，多边形为膨胀型。

4. 质心量算

质心是描述地理对象空间分布的一个重要指标。它可以概略表示点状分布对象的总体分布特征、中心位置、聚集程度等信息，用来跟踪某些地理分布的变化。

质心通常定义为一个多边形或面的几何中心，当多边形比较简单，比如矩形，计算很容易。但当多边形形状复杂时，计算也更加复杂。在某些情况下，质心描述的是分布中心，而不是绝对几何中心。以全国人口为例，当某个县绝大部分人口明显集中于一侧时，可以把质心放在分布中心上，这种质心称为平均中心或重心。如果考虑其他一些因素的话，可以赋予权重系数，称为加权平均中心。假设有 n 个离散点 (x_1,y_1), (x_2,y_2), …, (x_n,y_n)，那么常用的表示分布中心的方法如下：

1) 算术平均中心

$$C_x = \frac{\sum_{i=1}^{n} x_i}{n}, C_y = \frac{\sum_{i=1}^{n} y_i}{n} \tag{5-10}$$

算术平均中心没有考虑不同点在分析时的重要性差异，实际中各点的重要性不同，需进行加权计算。

2) 加权平均中心

$$C_x = \frac{\sum_{i=1}^{n} w_i x_i}{\sum_{i=1}^{n} w_i}, C_y = \frac{\sum_{i=1}^{n} w_i y_i}{\sum_{i=1}^{n} w_i} \tag{5-11}$$

式中，w_i 为第 i 点的权重。

这里关键是如何确定各点的权重，通常以该离散点表示的统计量来表示，如研究土地利

用时用它表示的面积值作为权重，研究人口变迁时用人口数作为权重。

3) 中位中心

中位中心是指到各点的距离和最小的一个点(X_m, Y_m)，表示为下式取最小值。

$$\sum_{i=1}^{n} \sqrt{(x_i - X_m)^2 + (y_i - Y_m)^2} \tag{5-12}$$

即式(5-12)取最小值。

4) 极值中心

极值中心指到各离散点中最大距离为最小的点(X_e, Y_e)，表示为下式值最小。

$$\max(\sqrt{(x_i - X_e)^2 + (y_i - Y_e)^2}) \tag{5-13}$$

5.3 缓冲区分析

邻近度(Proximity)描述地理空间中两个目标地物距离相近的程度。以距离关系为分析基础的邻近度分析构成了 GIS 空间分析的一个重要手段，例如建造一条铁路，要考虑到铁路的宽度以及铁路两侧所保留的安全带，来计算铁路实际占用的空间；公共设施如商场、邮局、银行、医院、学校等的位置选择都要考虑到其服务范围；对于一个有噪声污染的工厂，污染范围的确定是非常重要的；已知某区域部分站点的气象数据，如何选取最近的气象站数据来代替某未知点的气象数据等，诸如此类的问题都属于邻近度分析。解决这类问题的方法很多，目前缓冲区分析是比较成熟的一种分析方法。

5.3.1 缓冲区分析基本概念

缓冲区分析(Buffer Analysis)是解决邻近度问题的空间分析工具之一。就是根据分析对象的点、线、面实体，在其周围自动建立一定宽度范围的缓冲区多边形实体，从而实现空间数据在二维空间得以扩展的分析方法。从空间变换的角度来看，缓冲区分析实际上就是邻近度分析或影响度分析，就是将点、线、面的地物分布图转换成其距离扩展图。缓冲区分析在确定地理目标和规划目标的影响范围中发挥着重要的作用。如根据离开交通线的远近进行土地成本估算；公共设施(医院、学校、邮局、商场等)的服务半径；大型水利建设引起的搬迁；环境污染的影响等。

缓冲区(Buffer)是地理空间要素的一种影响范围或服务范围。从数学的角度看，缓冲区分析的基本思想是给定一个空间对象或集合，确定其邻域，邻域的大小由邻域半径 R 决定，因此对象 O_i 的缓冲区定义为

$$B_i = \{x \mid d(x, O_i) \leqslant R\} \tag{5-14}$$

即对象 O_i 的半径为 R 缓冲区为距 O_i 的距离小于等于 R 的全部点的集合，d 一般指最小欧氏距离，但也可以为其他定义的距离，如网络距离，即空间物体间的路径距离。对于对象集合 $O = \{O_i \mid i=1, 2, \cdots, n\}$，其半径为 R 的缓冲区是各个对象缓冲区的并集，即

$$B = \bigcup_{i=1}^{n} B_i \tag{5-15}$$

空间地理实体的类型不同，所建立的缓冲区也不同，通常可以分为点缓冲区、线缓冲区、面缓冲区和复杂实体缓冲区。如图 5-4 所示，点缓冲区是以该点为圆心，以缓冲距离 R 为半径的圆形区域；线缓冲区是以线要素为轴线，以缓冲距离 R 为平移量向两侧作平行曲(折)线，在轴线两端构造两个半圆弧最后形成的多边形区域；面缓冲区是以面要素的边界线为轴线，以缓冲距离 R 为平移量向边界线的外侧或内侧作平行曲(折)线所形成的多边形区域；复杂实体缓冲区是经过计算形成的一个复杂多边形或多边形集合。

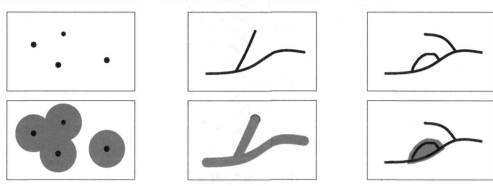

图 5-4　点线面缓冲区示意图

5.3.2　矢量数据缓冲区的生成

根据数据结构不同，缓冲区的生成分为矢量方法和栅格方法。矢量方法使用较广，产生时间较长，相对比较成熟。

1. 点缓冲区的生成

从原理上来说点缓冲区的建立相对比较简单，对点状要素缓冲区就是以该点为圆心，以缓冲距离为半径而形成的圆所包围的区域。其中包括单点要素形成的缓冲区、多点要素形成的缓冲区和分级点要素形成的缓冲区等。

2. 线缓冲区的生成

线缓冲区的建立相对复杂。通过以线状地物的中心轴线为核心做平行曲线，生成缓冲区边线，再对生成边线求交、合并，最终生成缓冲区边界。生成缓冲区边界的基本问题是双线问题，常用的方法有角平分线法和凸角圆弧法。

1) 角平分线法

基本思想是：首先在中心轴线首尾处做轴线的垂线，按缓冲区半径 R 截出左右边线的起讫点；然后在中心轴线的其他各转折点处，用以偏移量为 R 的左右平行线的交点来确定该转折点处左右平行边线的对应顶点；最终由端点、转折点和左右平行线形成的多边形就构成了所需要的缓冲区多边形，如图 5-5 所示。

角平分线法简单易行，缺点在于难以最大限度地保证缓冲区左右边线的等宽性，当轴线转折角过大或过小时，因角平分线法自身的缺点会造成许多异常情况，校正过程较复杂，实施起来较为困难。

图 5-5 中，在轴线的转折处，凸角一侧平行线宽度较大，张角 B 与凸角平行线宽度 d 之间关系可用式(5-16)表示

$$d = R / \sin(B/2) \tag{5-16}$$

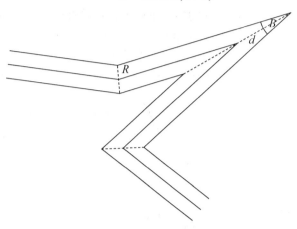

图 5-5　角平分线法

当缓冲区半径 R 不变时，d 随张角 B 的减小而增大，张角越小，变形越大；张角越大，变形越小，所以在尖角处缓冲区左右边线的等宽性遭到破坏。

2) 凸角圆弧法

凸角圆弧法的基本思想是：在轴线的两端点处用半径为缓冲距离的圆弥合；在中心轴线的其他各转折点处，首先判断该点的凸凹性，在凸侧用圆弧弥合，在凹侧用与该转折点前后相继的轴线的偏移量为 R 的左右平行线的交点最为对应顶点，如图 5-6 所示。由于凸角圆弧法对于凸部的圆弧处理使其能最大限度地保证左右平行曲线的等宽性，避免了角平分线法所带来的异常情况。

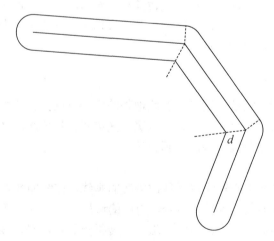

图 5-6　凸角圆弧法

3. 面缓冲区的生成

面缓冲区的建立与线缓冲区建立的原理基本相同，依然采用凸角圆弧法。首先判断轴线

上每个转折点的凸凹性，在左侧为凸的转折点用半径为缓冲距的圆来弥补，在左侧为凹的转折点用平行线交点确定顶点，再对生成的缓冲区边界进行自相交处理和其他特殊处理。

4．缓冲区的特殊处理

1）缓冲区重叠处理

空间实体不可能都是孤立存在的，缓冲区建立时会出现多个空间实体缓冲区相互重叠。重叠的情况包括多个空间实体缓冲区之间的重叠和同一实体缓冲区的重叠，必须对重叠缓冲区进行合并。对于前者，通过拓扑分析的方法自动识别出落在某个缓冲范围内的线段或弧段并删除，得到处理后的连通缓冲区(图 5-7)。

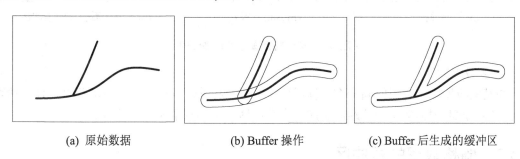

(a) 原始数据　　　　　　(b) Buffer 操作　　　　　(c) Buffer 后生成的缓冲区

图 5-7　多个特征缓冲区重叠处理

对于后者，称为自相交。自相交多边形常出现两种情况：岛屿多边形和重叠多边形。岛屿多边形是缓冲区边界线的有效组成部分；重叠多边形是非缓冲区边界线的有效组成部分。对于两种多边形的自动判别，首先定义轴线坐标点序为其方向，缓冲区双线分为左右边线，左右边线自相交的情况恰好对称。对于左边线，岛屿多边形呈逆时针方向，重叠多边形呈顺时针方向；对于右边线，岛屿多边形呈顺时针方向，重叠多边形呈逆时针方向。图 5-8 和图 5-9 分别给出边界自相交情况及其处理结果。

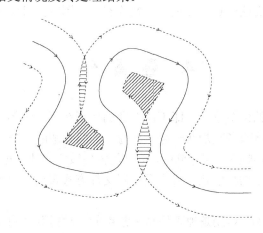

图 5-8　缓冲区边界自相交情况

2）不同级同类要素缓冲区处理

在进行缓冲区分析时，有时会遇到对不同级别的同类地物建立缓冲区，由于级别不同，它们所产生的缓冲区的范围大小不同，如主干道与次干道对街道两侧繁荣程度的影响不同，这主要与要素的类型有关。在建立这样的缓冲区时首先要建立属性表，并在属性表中添加有关缓冲距的属性列，建立缓冲区时根据属性表中不同级别要素缓冲区属性列的值生成缓冲区。

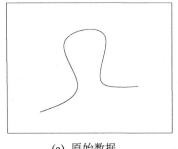
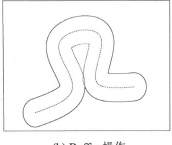
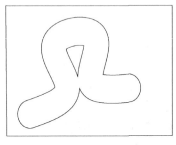

（a）原始数据　　　　　　　（b）Buffer 操作　　　　　　（c）Buffer 后生成的缓冲区

图 5-9　单个特征缓冲区重叠处理

3）多级缓冲区

在某些应用中，有可能同一个目标需要生成多个缓冲区，如环境污染的程度、地震的影响程度等。此时根据多个缓冲距离生成多个缓冲区，就形成了缓冲区的嵌套。

5.3.3　栅格数据的缓冲区

栅格数据的缓冲区分析通常称为推移或扩散，推移或扩散实际上是模拟主体对邻近对象的作用过程，物体在主体的作用下沿着一定的阻力表面移动或扩散，距离主体越远所受到的作用力越弱。例如，可以将噪声源作为主体，而地形、障碍物和空气作为阻力表面，用推移或扩散的方法计算噪声离开主体后在阻力表面上的移动，得到一定范围内每个栅格单元的噪声强度。栅格数据结构的点、线、面缓冲区的建立方法主要是像元加粗法，以分析目标生成像元，借助于缓冲距离 R 计算出像元加粗次数，然后进行像元加粗形成缓冲区。由于栅格数据量很大，特别是这种算法运算量级很大，实施有一定困难，且距离精度也尚待提高。

5.4　叠 置 分 析

叠置分析源于传统的地图分析，即不同专题的要素在同一幅图上描绘出来，或者绘制于透明纸上，通过透明桌将两者叠加在一起，再勾画出感兴趣的部分。目前，大部分的 GIS 软件环境下，各种专题要素都是分层存储的，也就是将性质相同或相近的合并形成一个数据层。每个数据层既可以用矢量结构的点、线、面图层文件方式表达，也可以用栅格结构的图层文件形式表达。

叠置分析(Overlay Analysis)是地理信息中常用的一种提取空间隐含信息的分析方法，是指将同一地建立具有多重属性组合的新的数据层，并对相互重叠又相互联系的多种现象要素进行综合分析和评价的一种空间分析方法。其结果不仅产生新的空间关系，还将多个数据层的属性数据联系起来产生新的属性关系。叠置分析与视觉信息叠加的主要区别在于，视觉信息的叠加是将不同层面的信息内容叠加显示，不改变各层的数据结构，也不产生新的数据，只是给用户带来视觉效果；而叠置分析的结果是不仅产生视觉效果，更重要的是形成了新的空间关系和属性数据。

根据 GIS 中常用的两种数据结构不同，叠置分析主要包括矢量叠置分析和栅格叠置分析，分别通过代数运算与逻辑运算的方式实现。

5.4.1 矢量数据的叠置分析

矢量数据图形要素的叠加处理按要素类型可分为点与多边形的叠置、线与多边形的叠置、多边形与多边形的叠置三种。

1. 点与多边形的叠置

点与多边形的叠置分析实际上是判断多边形对点的包含关系，即确定一个点要素图层中的哪些点落在了一个多边形图层中的哪些多边形中。通过计算点与多边形线段的相对位置，来判断这个点是否在多边形内，然后进行属性信息的处理。

通常，这种方法不产生新的数据层，只是将属性信息叠加到原图层中，可以将多边形信息叠加到点上，也可以将点的信息叠加到多边形上，用于标识该多边形，然后通过属性查询的方式来获得点与多边形叠加后的信息。例如，一个中国行政区图(多边形)和一个农作物产量图(点)，两个图层进行叠加分析后，可以将行政区多边形属性信息加到农作物产量图的属性信息表中，可以查询某省农作物的种类及产量；也可以查询某种农作物的分布情况。

2. 线与多边形的叠置

线与多边形的叠置是指在给定的线要素图层和面要素图层中，比较线上坐标与多边形坐标的关系，判断哪条线段落在哪个多边形内。通常一个线目标会跨越多个多边形，这时需要计算线与多边形的交点，多个交点将一个线目标分割成落入不同多边形的多个线段，同时将原弧段的属性信息和多边形属性信息同时赋给落在它范围内的线段。

叠加分析的结果产生了一个新的线状数据层，每条线被打断成新的弧段图层，该层内的线状目标属性表发生了变化，包含原始线层的属性和多边形的属性。叠加分析操作后既可确定每条线段落在哪个多边形内，也可查询指定多边形内指定线段穿过的长度。例如一个道路层(线)与行政区层(多边形)叠加到一起，若道路穿越多个省区，省区分界线就会将道路分成多个弧段，可以查询任意省区内道路的长度，以计算道路网密度；若线层是河流层，则可计算每个多边形内的河流总长度，用以计算河流网密度，以及查询某条河流跨越哪些省份等。

3. 多边形与多边形的叠置

多边形与多边形的叠置是 GIS 空间分析中常用的功能之一。多边形与多边形的叠加要比前两种叠加复杂得多，是将两个或两个以上的多边形图层进行叠加，产生一个新的多边形图层，新图层中的多边形是原多边形图层中多边形相交分割的结果，新图层多边形属性信息综合了原图层多边形的属性信息，如图 5-10 所示。

多边形的叠置分为几何求交和属性分配两步。几何求交过程首先求出所有多边形边界线的交点，再根据这些交点重新进行多边形拓扑运算，对新生成的拓扑多边形图层的每个对象赋予唯一的标识码，同时生成一个与新多边形图层——对应的属性表。由于矢量结构的精度有限，使得两个多边形叠加时出现在不同的图层上的同一要素不能精确地重合，叠加后会产生大量的细碎多边形，如图 5-11 所示。细碎多边形可以规定模糊容限值加以消除，但容限值的大小难以把握，容限值过大，容易将一些正确的多边形删除，而容限值过小，又无法起到删除的效果。消除细碎多边形的更好办法是应用最小制图单元概念。最小制图单元代表由政府机构或组织指定的最小面积单元，小于该面积值的多边形与其相邻的多边形合并以达到消除的目的。

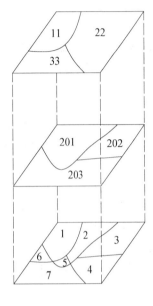

行政区划图

行政区_ID	名称
11	赵家庄
22	王村
33	周村

土地利用

土地利用_ID	类型
201	水田
202	旱地
203	林地

叠置结果

新 ID	行政区_ID	名称	土地利用_ID	类型
1	11	赵家庄	201	水田
2	22	王村	201	旱地
3	22	王村	202	旱地
4	22	王村	203	林地
5	33	周村	201	水田
6	11	赵家庄	203	林地
7	33	周村	203	林地

图 5-10　多边形叠置分析

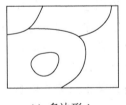 + 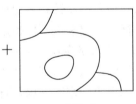 =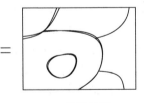

(a) 多边形 1　　　　　(b) 多边形 2　　　　　(c) 叠置结果

图 5-11　多边形叠置产生的细碎多边形

多边形叠置的结果常把一个多边形分割成多个多边形，根据新多边形属性分配方法的不同，多边形叠置可以分为合成叠置和统计叠置，合成叠置属性分配最典型的过程是将输入图层和叠置图层对象的属性复制到结果对象的属性表中，或者把输入图层和叠置图层对象的标识作为关键字，直接关联到独立的属性表。这种分配方法是假设对象内属性是均质的，将它们分割后属性不变。而统计叠置是采用多种统计方法为新多边形赋属性。

根据叠加结果要保留空间特征的要求不同，常用的 GIS 软件通常提供了三种类型的多边形叠加分析操作，即并、叠合、交，如图 5-12 所示。

并(Union)：保留两个叠加图层的空间图形和属性信息，往往输入图层的一个多边形被叠加图层中的多边形弧段分割成多个多边形，输出图层综合了两个图层的属性。

叠合(Identity)：以输入图层为界，保留边界内两个多边形的所有多边形，输入图层切割后的多边形也被赋予叠加图层的属性。

交(Intersect)：只保留两个图层公共部分的空间图形，并综合两个叠加图层的属性。

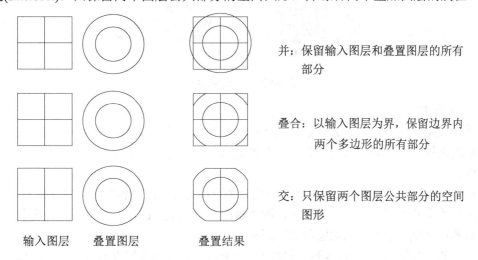

并：保留输入图层和叠置图层的所有部分

叠合：以输入图层为界，保留边界内两个多边形的所有部分

交：只保留两个图层公共部分的空间图形

输入图层　　　叠置图层　　　叠置结果

图 5-12　GIS 中多边形的不同叠置方式

5.4.2　栅格数据的叠置分析

栅格数据的叠置分析相对于矢量数据的叠置分析而言要简单得多，其叠加分析操作主要通过栅格之间的各种运算来实现。可以对单层数据进行各种数学运算如加、减、乘、除、指数、对数等，也可通过数学关系式建立多个数据层之间的关系模型。

1. 单层栅格数据分析

单层栅格数据分析是空间变换的方式之一。空间变换是对原始图层及其属性进行一系列的逻辑或代数运算，以产生新的具有特殊意义的地理图层及其属性的过程。单层栅格数据变换中常用的方法有布尔逻辑运算、重分类、特征参数运算、滤波运算及相似运算。

1) 布尔逻辑运算

栅格数据可以按其属性数据的布尔逻辑运算来检索，这是一个逻辑选择的过程。布尔逻辑为 AND、OR、XOR、NOT，如图 5-13 所示。布尔逻辑运算可以组合更多的属性作为检索条件，例如加上面积和形状等条件，以进行更复杂的逻辑选择运算。

例如，可以用条件：(A AND B) OR C 进行检索，其中 A 为土壤是黏性的，B 为 pH 值>7.0 的，C 为排水不良的。这样就可把栅格数据中土壤结构为黏性的、土壤 pH 值大于 7.0 的或者排水不良的区域检索出来。

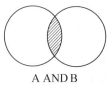

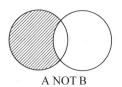

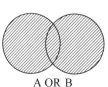

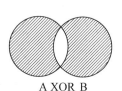

图 5-13　图形的布尔运算

2) 重分类

重分类是将属性数据的类别合并或转换成新类，即对原来数据中的多种属性类型按照一定的原则进行重新分类，以利于分析。在多数情况下，重分类都是将复杂的类型合并成简单的类型。

对于栅格数据结构，点、线状地物的重分类可以通过修改属性值来获得新的点、线地物，面状地物的重分类和点、线分类一样，简单地改变属性值并改变图例表现这一变化。例如，可以将各种土壤类型重分为水面和陆地两种类型。

对于矢量数据结构，点、线状地物的重分类可以通过修改属性值来实现，而面状地物的重分类则需要同时改变实体的几何形状和属性。首先删除要合并的多边形之间的分界线，再把两个多边形的属性值变为同一属性，如图 5-14 所示。

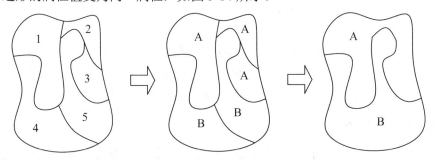

图 5-14　相邻接的同类多边形应去掉共同边界

3) 特征参数运算

对栅格数据可计算区域的周长、面积、重心，以及线的长度、点的坐标等。在栅格数据上量算面积有其独特的方便之处，只要对栅格进行计数，再乘以栅格的单位面积即可。

在栅格数据中计算距离时，距离有四方向距离、八方向距离、欧几里得距离等多种意义。四方向距离是通过水平或垂直的相邻像元来定义路径的；八方向距离是根据每个像元的八个相邻像元来定义的；在计算欧几里得距离时，需将连续的栅格线离散化后，再用欧几里得距离公式计算。

4) 滤波运算

对栅格数据的滤波运算是指通过一移动的窗口(如 3×3 的像元)，对整个栅格数据进行过滤处理，使窗口最中央的像元的新值定义为窗口中像元值的加权平均值。

栅格数据的滤波运算可以将破碎的地物合并和光滑化，以显示总的状态和趋势，也可以通过边缘增强和提取，获取区域的边界。

5) 相似运算

相似运算是指按某种相似性度量来搜索与给定物体相似的其他物体的运算。

2. 多层栅格数据的叠置分层

多层栅格数据的叠置分析是指将不同图幅或不同数据层的栅格数据叠置在一起，在叠置地图的相应位置上产生新的属性的分析方法。

多幅图叠置后的新属性可由原属性值的简单的加、减、乘、除、乘方等计算出，也可以取原属性值的平均值、最大值、最小值或原属性值之间逻辑运算的结果等，甚至可以由更复杂的方法计算出，如新属性的值不仅与对应的原属性有关，而且与原属性值所在的区域的长度、面积、形状等特性有关。设 a、b、c 等表示不同专题要素层上同一坐标处的属性值，f 函数表示各层上属性与用户需要之间的关系，A 表示叠加后输出层的属性值，则

$$A = f(a, b, c, \cdots) \tag{5-17}$$

基于不同的运算方式和叠加形式，栅格叠加变换包括如下几种类型。

1) 局部变换

每一个像元经过局部变换后的输出值与这个像元本身有关系，而不考虑围绕该像元的其他像元值。如果输入单层格网，局部变换以输入格网像元值的数学函数计算输出格网的每个像元值。多层格网的局部变换与把空间和属性结合起来的矢量地图叠加类似，但效率更高。多层格网可作更多的局部变换运算，输出栅格层的像元值可由多个输入栅格层的像元值或其频率的量测值得到，概要统计(包括最大值、最小值、值域、总和、平均值、中值、标准差)等也可用于栅格像元的测度，如图 5-15 所示。

局部变换是栅格数据分析的核心，对于要求数学运算的 GIS 项目非常有用，植被覆盖变化研究、土壤流失、土壤侵蚀以及其他生态环境问题都可以应用局部变换进行分析。

2	0	1	1
2	3	0	2
3		2	3
1	1		2

×

1	1	2	2
1	2	2	2
2	2	3	3
3	3	3	4

=

2	0	2	2
2	6	0	4
6		6	9
3	3		8

图 5-15 多层局部变换

2) 邻域变换

邻域变换输出栅格层的像元值主要与其相邻像元值有关。如果要计算某一像元的值，就将该像元看作一个中心点，一定范围内围绕它的格网可以看做它的辐射范围，这个中心点的值取决于采用何种计算方法将周围格网的值赋给中心点，其中的辐射范围可自定义。若输入栅格在进行邻域求和变换时定义了每个像元周围 3×3 个格网的辐射范围，在边缘处的像元无法获得标准的格网范围，辐射范围就减少为 2×3 个格网或 2×2 个格网，如图 5-16 所示。那么，输出栅格的像元值就等于它本身与辐射范围内栅格值之和。比如，左上角栅格的输出值就等于它和它周围像元值 2、0、2、3 之和 7；位于第二行、第二列的属性值为 3 的栅格，它周围相邻像元

值分别为2、0、1、0、2、0、3和2，则输出栅格层中该像元的值为以上9个数字之和13。

2	0	1	1
2	3	0	2
3		2	3
1	1		2

（邻域求和） =

7	8	7	4
10	13	12	9
10	12	13	9
5	7	8	7

图 5-16　邻域变换

中心点的值除了可以通过求和得出之外，还可以取平均值、标准方差、最大值、最小值、极差频率等。尽管邻域运算在单一格网中进行，其过程类似于多个格网局部变换，但邻域变换的各种运算都是使用所定义邻域的像元值，而不用不同的输入格网的像元值。为了完成一个栅格层的邻域运算，中心点像元是从一个像元移到另一个像元，直至所有像元都被访问。

邻域变换的一个重要用途是数据简化。例如，滑动平均法可用来减少输入栅格层中像元值的波动水平，该方法通常用 3×3 或 5×5 矩形作为邻域，随着邻域从一个中心像元移到另一个像元，计算出在邻域内的像元平均值并赋予该中心像元，滑动平均的输出栅格表示初始单元值的平滑化。另一例子是以种类为测度的邻域运算，列出在邻域之内有多少不同单元值，并把该数目赋予中心像元，这种方法用于表示输出栅格中植被类型或野生物种的种类。

3) 分带变换

分带变换是将同一区域内具有相同像元值的格网看做一个整体进行分析运算。区域内属性值相同的格网可能并不毗邻，一般都是通过一个分带栅格层来定义具有相同值的栅格。分带变换可对单层格网或两个格网进行处理，如果为单个输入栅格层，分带运算用于描述地带的几何形状，诸如面积、周长、厚度和矩心。面积为该地带内像元总数乘以像元大小，连续地带的周长就是其边界长度，由分离区域组成的地带，周长为每个区域的周长之和，厚度以每个地带内可画的最大圆的半径来计算，矩心决定了最近似于每个地带的椭圆形的参数，包括矩心、主轴和次轴，地带的这些几何形状测度在景观生态研究中尤为有用。

4) 全局变换

全局变换是基于区域内全部栅格的运算，一般指在同一网格内进行像元与像元之间距离的量测。自然距离量测运算或者欧几里得几何距离运算均属于全局变换，欧几里得几何距离运算分为两种情况：一种是以连续距离对源像元建立缓冲，在整个格网上建立一系列波状距离带，另一种是对格网中的每个像元确定与其最近的源像元的自然距离，这种方式在距离量测中比较常见。

欧几里得距离运算首先定义源像元，然后计算区域内各个像元到最近的源像元的距离。在方形网格中，垂直或水平方向相邻的像元之间距离等于像元的尺寸大小或者等于两个像元质心之间距离；如果对角线相邻，则像元距离约等于像元大小的 1.4 倍；如果相隔一个像元那么它们之间的距离就等于像元大小的 2 倍，其他像元距离依据行列来进行计算。图 5-17 中，输入栅格有两组源数据，源数据 1 是第一组，共有三个栅格；源数据 2 为第二组，只有一个栅格。欧几里得几何距离定义源像元为 0 值，而其他像元的输出值是到最近的源像元的距离。因此，如果默认像元大小为 1 个单位的话，输出栅格中的像元值就按照距离计算原则赋值为 0、1、1.4 或 2。

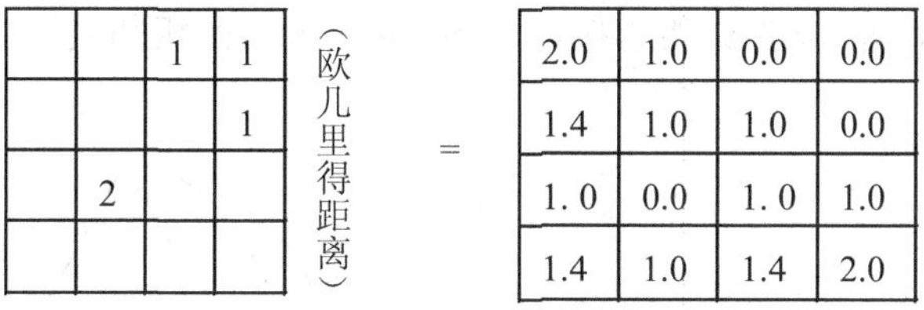

		1	1
			1
	2		

（欧几里得距离）　=

2.0	1.0	0.0	0.0
1.4	1.0	1.0	0.0
1.0	0.0	1.0	1.0
1.4	1.0	1.4	2.0

图 5-17　全局变换

5.5　网　络　分　析

网络是 GIS 中一类独特的数据实体，是由若干线状地物通过节点连接而形成的图或者网络图等表现形式，如交通道路网、供水网、排水管网等。网络分析是通过研究网络的状态以及模拟和分析资源在网络上的流动和分配情况，对网络结构及其资源等的优化问题进行研究的一种空间分析方法。例如，货物运输时最佳路径的选择，学校的选址，救灾物资的集散问题，等等。网络分析主要解决两大类问题，一类是研究由线状实体和点状实体组成的地理网络结构中，涉及优化路径的求解、连通分量求解等问题；一类是研究资源在网络系统中的分配与流动，主要包括资源分配范围或服务范围的确定、最大流与最小费用流等问题。

在 GIS 中网络分析研究是以图论和运筹学作为理论基础的，从数学的观点来看，GIS 中的网络可以被看作图，通过数学的方法来解决网络分析的问题。将与网络有关的实际问题抽象化、模型化、可操作化，根据网络元素的拓扑关系(线性实体之间、线性实体与节点之间、节点与节点之间的连结、连通关系)，通过考察网络元素的空间、属性数据，对网络的性能特征进行多方面的分析计算，制定系统的优化途径和方案，提供科学决策的依据，实现系统运行最优的目标。

5.5.1　图论基本概念

图论是一门很有实用价值的学科，现实世界中的很多问题(最佳路径问题、网络流问题、最佳匹配问题)都可以通过图的方式描述并求解。

图论中将图定义为一个偶对 $G = (V, E)$，其中 V 表示顶点的集合，E 表示边的集合。若顶点数与边数均为有限的图称为有限图。这里只讨论有限图。图 5-18 可表示为

$$V = \{v_1, v_2, v_3\}, \quad E = \{e_1, e_2, e_3, e_4, e_5\} \tag{5-18}$$

我们也可以用边的两个顶点来表示边。如 e 的顶点为 u 和 v，那么，e 可以写成 $e=(u,v)$。连接两个顶点间的边可能不止一条，如 e_1 和 e_2 都连接 v_1 和 v_2。连接同一顶点的边称为自圈，如 e_5。

图 5-18 中，图 G 的两个顶点是无序的，一般称其为无向图。当给图 G 的每一条边规定一个方向，则称为有向图，如图 5-19 所示。对于有向图 $G = (V, E)$，如果顶点 v 是边 e 的一个端点，则称边 e 和顶点 v 相关联，对于顶点 u 和 v，若它们分别是边 e 的起点和终点，则称 u 和 v 是邻接的，如果两条边有公共的顶点，则称这两条边是相邻的。图 5-19 中，e_3，e_4，

e_5 都与顶点 v_3 相关联，v_1，v_2，v_3 相邻接，边 e_1，e_2，e_4 两两相邻接。

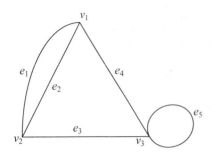

图 5-18　图的结构

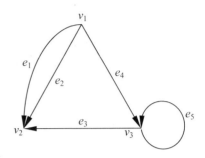

图 5-19　有向图

图 $G=(V,E)$ 中的一个顶点与边的交替序列 $\mu=v_0e_1v_1,v_1e_2v_2$，…，$v_{k-1}e_kv_k$，且边 e_i 的端点为 v_i 和 v_{i-1}，$i=1$，2，…，k，则称 μ 为一条道路。如果 μ 中的 $v_0=v_k$，则称 μ 为回路。图 5-18 中，$S=\{ v_1e_1v_2e_3v_3e_4 v_1\}$ 是一条回路，在有向图中，顺向的首尾相接的一串有向边的集合称为有向路。若 G 的两个顶点 u，v 之间存在一条道路，则称这 u，v 是连通的，若 G 的任意两个顶点连通，则称 G 的是连通的；否则是非连通的。非连通图可以分解为若干连通图。如果一个连通图中不存在任何回路，则称为树。

由树的定义可直接得出下列性质。

(1) 树中任意两节点之间至多只有一条边。

(2) 树中边数比节点数少 1。

(3) 树中任意去掉一条边，就变成不连通图。

(4) 树中任意添一条边，就会构成一个回路。

任意一个连通图，去掉一些边后形成的树叫作连通图的生成树，一个连通图的生成树可能不止一个。如图 5-20 所示，图(a)表示图 G，图(b)中是图 G 的两个生成树。

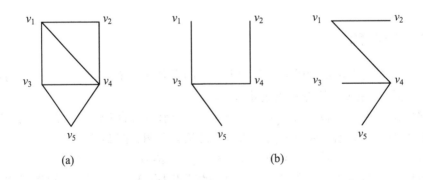

图 5-20　生成树

给定一个图 $G=(V,E)$，对图中的每一条边 (v_i,v_j) 赋权，称这种图为赋权图。赋以权数的有向图称为赋权有向图，也可称之为网络。赋权图在实际问题中非常有用，根据不同的实际情况，权数的含义可以各不相同。若一条边的权表示它的长度，一条道路的长度即为道路上所有边长度的和。

在用计算机来研究图的有关算法时，矩阵便成了研究图论的一种有效工具。

对于图 $G=(V,E)$，构造一矩阵

$$A = (a_{ij})_{n \times n} \qquad (5\text{-}19)$$

其中

$$n = |V|$$
$$a_{ij} = \begin{cases} 1, & (v_i, v_j) \in E; \\ 0, & \text{其他} \end{cases}$$

则称矩阵 A 为图 G 的邻接矩阵。

若图 $G=(V,E)$ 是有向图，其中 $V=\{v_1, v_2, \cdots, v_n\}$，$E=\{e_1, e_2, \cdots, e_m\}$。

令：

$$B = (b_{ij})_{n \times m}, \qquad (5\text{-}20)$$

其中

$$b_{ij} = \begin{cases} 1, & (v_i, v_j) = e_j \in E; \\ -1, & (v_i, v_j) = e_j \in E; \\ 0, & \text{其他} \end{cases}$$

则称矩阵 B 为图 G 的关联矩阵。

如图 5-21 所示，有向图(a)与其对应的邻接(b)和关联矩阵(c)。

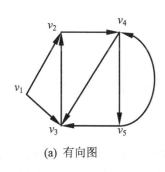

$$\begin{vmatrix} 0 & 1 & 1 & 0 & 0 \\ 0 & 0 & 0 & 1 & 0 \\ 0 & 1 & 0 & 0 & 0 \\ 0 & 0 & 1 & 0 & 1 \\ 0 & 0 & 1 & 1 & 0 \end{vmatrix} \qquad \begin{vmatrix} 1 & 1 & 0 & 0 & 0 & 0 & 0 & 0 \\ -1 & 0 & 1 & -1 & 0 & 0 & 0 & 0 \\ 0 & -1 & 0 & 1 & -1 & 0 & -1 & 0 \\ 0 & 0 & -1 & 0 & 1 & 1 & 0 & -1 \\ 0 & 0 & 0 & 0 & 0 & -1 & 1 & 1 \end{vmatrix}$$

(a) 有向图　　　　　　　(b) 邻接矩阵　　　　　　　(c) 关联矩阵

图 5-21　有向图及矩阵表示

5.5.2　网络数据结构

网络数据模型是现实世界网络系统(如交通网、通信网、自来水管网、煤气管网等)的抽象表示。它由一些最基本的要素构成如图 5-22 所示。

1. 网络的组成要素

1) 链

连接两个节点的弧段，是网络的骨架，是资源传输和通信联络的通道。可以是现实世界道路、街道、管线、河流的抽象。链的属性信息包括阻碍强度和资源需求量。

2) 节点

网络中链与链的交点，它既是网络的端点，又是网线的汇合点。可以表示交叉路口、中转站、河流汇合点等。可以有如下类型。

(1) 障碍。阻断资源在网络中的链上流动的点。

(2) 拐点。出现在网络链中的分割节点上，状态属性有阻碍强度，如道路网中某些交叉路口不允许右转。

(3) 中心。网络中进行资源分配或聚集的地点的节点，具有一定的容量。如水库、商业中心、电站、学校等。其状态属性包括资源容量、阻碍强度。

(4) 站点。在网络路径中资源增减的节点。如邮件投放点、公交站点等。状态属性包括阻碍强度和资源需求量。

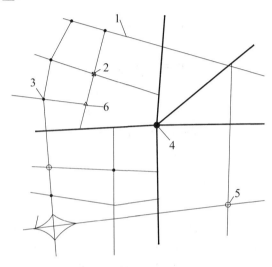

图 5-22　网络构成要素

基本要素：1 — 链；2 — 障碍；3 — 节点；4 — 中心；5 — 站点；6 — 拐点

2. 属性信息

网络的组成要素都是用图层要素的形式表示的，需要建立要素间的拓扑关系，包括节点-弧段关系和弧段-节点关系，并用一系列的相关属性来描述。这些属性是网络的组成部分，一般以表格的形式存储在 GIS 的数据库中，以便构造网络模型和网络分析。这些属性主要包括以下三种。

1) 阻碍强度

阻碍强度是指资源在网络中流动时所受阻力的大小，如花费的时间和费用等。它是描述链和拐点时所具有的属性。

链的阻碍强度是指在通过一条链时所需要花费的时间或者费用等，如资源流动的时间、速度。链是有方向的，当资源沿着网络中的不同方向流动时所受到的阻碍强度可能相同，也可能不同。拐点的阻碍强度描述资源从在一条链向另一条链发生方向改变是受到的阻力的大小。如果阻碍强度值为负数，则表示资源禁止流向特定的弧段。

2) 资源需求量

资源需求量是指网络中与弧段或停靠点相联系的资源的数量。

链的资源需求量是指沿着网络链可以收集到的或者可以分配给一个中心的资源总量。网络中不同的链有不同的需求量，但一条链上只有一个资源需求量。站的资源需求量，如产品数量、学生数、乘客数等。站的需求量为正值时，表示在该站上增加资源；若为负值，则表示在该站上减少资源。

3) 资源容量

资源容量指网络中心为了满足个弧段的需求，所能容纳或提供的资源总量。如学校所能容纳的学生数，水库的总容量，停车场所能停放的车辆数，等。资源容量决定了为中心服务的弧段的数量，分配给一个中心的弧段的资源需求量总和不能超过该中心的资源容量。

5.5.3　网络分析功能

GIS 中常用的网络分析功能有以下几种。

1. 路径分析

路径分析是 GIS 中最基本的功能，其核心是最佳路径分析，最佳路径的求解是在指定网络的两个节点之间找一条阻碍强度最小的路径。这里的"阻碍强度最小"可以有多种理解，如消耗时间最短、总里程数最小、路况最佳或费用最少等。为了进行网络路径分析，需要将网络转换成加权有向图，即给网络中的弧段赋以权值，权值根据约束条件而确定。若一条弧段的权表示起始节点和终止节点之间的长度，那么任意两节点间的一条路径的长度即为这条路径上所有边的长度之和。最短路径问题就是在两节点之间的所有路径中，寻求长度最小的路径，这样的路径称为两节点间的最短路径。最短路径的算法很多，其中，戴克斯图拉(Dijkstra)算法是目前公认的求解最短路径问题的最佳算法。

定义 $G=(V, E)$，定义集合 S 存放已经找到最短路径的顶点，集合 T 存放当前还未找到最短路径的顶点，即有 $T=V-S$ 。

Dijkstra 算法描述如下。

(1) 假设用带权的邻接矩阵 Cost 来表示带权有向图，Cost[i, j]表示弧(V_i, V_j)上的权值。若(V_i, V_j)不存在则置 Cost[i, j]$=\infty$，如图 5-23 所示是某有向图及其邻接矩阵。S 为已经找到的从 V_s 出发的最短路径的终点集合，它初始化为空集。那么，从 V_s 出发到图上其余各顶点(终点)V_i 可能达到的最短路径长度的初值为：$D[i]=$ Cost[s, i]，　$V_i \in V$ 。

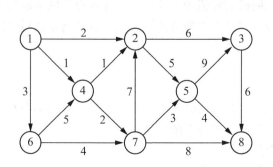

图 5-23　带权有向图及邻接矩阵

(2) 选择 V_j，使得 $D[j]=\mathrm{Min}\{D[i]|V_i\in V-S\}$，$V_j$ 就是当前求得的一条从 V_s 出发的最短路径的终点，令 $S=S\cup\{V_j\}$。

(3) 修改从 V_s 出发到集 $V-S$ 上任一顶点 V_k 可达的最短路径长度。如果 $D[j]+\mathrm{Cost}[j,k]<D[k]$ 则修改 $D[k]$ 为 $D[k]=D[j]+\mathrm{Cost}[j,k]$。

(4) 重复操作步骤(2)、(3)共 $n-1$ 次。由此求得从 V_s 到图上其余各顶点的最短路径。

通过 Dijkstra 算法可求解图 5-23 中，1 到 8 的最短路径为 {1，4，7，5，8}，长度为 10。

上述算法给出了网络中给定点到其他各点的最短路径，下面介绍一种通过矩阵计算来求解网络中任意两点间最短路径的方法。

假设 $D=(d_{i,j})_{n\times n}$ 是带权无向图的邻接矩阵，即 $d_{i,j}$ 表示 v_iv_j 的边的长度，但若 v_i 与 v_j 无边连接时，$d_{i,j}=\infty$。

则
$$D^{[2]}=D\otimes D(d_{i,j}{}^{[2]})_{n\times n},\tag{5-21}$$
其中 $d_{i,j}=\min\{d_{i1}+d_{1j},d_{i2}+d_{2j},\cdots,d_{ik}+d_{kj}\}$。

故 $d_{i,j}{}^{[2]}$ 表示从 v_i 到 v_j 两步可到的道路中距离最短者。

同理可知，$D^{[k]}=(d_{i,j}{}^{[k]})_{n\times n}$ 中 $d_{i,j}{}^{[k]}$ 表示从节点 i 最多经过 $k-1$ 个中间点到节点 j 的所有路径中长度最短的那条路径。

于是矩阵
$$S=D\oplus D^{[2]}\oplus\cdots\oplus D^{[n]}=(s_{i,j})_{n\times n}\tag{5-22}$$
其中 $s_{i,j}$ 是然后比较 $D,D^{[2]},\cdots,D^{[n]}$ 中最小的一项。

最终得到的 S 为图的最短距离矩阵。

2. 连通性分析

在现实生活中，常有类似在多个城市间建立通信线路的问题，即在地理网络中从某一点出发能够到达的全部节点或边有哪些，如何选择对于用户来说成本最小的线路，即连通分析所要解决的问题。例如，当灾害发生时，救援指挥中心需要知道救援物资能否从集散点出发送达到每个受灾居民点，如果有若干居民点与物资集散点不在一个连通分量内，指挥中心就得采取其他方式救援。连通分析的求解过程实质上是对应的图的生成树的求解过程，其中研究最多的是最小生成树问题，即在图的所有生成树中，求解所有边的权相加后权数最小的生成树。

要解决在多个城市间建立通信线路的问题，这个问题可以用图的形式来表示。图中的顶点表示城市，边表示两城市间的线路，边上所赋的权值表示代价。对 n 顶点的图可以建立许多生成树，每一棵树可以是一个通信网。若要求出成本最低的通信网，这个问题就转化为求一个带权连通图的最小生成树问题。

求解最小生成树的步骤如下。

(1) 先任取一支撑树。

(2) 对于该支撑树，若加上一条余树的边，立即形成一个回路。如果这个回路中有一条边比加上的边要长，则以所加的边取代较长的边，形成新的树。

这样一直进行下去直到不出现这种情况为止。

求解最小生成树最著名的有 Kruskal 算法和 Prim 算法。

克罗斯克尔(Kruskal)算法是 1956 年提出的，俗称"避圈法"。设图 G 的顶点树为 n，边数为 m，则构造最小生成树的步骤如下：

(1) 先把赋权图 G 中的各边按权数的递增顺序排列：

$$e_1 < e_2 < \cdots < e_n \qquad (5\text{-}23)$$

先取进 e_1 边，即 $T \leftarrow \{ e_1 \}$。

(2) 检查 e_2 边，如果 e_1 和 e_2 边不构成回路，则取进 e_2 边，即 $T \leftarrow T \cup \{ e_2 \}$；否则放弃。

(3) 重复步骤(2)，直到有 $n{-}1$ 条边被选进 T 中，这 $n{-}1$ 条边就是图 G 的最小生成树。如图 5-24 所示，图(a)为赋权图，图(b)、(c)为所形成的最小生成树。

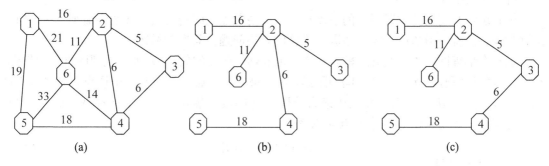

图 5-24　带权有向图及最小生成树

Kruskal 算法要求将图的边按权的大小从小到大排列。Prim 算法则不需要，它的基本思想是：从某一点开始，设为 v_1，则做 $S \leftarrow \{ v_1 \}$。求 $V \setminus S$ 中的点与 S 中点间距离最小者。设为 $\{v_k, v_j\}$，其中 $v_k \in S$，$v_j \in S \backslash V$，则将 $\{v_k, v_j\}$ 边收入数 T 中，且 v_j 进入 S，依次反复进行，直到 n 个顶点用 $n{-}1$ 条边接起来为止。

3. 资源分配

资源分配的问题就是优化配置网络资源，其目的是对若干网络中心进行优化，划定每个网络中心的服务范围，将网络的每个连通链和节点都分配给某个中心，使该中心所覆盖范围内的每个节点到中心的总的加权值最小，或者把中心的资源分配给每个链以满足需求。资源的分配能为城市中的每一条街道上的学生确定最近的学校，为水库提供供水区等。

资源分配的网络模型由中心点(分配中心或收集中心)及其属性和网络构成。资源分配就是模拟资源如何在中心(学校、消防站、水库等)和周围的网线(街道、水路等)、节点(交叉路口、汽车中转站等)间流动的。资源流动的方式有两种，一种是由分配中心向四周输出，一种是由四周向中心集中。具体地说就是根据中心容量及网络和节点的需求将网络和节点分配给中心，分配是沿着最佳路径进行的。当网络元素被分配给某个中心后，该中心拥有的资源量就依据网络元素的需求而减少，当资源耗尽是分配停止。

考虑这样一个问题，一个学校要依据就近入学的原则来决定应该接收附近哪些街道的学生。对于这个问题，可转化为节点分配问题，即以一个节点为中心，寻找离这个节点最近的一定数目的节点。其具体解决方法是，把每个适龄儿童作为一个节点，把学校作为一个中心节点，通过寻找离中心节点最近的一定数目的节点来实现资源分配问题。用户还可以赋给中心阻碍值来控制分配的范围，例如要求学生到校的时间不超过 15 分钟。则学校的阻值是 15 分钟。这样，当中心延伸出去的路径的阻碍值达到这一限制值时分配停止，即使中心资源还有剩余。

4．选址问题

选址功能涉及在某一指定区域内选择服务性设施的位置，如确定市郊商店区、消防站点、工厂、飞机场、仓库等的最佳位置。网络分析中的选址问题一般限定设施必须位于某个节点或位于某条网线上，或限定在若干候选地点中选择位置。选址问题可以分为求网络中的中心点和中位点的问题。

1）中心点选址

中心选址是使最佳位置所在的节点与图中其他节点之间的最大距离达到最小。这类问题适宜学校、医院、消防站点等一些服务设施的布局问题。其数学描述如下：

设一个地理网络 $G =(V, E)$，其中 V 表示地理网络节点的集合，E 表示地理网络边的集合。令 $d(i, j)$ 表示从顶点 i 到顶点 j 之间的距离，对于每一个节点 v_i，它与各个顶点之间最短路径为 d_{i1}，d_{i2}，$\cdots$，d_{im}。这几个距离中最大数称为 v_i 的最大服务距离，记为 $e(v_i)$。那么，中心点选择问题，就是求图 G 的中心点 v_{i0} 使得

$$e(v_{i0})=\min\{e(v_i)\} \tag{5-24}$$

2）中位点选址

中位选址是使最佳位置所在的节点与图中其他节点之间的距离达总和到最小。例如超市确定一个配货中心，使得中心到超市各分店的距离最短。其数学描述如下：

设一个地理网络 $G =(V, E)$，其中 V 表示地理网络节点的集合，E 表示地理网络边的集合。令 $d(i, j)$ 表示从顶点 i 到顶点 j 之间的距离，对于每一个节点 v_i，有一个正的负荷 $a(v_i)$，它与各个顶点之间最短路径为 d_{i1}，d_{i2}，$\cdots$，d_{im}，那么，中位点选择问题，就是求图 G 的中心点 v_{i0} 使得

$$S(v_{i0}) = \min S(v_i) = \min\{\sum_{j=1}^{n} a(v_j)d_{ij}\} \tag{5-25}$$

5.6　数字地形模型与地形分析

5.6.1　DTM 与 DEM

数字地形模型(Digital Terrain Model，DTM)，是在空间数据库中存储并管理的空间地形数据集合的统称。是带有空间位置特征和地形属性特征的数字描述。它是建立不同层次的资源与环境信息系统不可缺少的组成部分。最初是为了高速公路的自动选线提出来的。此后广泛地应用在多种领域，如农、林、牧、水利、交通、军事等领域。

数字高程模型(Digital Elevation Models，DEM)和数字地形模型是目前 GIS 进行三维分析的主要手段。数字地形模型是地形表面形态属性信息的数字表达，是带有空间位置特征和地形属性特征的数字描述。数字地形模型中地形属性为高程时称为数字高程模型，数字高程模型是数字地面模型的一种特例。与 DTM 不同的是，DEM 的地面特征是高程值 Z，而不是描述土壤类型、植被类型和土地利用情况等其他属性值。在传统的 GIS 中，人们在二维的地理空间上描述并分析地理特性的空间分布，而地理实质是三维的，所以数字高程模型的建立是

一个必要的补充。DEM 通常用地表规则网格单元构成的高程矩阵表示，广义的 DEM 还包括等高线、三角网等所有表达地面高程的数字表示。

大多数数字地形采用 DTM 生成，DTM 数据由在规则网格地形图上采样所得的高程值构成，与飞机或卫星上所拍摄的遥感纹理数据相对应，这些纹理在重构地形表面时被映射到相应的部位。DEM 是一定区域范围内规则格网点的平面及高程坐标的数据集，它从数学上描述了该区域地貌形态的空间分布。通过数字高程模型，可以方便地得到有关区域内任一点的地形情况，并用来计算高程、区域面积、土方量及划分土地、绘制流水线图等。因此，数字高程模型广泛地应用于公路 CAD、城市规划及机场、水利、军事等 GIS 中。在 GIS 中，DEM 是建立 DTM 的基础数据，其他的地形要素可由 DEM 直接或间接导出，称为"派生数据"，如坡度、坡向等。

5.6.2　DEM 的主数据模型

规则格网、不规则三角网和等高线模型是模拟地形表面常用的方法。

1．规则格网

规则格网是用一组大小相同的网格描述地形表面。它将区域空间切分为规则的格网单元，每个格网单元对应一个数值。数学上可以表示为一个矩阵，在计算机实现中则是一个二维数组。Grid 能充分表现高程的细节变化，拓扑关系简单，算法容易实现，某些空间操作及存储方便，因此以栅格为基础的 GIS 中的高程矩阵已经成为 DEM 最通用的方式。但在地形简单的区域会存在大量的数据冗余，增加了存储空间，不规则的地面特征与规则的数据表示之间存在不协调，对于某些计算如视线计算过分依赖格网轴线。目前，实际应用中常采用先进采样法(Progressive Sampling)解决采样过程中产生的冗余数据问题。先进采样法就是通过遥感立体像对，根据视差模型，自动选配左右影像的同名点，建立数字高程模型。在产生 DEM 数据时，地形变化复杂的地区增加网格数量(提高分辨率)，而在地形起伏不大的地区则减少网格数量(降低分辨率)。

对于 Grid 的生成有两种不同的解释。①认为该格网单元的数值是其中所有点的高程值，即格网单元对应的地面面积内高程是均一的高度，这种数字高程模型是一个不连续的函数。②认为该网格单元的数值是网格中心点的高程或该网格单元的平均高程值，这样就需要用一种插值方法来计算每个点的高程。常用的 Grid 生成算法包括：反距离权重插值(IDW)、双线性插值、趋势面插值、样条插值、多层叠加插值面函数及克里格(Kriging)插值等，具体内容将在下节详细讲解。

2．不规则三角网

不规则三角网(Triangulated Irregular Network，TIN)是由分散的地形点按照一定的规则(如 Delaunay 规则)构成的一系列不相交的三角形，三角面的形状和大小取决于不规则分布的观测点的密度和位置。它可以随地形起伏变化的复杂性而改变采样点的密度和决定采样点的位置，因而能够避免地形平坦时的数据冗余，又能按地形特征点如山脊、山谷线、地形变化线等表示数字高程特征。TIN 实现三维地形的显示过程就是确定哪三个点构成一个最佳三角形，并使每个离散点都成为三角形的顶点。在不同分辨率情况下，可以采用不同的分解内插方法进行 TIN 的动态生成，如图 5-25 所示。

(a) 三分三角形法　　　　　　　　(b) 四分三角形法

图 5-25　两种动态生成 TIN 的方法

TIN 的优点是存储高效，数据结构简单，与不规则的地面特征和谐一致，可以表示细微特征或叠加任意形状的区域边界。在 TIN 利用原始采样点进行地形表面的重建时，可根据不同地形选取合适的采样点数，即当表面粗糙或变化剧烈时，TIN 能包含大量的数据点，而当表面相对单一时，在同样大小的区域，TIN 只需少量的数据点。TIN 的数据存储方式比 Grid 要复杂，它不仅要存储每个点的高程，还要存储其平面坐标、节点连接的拓扑关系、三角形及邻接三角形等关系，数据量大，不便于规范化管理与动态显示，难以与矢量和栅格数据结构进行联合分析。

3．等高线模型

表示地形最常用的一种方式是等高线，等高线模型表示高程，高程值的集合是已知的，每一条等高线对应一个已知的高程值，这样一系列等高线集合和它们的高程值一起就构成了一种地面高程模型。由于现在的地图大多都绘制有等高线，这些地图便是数字地面模型的数据源。虽然用扫描仪在这些地图上自动获得 DEM 数据的方面的工作已经取得了很大的进展，但是数字化现有等高线得到的 DEM 质量较差，于是出现了等高线内插生成高程矩阵的计算方法。

5.6.3　DEM 模型的相互转化

1．格网 DEM 转成 TIN

格网 DEM 转成 TIN 可以看做一种由规则分布的采样点生成 TIN 的特例，目的是尽量减少 TIN 的顶点数目，同时尽可能多地保留地形信息，如山峰、山脊、谷底和坡度突变处。规则格网 DEM 可以简单地生成一个精细的规则三角网，针对它有许多算法，多数算法都有两个重要的特征，一是筛选要保留或丢弃的格网点，二是判断停止筛选的条件。其中，保留重要点法和启发丢弃法是两个代表性的算法。

保留重要点法是一种保留规则格网 DEM 中的重要点来构造 TIN 的方法。它通过比较计算格网点的重要性，保留重要的格网点。重要点(Very Important Point，VIP)通过 3×3 模板来确定，根据八邻点的高程值决定模板中心是否为重要点。格网点的重要性是通过它的高程值与八邻点高程的内插值进行比较得到，当差分超过某个阈值时，格网点被保留下来，被保留的点作为三角网顶点生成 Delaunay 三角网。

启发丢弃法(Drop Heuristic，DH)将重要点的选择作为一个优化问题进行处理。算法是给定一个格网 DEM 和转换后 TIN 中节点的数量限制，寻求一个 TIN 与规则格网 DEM 的最佳拟合。一般先输入整个格网 DEM，迭代进行计算，逐渐将那些不太重要的点删除，处理过程直到满足数量限制条件或满足一定精度为止。

2. 等高线转成格网 DEM

等高线是表示地形最常见的线模式。由于现有地图大多数都绘有等高线,这些地图便是数字高程模型的现成数据源,可以将纸制等高线图扫描后,自动获取 DEM 数据。但数字化的等高线不适合于计算坡度或制作地貌渲染图等地形分析,因此,必须把数字化等高线转为格网高程矩阵。

使用局部插值算法,如距离倒数加权平均法或克里格插值算法,可以将数字化等高线数据转为规则格网的 DEM 数据,但插值的结果往往会出现一些令人不满意的结果,而且数字化等高线时越小心,采样点越多,效果越差。问题在于估计未知格网点的高程要在一个半径范围内搜索落在其中的已知点数据,再计算它的加权平均值。如果搜索到的点都具有相同的高程,那待插值点的高程也同为此高程值,结果导致在每条等高线周围的狭长区域内具有与等高线相同的高程,出现了"阶梯"地形。以这样带有"阶梯"地形的 DEM 为基础,计算坡度往往会出现不自然的条斑状分布模式,最好的解决方法是使用针对等高线插值的专用方法。如果没有合适的方法,最好把等高线数据点减少到最少,增加标识山峰、山脊、谷底和坡度突变的数据点,同时使用一个较大的搜索窗口。

3. TIN 转成格网 DEM

TIN 转成格网 DEM 可以看做普通的不规则点生成格网 DEM 的过程。具体方法是按要求的分辨率大小和方向生成规则格网,对每一个格网搜索最近的 TIN 数据点,由线性或非线性插值函数计算格网点高程。

5.6.4　数字地形分析

1. 基于信息提取

1) 坡度和坡向

坡度(Slop)和坡向(Aspect)是描述表面特征的重要参数。坡度是地面特定区域高度变化比率的量度,从数学上将其定义为地表曲面函数在该点的切平面与水平面夹角的正切值。坡向是斜坡方向的量度,数学上定义为地表上一点的切平面法线矢量在水平面上的投影与正北方向的夹角(见图 5-26)。坡度可以表示为度数和百分数两种形式,度数是垂直距离与水平距离比率的反正切,坡度百分数为垂直距离与水平距离比率的 100 倍。坡度值越小,地形越平坦;坡度值越大,地形越陡峭。坡向是指 Grid 或 TIN 中每个像素面的朝向,以度为单位,按顺时针方向从 0°(正北方向)到 360°(重新回到正北方)。

坡度计算公式:

$$\text{slope} = \arctan\sqrt{f_x^2 + f_y^2} \tag{5-26}$$

坡向计算公式:

$$\text{aspect} = \arctan\left(-\frac{f_y}{f_x}\right) \tag{5-27}$$

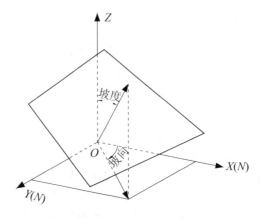

图5-26 坡度坡向示意图

坡度和坡向的计算方法大都采用3×3移动窗口估算中心点单元的坡度和坡向，区别是用于估算的邻接单元数和每个单元的权重不同。

e_7	e_8	e_9
e_4	e_5	e_6
e_1	e_2	e_3

图5-27 三阶平方权算法

如果采用三阶反距离平方权算术计算坡度和坡向，则要使用八个邻接单元，并且对四个直接邻接单元赋予权重值为2，而四个角落单元的权重值为1。其算法如图5-27所示。

则中心点处南北和东西方向的坡度公式如下：

$$f_x = [e_7 - e_1 + 2(e_8 - e_2) + e_9 - e_3]/8d$$
$$f_y = [e_3 - e_1 + 2(e_6 - e_4) + e_9 - e_7]/8d$$

(5-28)

2) 地面曲率

地面曲率是对地形表面一点的扭曲变化程度的定量化度量因子，地面曲率在垂直和水平两个方向上的分量称为平面曲率和剖面曲率。剖面曲率是对地面坡度沿着最大坡度方向的估算值，平面曲率是与最大坡度方向呈直角方向的估算值。曲率则是以上两者的差值，即曲率=剖面曲率−平面曲率。若单元曲率为正值代表该单元表面向上凸出，为负值代表表面下凹，为0代表表面为平面。

计算公式如下：

剖面曲率：

$$rve = -\frac{f_{xx}f_x^2 + 2f_{xy}f_xf_y + f_{yy}f_y^2}{(f_x^2 + f_y^2)(f_x^2 + f_y^2 + 1)^{\frac{3}{2}}}$$

(5-29)

平面曲率：

$$turve = -\frac{f_{yy}f_x^2 - 2f_{xy}f_xf_y + f_{xx}f_y^2}{(f_x^2 + f_y^2)^{\frac{3}{2}}}$$

(5-30)

3) 地表粗糙度计算

地面粗糙度是指在一个特定的区域内，地球表面积与其投影面积之比。它也是反映地表形态的一个宏观指标。但根据这种定义，对光滑和倾角相同的斜面求出的粗糙度，显然不妥当。实际应用中，用格网角点空间对角线中点 D 来表示地表粗糙度(见图5-28)，D 值越大，说明四个角点的地表起伏越大。计算公式为

$$R_{i,j} = D = \left| \frac{z_{i+1,j+1} + z_{i,j}}{2} - \frac{z_{i,j+1} + z_{i+1,j}}{2} \right|$$

$$= \frac{1}{2} \left| z_{i+1,j+1} + z_{i,j} - z_{i,j+1} - z_{i+1,j} \right| \tag{5-31}$$

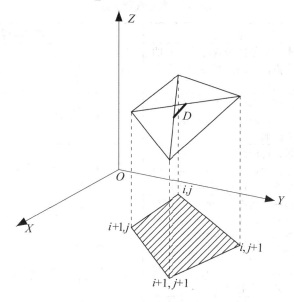

图 5-28　地表粗糙度计算

4) 高程变异分析

高程变异分析包括平均高程、相对高程、高差标准差和高程变异的计算。

平均高程通常以格网的 4 个顶点的 $P_k(k=1,2,3,4)$ 的高程平均值为该格网单元的，即

$$\bar{z} = \frac{1}{4} \sum_{k=1}^{4} z(P_k) \tag{5-32}$$

相对高程以格网的平均与研究区域某一最低点高程之差定义，即

$$D_z = \bar{z} - z_{\min} \tag{5-33}$$

高程变异为格网顶点的高程标准差与平均高程的比值，即

$$\left. \begin{array}{l} S = \sqrt{\dfrac{1}{4} \sum_{k=1}^{4} (z_{Pk} - \bar{z})^2} \\ V = S / \bar{z} \end{array} \right\} \tag{5-34}$$

2. 地形特征提取

特征地形要素，主要是指对地形在地表的空间分布特征具有控制作用的点、线或面状要素。特征地形要素构成地表地形与起伏变化的基本框架。与地形指标的提取主要采用小范围的领域分析不同的是，特征地形要素的提取更多地应用较为复杂的技术方法，如山谷线、山脊线、沟沿线等的提取采用了全局分析法(Global Process)，成为栅格地学分析中很具特色的数据处理内容。

特征地形要素从表示的内容上可分为地形特征点和特征线两大类。地形特征点主要包括

山顶点(Peak)、凹陷点(Pit)、脊点(Ridge)、谷点(Channel)、鞍点(Pass)、平地点(Plane)等。利用 DEM 提取地形特征点，可通过一个 3×3 或更大的栅格窗口，通过中心格网点与八个邻域格网点的高程关系来进行判断会获取，如表 5-1 所示。

表 5-1　邻域高程关系表

名　称	定　义	邻域高程关系
山顶点(Peak)	是指在局部区域内海拔高程的极大点，表现为在各个方向上都为凸起	$\dfrac{\partial^2 z}{\partial x^2} < 0$，$\dfrac{\partial^2 z}{\partial y^2} < 0$
凹陷点(Pit)	是指在局部区域内海拔高程的极小点，表现为在各个方向上都为凹陷	$\dfrac{\partial^2 z}{\partial x^2} > 0$，$\dfrac{\partial^2 z}{\partial y^2} > 0$
脊点(Ridge)	是指在两凸起，一个相互正交的方向上，一个方向凸起，另一个方向没有凹凸变化的点	$\dfrac{\partial^2 z}{\partial x^2} < 0, \dfrac{\partial^2 z}{\partial y^2} = 0$ 或 $\dfrac{\partial^2 z}{\partial x^2} = 0, \dfrac{\partial^2 z}{\partial y^2} < 0$
谷点(Channel)	是指在两凸起，一个相互正交的方向上，一个方向凹陷，另一个方向没有凹凸变化的点	$\dfrac{\partial^2 z}{\partial x^2} > 0, \dfrac{\partial^2 z}{\partial y^2} = 0$ 或 $\dfrac{\partial^2 z}{\partial x^2} = 0, \dfrac{\partial^2 z}{\partial y^2} > 0$
鞍点(Pass)	是指在两凸起，一个相互正交的方向上，一个方向凸起，另一个方向凹陷的点	$\dfrac{\partial^2 z}{\partial x^2} < 0, \dfrac{\partial^2 z}{\partial y^2} > 0$ 或 $\dfrac{\partial^2 z}{\partial x^2} > 0, \dfrac{\partial^2 z}{\partial y^2} < 0$
平地点(Plane)	指在局部区域内各个方向上都没有凹凸性变化的点	$\dfrac{\partial^2 z}{\partial x^2} = 0, \dfrac{\partial^2 z}{\partial y^2} = 0$

3. 基于 DEM 的可视化分析

1) 剖面分析

在三维可视化系统中，经常涉及剖面的应用，如在三维漫游的过程中任意切割两个剖面来计算两个剖面之间的库容等。剖面是一个假想的垂直于海拔零平面的平面与地形表面相交，并延伸于地表与海拔零平面之间的部分。研究地形剖面，常常可以以线代面，用于分析区域的地貌形态、轮廓形状、地势变化、地质构造和地表切割强度等。

剖面图的绘制是在 DEM 格网上进行的。已知两点 A 和 B，求这两点的剖面图的过程是：首先内插出 A、B 两点的高程值；然后求出 AB 连线与 DEM 格网的所有交点，插值出各交点的坐标和高程，并将交点按离起始点的距离进行排序；最后选择一定的垂直比例尺和水平比例尺，以各点的高程为纵坐标，距起始点的距离为横坐标绘制剖面图。图 5-29 是 DEM 及其剖面图。

2) 通视分析

通视分析是以某一点为观察点，研究某一区域通视情况的地形分析，属于对地形进行最优化处理的范畴，通视功能的实现是指一个视点在多个方向上的可见性。它的算法原理是从 DEM 中的某个像素向周围像素发出一系列射线，并计算从视点 A 到周围每个像素 X 的坡度角，若此坡度角大于已有坡度角中的最大角，则像素 X 是可见的，否则不可见。通视分析有着广泛的应用背景，例如铺架通信线路、电视台发射站和航海导航设置等。

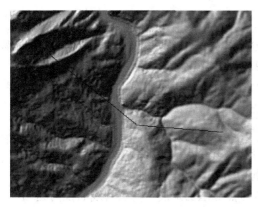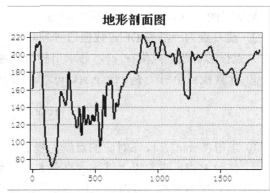

图 5-29　DEM 及其剖面图

一般来说，通视问题可以概括为五类：①已知一个或一组观察点，找出某一地形的可见区域；②欲观察到某一区域的全部地形表面，计算最少观察点数量；③在观察点数量一定的前提下，计算能获得的最大观察区域；④以最小代价建造观察塔，要求全部区域可见；⑤在给定建造代价的前提下，求最大可见区。

根据问题输出维数的不同，通视可分为点的通视、线的通视和面的通视。点的通视是指计算视点与待判定点之间的可见性问题；线的通视是指已知视点，计算视点的视野问题；区域的通视是指已知视点，计算视点可视的地形表面区域集合的问题。

(1) 点对点通视。基于格网 DEM 的通视问题比较复杂，可以将格网点作为计算单位，这样点对点的通视问题就简化为离散空间直线与某一地形剖面线的相交问题，如图 5-30 所示。

已知视点 V 的坐标为 (x_0, y_0, z_0)，以及判断的 P 点的坐标 (x_1, y_1, z_1)。

① 求出视线在水平面上的投影与格网单元的交点，生成 V 到 P 的投影直线点集 $\{x, y\}$，并得到直线点集 $\{x, y\}$ 对应的高程数据 $\{Z[k], (k=1,2,\cdots, K-1)\}$，$K$ 为交点个数。这样形成 V 到 P 的 DEM 剖面曲线。

② 以 V 到 P 的投影直线为 x 轴，V 的投影点为原点，求出视线在 x-z 坐标系的直线方程。

$$H[k] = \frac{Z_p - Z_v}{K} \cdot k + Z_p \quad (0<k<K) \tag{5-35}$$

③ 比较数组 $H[k]$ 与数组 $Z[k]$ 中对应元素的值，如果 $\forall k, k \in [1, K-1]$ 存在 $Z[k] > H[k]$，则 V 与 P 不可见，否则可见。

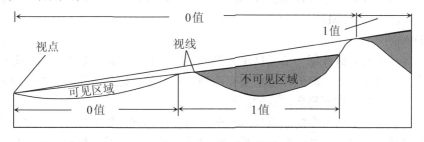

图 5-30　通视分析图

(2) 点对线通视。点对线的通视，实际上就是求点的视野。值得注意的是，对于视野线之外的任何一个地形表面上的点都是不可见的，但在视野线内的点有可能可见，也可能不可见。

基于格网 DEM 点对线的通视算法为

① 设 P 点为一沿着 DEM 数据边缘顺时针移动的点，与计算点对点的通视相仿，求出视点到 P 点投影直线上点集 $\{x, y\}$，并求出相应的地形剖面 $\{x, y, Z(x, y)\}$。

② 计算视点至每个 $P_k \in \{x, y, z(x, y)\}$，$k=1,2,\cdots,k-1$ 与 Z 轴的夹角 β_k。

$$\beta_k = \arctan\left(\frac{k}{Z_{pk} - Z_{vp}}\right) \tag{5-36}$$

③ 求得 $\alpha = \min\{\beta_k\}$，α 对应的点就为视点视野线的一个点。

④ 移动 P 点，重复以上过程，直至 P 点回到初始位置，算法结束。

(3) 点对区域通视。点对区域的通视算法是点对点算法的扩展。与点到线通视问题相同，P 点沿数据边缘顺时针移动，逐点检查视点至 P 点的直线上的点是否通视。一个改进的算法思想是，视点到 P 点的视线遮挡点，最有可能是地形剖面线上高程最大的点。因此，可以将剖面线上的点按高程值进行排序，按降序依次检查排序后每个点是否通视，只要有一个点不满足通视条件，其余点不再检查。可见，点对区域的通视实质仍是点对点的通视，只是增加了排序过程。

4. 数字流域分析

流域分析是以 DEM 为基础来计算流域边界(面积、周长等)、集水区(大小、范围等)及水流路径(流径、流向、河流分级等)等水文地形特征。这对分析流域产流、汇流水文过程、水文模型参数的确定有着非常重要的作用。同时，对资源管理、土地及坝系规划、保险成本效益分析都有一定的作用。

降水汇集在地面低洼处，在重力的作用下经常或周期性地沿流水本身所造成的槽形谷地流动，形成所谓的河流。河流与沿途接纳的支流一起形成水系。每一条河流或每一个水系都从陆地面积流域上获得补给，这部分补给面积就是河流或水系的流域。也就是河流或水系在地面的集水区。以格网 DEM 为基础实现流域分析的步骤如下。

1) 洼地填充

DEM 被认为是比较光滑的地形表面的模拟，但是由于内插的原因以及一些真实地形 (如喀斯特地貌)的存在，使得 DEM 表面存在着一些凹陷的区域。那么这些区域在进行地表水流模拟时，由于低高程栅格的存在，从而使得在进行水流流向计算时在该区域得到不合理的或错误的水流方向，因此，在进行水流方向的计算之前，应该首先对原始 DEM 数据进行洼地填充，得到无洼地的 DEM。

2) 流向确定

水流方向是指水流离开每一个栅格单元时的指向。流向的确定是建立在流域 3×3 的 DEM 格网的基础上，目前确定流向的算法主要有两种：一种是单流向算法，一种是多流向算法。由于单流向算法简单方便而得到广泛的应用。

单流向法假定一个格网中的水流只从一个方向流出格网，然后根据格网高程判断水流方向。目前应用最广泛的单流向法是 D8 法。D8 算法的基本原理是：假设单个格网中的水流只有八种可能的流向，分别定义为东北、东、东南、南、西南、西、西北和北，并用 128、1、2、4、8、16、32 和 64 这八个有效特征码表示，如图 5-31 所示，即流入与之相邻的八个格网中。它用最陡坡度法来确定水流的方向，计算中心格网与各相邻格网间的距离权落差(即格网中心点落差除以格网中心点之间的距离)，取距离权落差最大的格网为中心格网的流出格网，该方向即为中心格网的流向。被处理格网单元同相邻八个格网单元之间坡降的算法为

$$Slope = \Delta Z / D \tag{5-37}$$

式中：Slope——两个格网之间的坡降；

ΔZ ——两个格网单元之间的高程差；

D ——两个格网单元中心之间的距离。

如图 5-32 所示，为了确定中央单元的流向，首先考虑与八个邻接单元中每个单元以距离为权重的梯度。对于直接邻接的四个单元，梯度的计算是将中央单元与相邻单元的高差除以 1，对于四个角落的单元，梯度的计算是将高差除以 1.414，结果显示最陡的梯度(流向)是从中央单元指向左下角的单元(+4.2)。它的一个局限是不允许水流分散到多个单元。

32	64	128
16		1
8	4	2

图 5-31　水流方向编码

980	981	983
976	977	979
971	973	974

(a) 原始 DEM

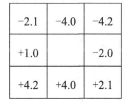

(b) 与中心网格坡度

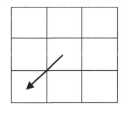

(c) 中心单元流向

图 5-32　单元流向确定

3) 汇流累积量

汇流累积量是基于水流方向数据计算而来的。对每一个栅格来说，其汇流累积量的大小代表着其上游有多少个栅格的水流方向最终汇流经过该栅格，具有高累积值的单元一般对应于河道，而具有零累积值的单元通常是山脊线。

根据修改后的流向图，给定一个点，所有流向它的格网点的总和就是该点的汇流区。具体计算方法是给定一个点，搜索八个邻点，记录所有流向它的格网点的位置，然后再以找到的格网点为基点继续搜索记录流向它的格网点，直到没有新的汇流点为止，所有记录的格网点构成该点的汇流区。

4) 河流网络提取

目前常用的河网提取方法是采用地表径流漫流模型计算：首先是在无洼地 DEM 上利用最大坡降的方法得到每一个栅格的水流方向；然后利用水流方向栅格数据计算出每一个栅格在水流方向上累积的栅格数，即汇流累积量，所得到的汇流累积量则代表在一个栅格位置上有多少个栅格的水流方向流经该栅格。假设每一个栅格处携带一份水流，那么栅格的汇流累积量则代表着该栅格的水流量。基于上述思想，当汇流量达到一定值的时候，就会产生地表水流，那么所有那些汇流量大于那个临界数值的栅格就是潜在的水流路径，由这些水流路径

构成的网络，就是河网。

5.7 空间数据的其他分析

GIS 中还有一些其他的重要的分析功能。

5.7.1 空间信息分类

GIS 中存储的数据具有原始性，用户可以根据自己的需求对数据进行提取和分析。常见的空间信息分类的数学方法有下面几种。

1. 主成分分析法

地理问题中，常涉及大量的自然要素和社会要素，大量的指标相互关联，给分析带来了很大的困难，同时也增加了计算的复杂度。因此，需要将大量的要素指标压缩为较少的综合指标来进行分析研究，继而选择信息量最丰富的若干因子进行各种聚类分析。这种方法称为主成分分析法。

假定有 n 个地理样本，每个样本共有 p 个变量描述，这样就构成了一个 $n×p$ 阶的地理数据矩阵：

$$X = \begin{bmatrix} x_{11} & x_{12} & \cdots & x_{1p} \\ x_{21} & x_{22} & \cdots & x_{2p} \\ \vdots & \vdots & \vdots & \vdots \\ x_{n1} & x_{n2} & \cdots & x_{np} \end{bmatrix} \tag{5-38}$$

现在用一组较少的变量来代替原来的变量，即主成分，并且相互之间线性无关。即将原来的变量指标 x_1，x_2，x_p 综合成 $m(m<p)$ 个指标 z_1，z_2，$\cdots$，z_m；

$$\left. \begin{array}{l} z_1 = l_{11}x_1 + l_{12}x_2 + \cdots + l_{1p}x_p \\ z_2 = l_{21}x_1 + l_{22}x_2 + \cdots + l_{2p}x_p \\ \vdots \\ z_m = l_{m1}x_1 + l_{m2}x_2 + \cdots + l_{mp}x_p \end{array} \right\} \tag{5-39}$$

式中，系数 l_{ij} 由下列原则来决定。

(1) z_i 与 $z_j(i\neq j$；i，j=1，2，$\cdots$，$m)$ 相互无关。

(2) z_1 是 x_1，x_2，$\cdots$，x_p 的一切线性组合中方差最大者；z_2 是与 z_1 不相关的 x_1，x_2，$\cdots$，x_p 的所有线性组合中方差最大者；$\cdots\cdots$；z_m 是与 z_1，z_2，$\cdots$，z_{m-1} 都不相关的 x_1，x_2，$\cdots$，x_p 的所有线性组合中方差最大者。

这样决定的新变量指标 z_1，z_2，$\cdots$，z_m 分别称为原变量指标 x_1，x_2，$\cdots$，x_p 的第一，第二，$\cdots$，第 m 主成分。其中，z_1 在总方差中占的比例最大，z_2，z_3，$\cdots$，z_m 的方差依次递减。在实际问题的分析中，常挑选前几个最大的主成分，这样既减少了变量的数目，又抓住了主要矛盾，简化了变量之间的关系。

从以上分析可以看出，找主成分就是确定原来变量 $x_j(j$=1，2，$\cdots$，$p)$在诸主成分 $z_i(i$=1，

2，…，m)上的载荷 l_{ij}(i=1，2，…，m；j=1，2，…，p)，从数学上容易知道，它们分别是 x_1，x_2，…，x_p 的相关矩阵的 m 个较大的特征值所对应的特征向量。

2. 层次分析法

层次分析法(Analytic Hierarchy Process，AHP)是美国著名运筹学家、匹兹堡大学萨蒂 (T. L. Saaty) 教授，在 20 世纪 70 年代初为美国国家科学基金会和美国电力科学研究所研究如何根据各工业部门对国家福利的贡献大小进行电力分配时提出来的。它把人的思维过程层次化、数量化，并利用数学的方法为分析、决策和预报提供定量的数据分析。事实上，在大量相互制约、相互联系的复杂因素的作用下，各个因素对问题的分析解决有着不同的重要性。AHP 方法是先将复杂因素按照隶属关系划分为若干层次，请有经验的专家对各层次的各因素相对重要性确定综合指标，然后综合专家意见，利用数学方法在各因素之间进行比较和运算，得到各层次之间相互重要性的权值，为决策提供依据。

假设要比较 n 个因素 P_1，P_2，…，P_n，对结构的影响，现在将因素进行两两比较，以矩阵的形式表示如下。

$$A = \begin{bmatrix} 1 & P_1/P_2 & \cdots & P_1/P_n \\ P_2/P_1 & 1 & \cdots & P_2/P_n \\ \vdots & \vdots & \ddots & \vdots \\ P_n/P_1 & P_n/P_2 & \cdots & 1 \end{bmatrix} \tag{5-40}$$

式中，A 被称为判断矩阵。

若取价值向量 $P=(P_1，P_2，…，P_n)^T$，则有

$$AP = n \cdot P \tag{5-41}$$

即 P 为判断矩阵 A 的特征向量，n 为 A 的一个特征值。

如要根据若干因素选择旅游的目的地，需要考虑的因素有 5 个，分别是景色 c_1，费用 c_2，居住情况 c_3，饮食 c_4，旅途条件 c_5，用两两比较法得判断矩阵为

$$A = \begin{bmatrix} 1 & 1/2 & 4 & 3 & 3 \\ 2 & 1 & 7 & 5 & 5 \\ 2 & 1/7 & 1 & 1/2 & 1/3 \\ 1/3 & 1/5 & 2 & 1 & 1 \\ 1/3 & 1/5 & 3 & 1 & 1 \end{bmatrix} \tag{5-42}$$

一般来说，判断矩阵是由数据、专家和决策者共同衡量后给出的。衡量判断矩阵质量的指标是矩阵中判断是否具有一致性。

3. 系统聚类分析

虽然数据处理可以将大量复杂得多变量数据进行适当的压缩，但是人们往往希望进一步减少数据分析复杂程度。

聚类分析又称簇分析或群分析，是根据研究对象的特性进行定量分类的一种多元统计方法。基本原理是根据样本自身的属性，用数学方法按照某种相似性或差异性指标，定量地确定样本之间的亲疏关系，并按这种亲疏关系程度对样本进行聚类。

常见的聚类分析方法有系统聚类法、动态聚类法和模糊聚类法等。在此我们主要介绍系

统聚类分析法。

1) 聚类要素的数据处理

在地理分类和分区研究中，被聚类的对象常常是多个要素构成的。不同要素的数据往往具有不同的单位和量纲，其数值的变异可能很大，这就会对分类结果产生影响。因此当分类要素的对象确定之后，在进行聚类分析之前，首先要对聚类要素进行数据处理。

假设有 m 个聚类的对象，每一个聚类对象都由 n 个要素构成。它们所对应的要素数据可由表 5-2 给出。

表 5-2　聚类对象与要素数据

聚类对象	要		素		
	x_1	x_2	$\cdots$	x_j	$\cdots$	x_n
1	x_{11}	x_{12}	$\cdots$	x_{1j}	$\cdots$	x_{1n}
2	x_{21}	x_{22}	$\cdots$	x_{2j}	$\cdots$	x_{2n}
$\vdots$	$\vdots$	$\vdots$		$\vdots$		$\vdots$
i	x_{i1}	x_{i2}	$\cdots$	x_{ij}	$\cdots$	x_{in}
$\vdots$	$\vdots$	$\vdots$		$\vdots$		$\vdots$
m	x_{m1}	x_{m2}	$\cdots$	x_{mj}	$\cdots$	x_{mn}

如总和标准化处理，是分别求出各聚类要素所对应的数据的总和，以各要素的数据除以该要素的数据的总和，即

$$x_{ij}' = \frac{x_{ij}}{\sum\limits_{i=1}^{m} x_{ij}}, \quad j=1,2,\cdots,n \tag{5-43}$$

这种标准化方法所得到的新数据满足

$$\sum_{i=1}^{m} x_{ij}' = 1, \quad j=1,2,\cdots,n \tag{5-44}$$

另外常用的聚类要素处理的方法还有标准差标准化、极大值标准化和极差标准化。

2) 距离和相似系数的计算

距离和相似系数是系统聚类分析法的依据，数据处理完成后，需要进行距离和相似系数的计算，以计算结果为依据进行对象分类。

若将分类对象的 n 个聚类要素视为 n 维空间的 n 个方向轴，则每个对象可以视为 n 维空间的一个点，其坐标为 n 个要素构成的 n 维向量。那么，各对象间的差异可以表示为 n 维空间中相对应点的距离。常见的距离有绝对距离、欧氏距离、闵可夫斯基距离、切比雪夫距离。

例如绝对距离的数学表达为

$$d_{ij} = \sum_{k=1}^{n} |x_{ik} - x_{jk}|, \quad i,j=1,2,\cdots,m \tag{5-45}$$

相似系统通常用夹角余弦和表达，计算公式为

$$r_{ij} = \frac{\sum\limits_{k=1}^{n}(x_{ik}-\overline{x}_i)(x_{jk}-\overline{x}_j)}{\sqrt{\sum\limits_{k=1}^{n}(x_{ik}-\overline{x}_i)^2}\sqrt{\sum\limits_{k=1}^{n}(x_{jk}-\overline{x}_j)^2}}, \quad i,j=1,2,\cdots,m \tag{5-46}$$

3) 直接类聚法

根据距离或相似矩阵，先把各个分类对象单独视为一类，然后根据距离最小的原则，依次选出一对分类对象，并成新类。如果其中一个分类对象已归于一类，则把另一个也归入该类；如果一对分类对象正好属于已归的两类，则把这两类并为一类。每一次归并，都划去该对象所在的列与列序相同的行。经过 $m-1$ 次就可以把全部分类对象归为一类，这样就可以根据归并的先后顺序做出聚类谱系图。

4) 最短距离类聚法

最短距离聚类法，是在原来的 $m \times m$ 距离矩阵的非对角元素中找出 $d_{pq}=\min\{d_{ij}\}$，把分类对象 G_p 和 G_q 归并为一新类 G_r，然后按计算公式

$$d_{rk} = \min\{d_{pk}, d_{qk}\}, \ k \neq p, q \tag{5-47}$$

计算原来各类与新类之间的距离，这样就得到一个新的 $(m-1)$ 阶的距离矩阵； 再从新的距离矩阵中选出最小者 d_{ij}，把 G_i 和 G_j 归并成新类；再计算各类与新类的距离，这样一直进行下去，直至各分类对象被归为一类为止。

5) 最远距离类聚法

最远距离聚类法与最短距离聚类法的区别在于计算原来的类与新类距离时采用的公式不同。最远距离聚类法的计算公式是

$$d_{rk} = \max\{d_{pk}, d_{qk}\}, \ k \neq p, q \tag{5-48}$$

4. 判别分析

判别分析是根据已知对象的某些观测指标和所属类别来判断未知对象所属类别的一种统计学方法，判别分析的目的是识别一个个体所属类别。判别分析与聚类分析不同，它是在已知研究对象分成若干类型并已取得各种类型的一批已知样本的观测数据，在此基础上根据某些准则建立判别式，然后对未知类型的样本进行判别分类。两种方法往往联合使用。当总体分类不清楚时，先用聚类分析对一批样本进行分类，再用判别分析构建判别式对新样本进行判别。

判别分析最基本的要求如下。

(1) 分组类型在两组以上。

(2) 已知分类的样本中，每组案例的规模必须至少在 1 个以上。

(3) 解释变量必须是可测量的，才能计算其平均值和方差，使其合理地应用于统计函数。

判别分析的基本准则有费歇准则和贝叶斯准则，其原理是根据已知的地理特征值，按照一定的判别分析准则，建立判别函数模型和计算判别指标。比较函数值与指标的大小，判断其归属。

依据判别类型的多少和方法不同，判别分析可分为两总体判断、多总体判断和逐步判断。

下面以使用费歇准则为例对判别分析进行具体介绍。

首先，构造一个线性判别函数 Y，即

$$Y = c_1 x_1 + c_2 x_2 + \cdots + c_m x_m = \sum_{k=1}^{m} c_k x_k \tag{5-49}$$

式中，$c_k x_k$ 为判别函数，可反映各要素或特征值的作用方向、分辨能力及贡献率大小。若能确定 c_k，判别式也就确定了。x_k 为已知个要素的特征值。为了使 Y 可以充分反映两类 A 和 B 的差别，应使两类之间的均值方差尽可能大，而各类内部的离差方差和尽可能小。只有这样

其比值 I 才能达到最大，从而将两类清楚分开。I 的数学表达式为

$$I = \frac{[\bar{Y}(A) - \bar{Y}(B)]^2}{\sum_{i=1}^{n_1}[Y_i(A) - \bar{Y}(A)]^2 + \sum_{i=1}^{n_2}[Y_i(B) - \bar{Y}(B)]^2} \qquad (5\text{-}50)$$

以此条件，求出判别函数 Y，计算判别指标，并依据判别指标分类。

5.7.2　空间统计分析

1. 常规统计量

常用的基本统计量主要包括：最大值、最小值、极差、均值、中值、总和、众数、种类、离差、方差、标准差、变差系数、峰度和偏度等。这些统计量反映了数据集的范围、集中情况、离散程度、空间分布等特征，对进一步的数据分析起着铺垫作用。

1) 属性数据的集中特征数

(1) 平均数。

算术平均数：n 个数据的总和与数据的总个数 n 的比值。

加权平均数：考虑到数据集中的 n 个值有时会含有不同的比重，对平均数的影响也就不同。所以用加权平均法来计算其算术平均数。

几何平均数：n 个数据的连乘积再开 n 次方所得的方根值。

(2) 中位数。若将数据值按大小顺序排列，位于中间的那个值就是中位数或称中值。

(3) 众数。众数是数据集中出现频数(次数)最多的某个(或某几个)数。

(4) 频数和频率。频数是变量在各组出现或发生的次数；频率是各组频数与总频数之比。

2) 属性数据的离散特征数

(1) 极差。是一组数据中最大值与最小值之差。

(2) 离差。表示各数值与其平均值的离散程度，其值等于某个数值与该数据集的平均值之差。

(3) 方差和标准差。方差是均方差的简称。它是以离差平方和除以变量个数而得到的，方差的平方根是标准差。

(4) 变差系数。也称为离差系数或变异系数，是标准差与均值的比值。

2. 空间自相关分析

在空间统计分析中，通过相关分析(Correlation Analysis)可以检测两种现象(统计量)的变化是否存在相关性，若所分析的统计量为不同观察对象的同一属性变量，则称之为自相关(Autocorrelation)。空间自相关(Spatial Autocorrelation)反映的是一个区域单元上的某种地理现象或某一属性值与邻近区域单元上同一现象或属性值的相关程度，它是一种检测与量化从多个标定点中取样值变异的空间依赖性的空间统计方法，通过检测一个位置上的变异是否依赖于邻近位置的变异来判断该变异是否存在空间自相关性，即是否存在空间结构关系。空间自相关理论认为彼此之间距离越近的事物越相像。也就是说，空间自相关是针对同一个属性变量而言的，当某一测样点属性值高，而其相邻点同一属性值也高时，为空间正相关；反之，为空间负相关。

空间自相关方法按功能大致分为两类：全域型自相关和区域型自相关。全域型自相关的功能在于描述某现象的整体分布状况，判断此现象在空间是否有聚集特性存在，但其并不能确切地指出聚集在哪些地区；若将全域型不同空间间隔的空间自相关统计量依序排列，可进一步得到空间自相关系数图，用于分析该现象在空间上是否有阶层性分布。

计算空间自相关的方法有多种，下面介绍 Moran's I 和 Geary's C 两种参数

1) Moran's I 参数

空间自相关分析是量测所谓空间事物的分布是否具有自相关性，高的自相关性代表了空间现象聚集性的存在。空间自相关分析的主要功能在于同时可以处理数据的区位和属性，因此在进行空间自相关性分析时，应首先建立区位相邻矩阵，若在区域内有 n 个空间单元，每个空间单元皆有一个观察值 X，空间单元 i 与空间单元 j 的空间关系构成 W_{ij} 的空间相邻矩阵，i 与 j 的关系以 0 和 1 表示，以 1 表示 i 和 j 相邻，以 0 表示 i 和 j 不相邻。相邻与否的判定是根据空间单元间的界线是否重叠而定，即边界重叠表示空间单元 i 和 j 相邻，未重叠则表示两空间单元不相邻，其简单定义为

$$[W_{ij}]_{n\times n} \tag{5-51}$$

其中，W_{ij} 为表示区位相邻矩阵，$W_{ij}=1$ 表示区位相邻，$W_{ij}=0$ 则表示区位不相邻；$i=1,2,\cdots,n$；$j=1,2,\cdots,n$；$n=1,2,\cdots,n$ 个空间单元。

Moran Index 值是应用较广泛的一种空间自相关性判定指标，其计算式为

$$I = \frac{\sum_{i=1}^{n}\sum_{j=1}^{n}W_{ij}\times C_{ij}}{\sum_{i=1}^{n}\sum_{j=1}^{n}W_{ij}\times S^2} \tag{5-52}$$

式中，$C_{ij}=(X_i-\bar{X})(X_j-\bar{X})$，$S^2=\frac{1}{n}\sum_{i=1}^{n}(X_i-\bar{X})^2$。

由 Moran's I 公式可以发现，如果 i 空间单元与 j 空间单元的属性数据值皆大于平均值，或皆小于平均值，则 I 值将大于 0，即说明相邻地区拥有相似的数据属性，属性值高或低的地区都有聚集现象；若 I 值小于 0，代表相邻地区属性差异大，数据空间分布呈现高低间隔分布的状态；I 值趋近于 0，则相邻空间单元间相关性低，某空间现象的高值或低值呈无规律的随机分布状态。

依照 Moran's I 公式计算出的 I 值结果一定介于-1 到 1 之间，大于 0 为正相关，小于 0 为负相关，且值越大表示空间分布的相关性越大，即空间上聚集分布的现象越明显；反之，值越小代表示空间分布相关性小，而当值趋于 0 时，代表此时空间分布呈现随机分布的情形。

2) Geary's C 参数

Geary's C 方法与 Moran's I 类似，其表达式为

$$C = \frac{n-1}{\sum_{i=1}^{n}(x_i-\bar{x})^2}\cdot\frac{\sum_{i=1}^{n}\sum_{j=1}^{n}W_{ij}(x_i-\bar{x})^2}{2\sum_{i=1}^{n}\sum_{j=1}^{n}W_{ij}} \tag{5-53}$$

式中各项含义与 Moran's I 类似，且 C 值的计算公式与 I 值的计算公式及其计算结果很相似。$C=1$，表示不相关；$0<C<1$，表示正相关；$C>1$ 表示负相关。

3. 回归分析

回归分析法是在掌握大量观察数据的基础上，利用数理统计方法建立因变量与自变量之间的回归关系函数表达式(称回归方程式)，通过一个或一组自变量的变动情况预测与其有相关关系的某随机变量的未来值。进行回归分析需要建立描述变量间相关关系的回归方程。根据自变量的个数，可以是一元回归，也可以是多元回归。根据所研究问题的性质，可以是线性回归，也可以是非线性回归。非线性回归方程一般可以通过数学方法转化为线性回归方程进行处理。

1) 一元线性回归

假设因变量 Y 与自变量 X 之间存在线性关系，则可以建立下述一元线性回归模型：

$$Y = \beta_0 + \beta_1 X \tag{5-54}$$

式中，β_0, β_1 为回归系数。

若 (X_i, Y_i) 表示 (X, Y) 的第 i 个观测值，且因变量取值不仅与自变量有关，而且与误差有关，利用该组观测值可以建立如下方程：

$$Y_i = \beta_0 + \beta_1 X_i + \varepsilon_i \quad (i = 1, 2, \cdots, n) \tag{5-55}$$

其中，$\beta_0 + \beta_1 X_i$ 为反映统计关系直线的分量，ε_i 为观测过程中随机变量对 Y_i 的影响误差，$\varepsilon_i \sim N(0, \sigma^2)$。

由于在一元线性回归模型 $Y_i = \beta_0 + \beta_1 X_i + \varepsilon_i$ 中 β_0 和 β_1 均未知，需要根据样本数据对它们进行估计，设 β_0 和 β_1 的估计值为 b_0 和 b_1，则可建立一元线性回归模型如下：

$$\hat{Y} = b_0 + b_1 X \tag{5-56}$$

一般而言，所求的 b_0 和 b_1 应能使每个样本观测点 (X_i, Y_i) 与回归直线之间的偏差尽可能小，即使观察值与拟合值的偏差平方和 Q 达到最小。

令

$$Q = \sum_{i=1}^{n} [Y_i - (b_0 + b_1 X_i)]^2 \tag{5-57}$$

使 Q 达到最小值的 b_0 和 b_1 称为最小二乘估计量。

显然，Q 是 b_0 和 b_1 的二元函数，根据微积分中极值的必要条件，先分别求 Q 关于 b_0 和 b_1 的偏导数，然后令这两个偏导数等于零，对整理后的正规方程组求解可得到

$$b_1 = \frac{\sum_{i=1}^{n}(X_i - \bar{X})(Y_i - \bar{Y})}{\sum_{i=1}^{n}(X_i - \bar{X})^2} \tag{5-58}$$

$$b_0 = \bar{Y} - b_1 \bar{X}$$

2) 多元线性回归

事实上，GIS 中地理要素之间更多的是若干因素相互制约的关系，因此多元线性回归更具有普遍意义。多元回归分析是研究因变量(被解释变量)对于两个或两个以上自变量(解释变量)之间的回归问题。

若因变量 Y 与解释变量 X_1，X_2，$\cdots$，X_k 具有线性关系，它们之间的线性回归模型可表示为

$$Y = \beta_0 + \beta_1 X_1 + \beta_2 X_2 + \cdots + \beta_k X_k + \varepsilon \tag{5-59}$$

式中，β_0，β_1，$\cdots$，β_k 为待定参数，ε 为随机扰动项。设 β_0，β_1，$\cdots$，β_k 的估计值为 b_0，b_1，$\cdots$，b_k，则可建立多元线性回归模型如下：

$$\hat{Y} = b_0 + b_1 X_1 + b_2 X_2 + \cdots + b_k X_k \tag{5-60}$$

令 $Q = \sum \varepsilon^2 = \sum (Y_i - \bar{Y})^2 = \sum (Y_i - b_0 - b_1 X_{1i} - b_2 X_{2i} - \cdots - b_k X_{ki})^2$ 取最小值。分别求 Q 关于 b_0 和 b_1 的偏导数，然后令这两个偏导数等于零，对整理后的正规方程组求解可得到 $b_0, b_1, \cdots, b_k$。

回归分析与相关分析是研究地理现象之间相关关系的两种最基本的方法，前者是对变量之间相互关系的具体形式进行研究，测定具有相互关系的变量之间的数量联系，建立相关数学模型，根据数学模型来推测未知量。后者是对变量之间相关的方向和程度进行研究，并不确定变量之间相互关系的具体形式，无法从某个变量的变化推测其他变量的变化。在实际应用中，两者常常互相补充，回归分析需要利用相关分析来表明现象数量变化的相关程度，相关分析需要利用回归分析来表明个地理现象数量相关的具体形式。只有在地理要素存在高度相关时，进行回归分析并求解具体模型才有意义。

4．趋势分析

趋势分析是利用数学模型模拟地理特征的空间分布与时间过程，把地理要素时空分布的实测数据点之间的不足部分内插或预测出来。

5．专家打分模型

专家打分模型是将相关的影响因素按其相对重要性排队，给出各因素所占的权重值；对每一要素内部进行进一步分析，按其内部的分类进行排队，按各类对结果的影响给分，从而得到该要素内各类别对结果的影响量，最后系统进行复合，得出排序结果，以表示对结果影响的优劣程度，作为决策的依据。

5.7.3　空间插值

GIS 在很多实际应用过程中，比如采样密度不够、曲线和曲面的光滑处理、空间趋势预测、采样结果的可视化等，必须对空间数据进行插值和拟合，因此空间数据插值是 GIS 数据处理的一项重要任务，其主要目的是根据一组已知的离散数，按照某种数字关系推求其他未知点和未知区域的数据的过程。

空间插值常用于将离散点的测量数据转换为连续的数据曲面，以便与其他空间现象的分布模式进行比较，它包括了空间内插和外推两种算法。空间内插算法是一种通过已知点的数据推求同一区域其他未知点数据的计算方法；空间外推算法则是通过已知区域的数据，推求其他区域数据的方法。在以下几种情况下必须作空间数据插值：

(1) 现有的离散曲面的分辨率、像元大小或方向与所要求的不符，需要重新插值。例如将一个扫描影像(航空像片、遥感影像)从一种分辨率或方向转换到另一种分辨率或方向的影像。

(2) 现有的连续曲面的数据模型与所需的数据模型不符，需要重新插值。如将一个连续的曲面从一种空间切分方式变为另一种空间切分方式，从 TIN 到栅格、栅格到 TIN 或矢量多边形到栅格。

(3) 现有的数据不能完全覆盖所要求的区域范围，需要插值。如将离散的采样点数据内插为连续的数据表面。

空间插值的理论假设是空间位置上越靠近的点，越可能具有相似的特征值；而距离越远的点，其特征值相似的可能性越小。然而，还有另外一种特殊的插值方法——分类，它不考虑不同类别测量值之间的空间联系，只考虑分类意义上的平均值或中值，为同类地物赋属性值。它主要用于地质、土壤、植被或土地利用的等值区域图或专题地图的处理，在"景观单元"或图斑内部是均匀和同质的，通常被赋给一个均一的属性值，变化发生在边界上。

1. 空间插值的分类

1) 整体插值和局部插值

整体插值方法用研究区所有采样点的数据进行全区特征拟合，典型例子有全局趋势面分析、Fourier Series(周期序列)；局部插值方法是仅仅用邻近的数据点来估计未知点的值，比如距离倒数插值、样条函数插值和 Kriging 插值。

整体插值方法通常不直接用于空间插值，而是用来检测不同于总趋势的最大偏离部分，在去除了宏观地物特征后，可用剩余残差来进行局部插值。由于整体插值方法将短尺度的、局部的变化看作随机的和非结构的噪声，从而丢失了这一部分信息。局部插值方法恰好能弥补整体插值方法的缺陷，可用于局部异常值，而且不受插值表面上其他点的内插值影响。

2) 确定性插值和地质统计学插值

确定性插值方法是基于信息点之间的相似程度或者整个曲面的光滑性来创建一个拟合曲面，全局多项式插值、反距离加权插值、径向基插值、局部多项式插值都是属于确定性插值；地质统计学插值方法是利用样本点的统计规律，使样本点之间的空间自相关性定量化，从而在待预测的点周围构建样本点的空间结构模型法，多种 Kriging 方法属于地质统计学插值。确定性插值方法的特点是在样本点处的插值结果和原样本点实际值基本一致，若是利用非确定性插值方法的话，在样本处的插值结果与样本实测值就不一定一致了，有的相差甚远。

3) 精确插值和近似插值

精确插值产生通过所有观测点的曲面。在精确插值中，插值点落在观测点上，内插值等于估计值。近似插值产生的曲面不通过所有观测点。当数据存在不确定性时，应该使用近似插值，由于估计值替代了已知变量值，近似插值可以平滑采样误差。

2. 空间插值的方法

1) 整体拟合插值

(1) 边界内插方法。

边界内插方法假设任何重要的变化发生在边界上，边界内的变化是均匀的，同质的，即在各方向都是相同的。这种概念模型经常用于土壤和景观制图，可以通过定义"均质的"土壤单元、景观图斑，来表达其他的土壤、景观特征属性。

边界内插方法最简单的统计模型是标准方差分析(ANOVAR)模型：

$$z(x_0) = \mu + a_k + \varepsilon \tag{5-61}$$

式中，z 是在 x_0 位置的属性值，μ 是总体平均值，a_k 是 k 类平均值与 μ 的差，ε 为类间平均误差(噪声)。

该模型假设每一类别 k 的属性值是正态分布；每类 k 的平均值($\mu+a_k$)由一个独立样品集估计，并假设它们是与空间无关的；类间平均误差 ε 假设所有类间都是相同的。

评价分类效果的指标是 δ_w^2/δ_t^2，δ_w 为类间方差，δ_t^2 为总体方差，比值越小分类效果越好。分类效果的显著性检验可以用 F 检验。

实质上，边界内插方法的理论假设是：属性值 z 在"图斑"或景观单元内是随机变化的，不是有规律的；同一类别的所有"图斑"存在同样的类方差(噪声)；所有的属性值都呈正态分布；所有的空间变化发生在边界上，是突变而不是渐变。

在使用边界内插时，应仔细考虑数据源是否符合这些理论假设。

(2) 趋势面拟合。

某种地理属性在空间的连续变化，可以用一个平滑的数学面加以描述。思路是先用已知采样点数据拟合出一个平滑的数学面方程，再根据该方程计算无测量值的点上的数据。这种只根据采样点的属性数据与地理坐标的关系，进行多元回归分析得到平滑数学面方程的方法，称为趋势面分析。它的理论假设是地理坐标(x,y)是独立变量，属性值 z 也是独立变量且是正态分布的，同样回归误差也是与位置无关的独立变量。

多项式回归分析是描述长距离渐变特征的最简单方法。多项式回归的基本思想是用多项式表示线、面，按最小二乘法原理对数据点进行拟合。线或面多项式的选择取决于数据是一维的还是二维的。

用一个简单的示例来说明，地理或环境调查中特征值 z 沿一个断面在 x_1, x_2, …, x_n 处采样，若 z 值随 x 值增加而线性增大，则该特征值的长期变化可以用下面一个回归方程进行计算：

$$z(x) = b_0 + b_1 x + \varepsilon \tag{5-62}$$

其中，b_0，b_1 为回归系数，ε 为独立于 x 的正态分布残差(噪声)。

然而许多情况下，不是以线性函数，而是以更为复杂的方式变化，则需用二次多项式进行拟合：

$$z(x) = b_0 + b_1 x + b_2 x^2 + \varepsilon \tag{5-63}$$

对于二维的情况，x，y 坐标的多元回归分析得到的曲面多项式，形式如下：

$$f\{(x,y)\} = \sum_{r+\ <p} b_{rs} \cdot x^r \cdot y^s \tag{5-64}$$

前三种形式分别是：

b_0	平面
$b_0+b_1x+b_2y$	斜平面
$b_0+b_1x+b_2y+b_3x^2+b_4xy+b_5y^2$	曲面

其中，p 是趋势面方程的次数。

$P=(p+1)(p+2)/2$ 是趋势面多项式正常情况下的最少项数个数。零次多项式是平面，有 1 个项数；一次多项式是斜平面，有三个项数；二次曲面有六个项数，三次趋势面有十个项数。

计算系数 b_i 是一个标准的多元回归问题。趋势面分析的优点是非常容易理解，至少是在计算方面。另外大多数情况下可用低次多项式进行拟合，但给复杂的多项式赋于明确的物理意义比较困难。

趋势面是个平滑函数，很难正好通过原始数据点，除非是数据点少且趋势面次数高才能使曲面正好通过原始数据点，所以趋势面分析是一个近似插值方法。实际上趋势面最有成效的应用是揭示区域中不同于总趋势的最大偏离部分，所以趋势面分析的主要用途是，在使用某种局部插值方法之前，可用趋势面分析从数据中去掉一些宏观特征，不直接用它进行空间插值。

　　趋势面拟合程度的检验，同多元回归分析一样，可用 F 分布进行检验，其检验统计量为

$$F = \frac{U/p}{Q/(n-p-1)} \tag{5-65}$$

其中，U 为回归平方和，Q 为残差平方和(剩余平方和)，p 为多项式项数(不包括常数项 b_0)，n 为使用数据点数目。当 $F>F_a$ 时，趋势面显著，否则不显著。

　　(3) 变换函数插值。

　　根据一个或多个空间参量的经验方程进行整体空间插值，也是经常使用的空间插值方法，这种经验方程称为变换函数。下面以一个研究实例进行说明。

　　冲积平原的土壤重金属污染与几个重要因子有关，其中距污染源(河流)的距离和高程两个因子最重要。一般情况，携带重金属的粗粒泥沙沉积在河滩上，携带重金属的细粒泥沙沉淀在低洼的在洪水期容易被淹没的地方，而那些洪水频率低的地方，由于携带重金属污染泥沙颗粒比较少，受到污染轻。由于距河流的距离和高程是比较容易得到的空间变量，可以用各种重金属含量与它们的经验方程进行空间插值，以改进对重金属污染的预测。本例回归方程的形式如下：

$$z(x) = b_0 + b_1 p_1 + b_2 p_2 + \varepsilon \tag{5-66}$$

式中，$z(x)$是某种重金属含量，b_0，$\cdots$，b_n 是回归系数，p_1，$\cdots$，p_n 是独立空间变量，本例 p_1 是距河流的距离因子，p_2 是高程因子。

　　这种回归模型通常叫作转换函数，大多数 GIS 软件都可以计算。转换函数可以应用于其他独立变量，如温度、高程、降雨量和距海、植被的距离关系可以组合为一个超剩含水量的函数。地理位置及其属性可以尽可能多的信息组合成需要的回归模型，然后进行空间插值。但应该注意的一点是，必须清楚回归模型的物理意义。还要指出的是所有的回归转换函数都属于近似的空间插值。

　　整体插值方法通常使用方差分析和回归方程等标准的统计方法，计算比较简单。其他的许多方法也可用于整体空间插值，如傅里叶级数和小波变换，特别是遥感影像分析方面，但它们需要的数据量大。

　　2) 局部插值方法

　　局部插值方法只使用邻近的数据点来估计未知点的值，包括几个步骤：定义一个邻域或搜索范围，搜索落在此邻域范围的数据点，选择表达这有限个点的空间变化的数学函数，为落在规则格网单元上的数据点赋值。重复这几个步骤直到格网上的所有点赋值完毕。

　　使用局部插值方法需要注意的几个方面是：所使用的插值函数，邻域的大小、形状和方向，数据点的个数，数据点的分布方式是规则的还是不规则的。

　　(1) 泰森多边形方法。

　　泰森多边形(Thiessen Polygons)采用了一种极端的边界内插方法，是一种由点内插生成面的方法。根据有限的采样点数据生成多个子区域，每个子区域内只包含一个采样点，且各子

区域到其内采样点的距离小于任何到其他采样点的距离，那么该区域内其他未知点的最佳值就用该区域内的采样点赋值，该方法也称为最近邻点法，常用于用于邻域分析。连接所有采样点的连线形成 Delaunay 三角形，与不规则三角网 TIN 具有相同的拓扑结构，如图 5-33 所示。泰森多边形适用于根据离散点的影响力划分空间范围的情况，以及在缺少连续数据的情况下做近似替代。

GIS 和地理分析中经常采用泰森多边形进行快速的赋值，实际上泰森多边形的一个隐含的假设是任何地点的气象数据均使用距它最近的气象站的数据。而实际上，除非是有足够多的气象站，否则这个假设是不恰当的，因为降水、气压、温度等现象是连续变化的，用泰森多边形插值方法得到的结果图变化只发生在边界上，在边界内都是均质的和无变化。

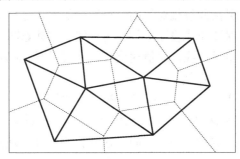

图 5-33　Delaunay 三角形与 Thiessen 多边形

(2) 反距离加权插值法。

反距离加权(Inverse Distance Weighted，IDW)插值法是基于 Tobler 定理提出的一种简单的插值方法。该方法基于相近相似原理，即两个物体离得越近，它们的性质就越相似，反之，离得越远则相似性越小。反距离加权法使用预测区域内已知的样点值来预测区域内除样点外的任何位置的值。假设各已知样点对预测点值的预测都有局部影响，其影响随着距离的增加而减小。离预测点近的已知样点在预测过程中所占的权重要大于离预测点远的已知样点的权重，常见的反距离加权插值法函数形式如下：

$$\hat{z}(S_0) = \sum_{i=1}^{n} \lambda_i z(s_i) \tag{5-67}$$

其中，$\hat{z}(S_0)$ 为待测点 S_0 的预测值；n 为预测计算过程中要使用的预测点周围样点的数量；λ_i 为预测计算过程中使用的各样点的权重，该值随着样点与预测点之间距离的增加而减小；$z(s_i)$ 是在 S_i 处获得的测量值。确定权重的计算公式为

$$\lambda_i = \frac{d_{i0}^{-p}}{\sum_{i=1}^{N} d_{i0}^{-p}} \qquad \sum_{i=1}^{N} \lambda_i = 1 \tag{5-68}$$

其中，p 为参数，可以通过求均方根预测误差的最小值确定其最佳值。均方根预测误差是一种通过交叉验证计算得到的统计量。由式(5-68)可知，权重与预测点和已知样点间距离的 p 次幂成反比，因此，随着距离的增加，权重迅速减小。权重减少的速度取决于 p 值的大小。

加权移动平均公式最简单的形式称为线性插值，公式如下：

$$\hat{z}(x_0) = \frac{1}{n} \sum_{i=1}^{n} z(x_i) \tag{5-69}$$

反距离加权插值方法(IDW)适用于呈均匀分布且密集程度足以反映局部差异的样点数据集，IDW 的优点是可为变量值变化很大的数据集提供一个合理的插值结果；不会出现无意义的插值结果而无法解释。不足在于对权重函数的选择十分敏感；易受数据点集群的影响，结果常出现一种孤立点数据明显高于周围数据点的"鸭蛋"分布模式。

(3) 样条函数插值方法。

在计算机用于曲线与数据点拟合以前，绘图员是使用一种灵活的曲线规逐段的拟合出平滑的曲线。这种灵活的曲线规绘出的分段曲线称为样条。与样条匹配的那些数据点称为桩点，绘制曲线时桩点控制曲线的位置。曲线规绘出的曲线在数学上用分段的三次多项式函数来描述这种曲线，其连接处有连续的一阶和二阶连续导数。

样条函数是数学上与灵活曲线规对等的一个数学等式，是一个分段函数，进行一次拟合只有与少数点拟合，同时保证曲线段连接处平滑连续。这就意味着样条函数可以修改少数数据点配准而不必重新计算整条曲线，插值速度快，保留了微地物特征和视觉上的满意效果。

一般的分段多项式 $p(x)$ 定义为

$$p(x) = p_i(x) \qquad x_i < x < x_{i+1} \qquad (i = 1, 2, 3, \cdots, k-1)$$
$$p_i^{(j)} = p_{i+1}^{(j)}(x_i) \qquad (j = 0, 1, 2, \cdots, r-1; i = 1, 2, 3, \cdots, k-1)$$

(5-70)

$x_1, \cdots, x_{k-1}$ 将区间 x_0，x_k 分成 k 个子区间，这些分割点称"断点"，曲线上具有这些 x 值的点称为"节"。函数 $p_i(x)$ 为小于等于 m 次的多项式。r 项用来表示样条函数的约束条件：

$r=0$，无约束；

$r=1$，函数连续且对它的导数无任何约束；

$r=m-1$，区间 $[x_0, x_k]$ 可用一个多项式表示；

$r=m$，约束条件最多。

$m=1,2,3$ 时的样条分别为一次、二次、三次样条函数，其导数分别是 0 阶、1 阶、2 阶导数，二次样条函数的每个节点处必须有一阶连续导数，三次样条函数的每个节点处必须有二阶连续导数。$r=m$ 的简单样条只有 $k+m$ 个自由度，$r=m=3$ 有着特殊的意义，因为它是三次多项式，该函数首次被人们称为样条函数。术语"三次样条"用于三维情况，此时进行曲面内插，而不是曲线内插。

由于离散子区间的范围较宽，可能是一条数字化的曲线，在这个范围内计算简单样条会引起一定的数学问题，因此在实际应用中都用 B 样条——一种特殊的样条函数。B 样条是感兴趣区间以外均为零的其他样条的和，因此可按简单的方法用低次多项式进行局部拟合。

B 样条经常用于数字化的线划在显示之前进行平滑处理，例如土壤、地质图上的各种边界，传统的制图总希望绘出较平滑的曲线。但是用 B 样条做多边形边界平滑也存在一些问题，特别是多边形面积和周长的计算，结果会与平滑前的不同。

综上所述，样条函数是分段函数，每次只用少量数据点，故插值速度快。样条函数与趋势面分析和移动平均方法相比，它保留了局部的变化特征。线性和曲面样条函数都在视觉上上得到了令人满意的结果。样条函数的一些缺点是：样条内插的误差不能直接估算，同时在实践中要解决的问题是样条块的定义以及如何在三维空间中将这些"块"拼成复杂曲面，又不引入原始曲面中所没有的异常现象等问题。

(4) 空间自协方差最佳插值方法：克里格插值。

前面介绍的几个插值方法对影响插值效果的一些敏感性问题仍没有得到很好的解决，例如趋势面分析的控制参数和距离倒数插值方法的权重对结果影响很大，这些问题包括：需要计算平均值数据点的数目；搜索数据点的邻域大小、方向和形状如何确定；有没有比计算简单距离函数更好的估计权重系数的方法；与插值有关的误差问题等。

为解决这些问题，法国地理数学家 Georges Matheron 和南非矿山工程师 D.G.Krige 研究了一种优化插值方法，用于矿山勘探。这个方法被广泛地应用于地下水模拟、土壤制图等领域，成为 GIS 软件地理统计插值的重要组成部分。这种方法充分吸收了地理统计的思想，认为任何在空间连续性变化的属性是非常不规则的，不能用简单的平滑数学函数进行模拟，可以用随机表面给予较恰当的描述。这种连续性变化的空间属性称为"区域性变量"，可以描述像气压、高程及其他连续性变化的描述指标变量。这种应用地理统计方法进行空间插值的方法，被称为克里格(Kriging)插值。地理统计方法为空间插值提供了一种优化策略，即在插值过程中根据某种优化准则函数动态的决定变量的数值。Matheron，Krige 等人研究的插值方法着重于权重系数的确定，从而使内插函数处于最佳状态，即对给定点上的变量值提供最好的线性无偏估计。

克里格法，基本包括普通克里格方法(对点估计的点克里格法和对块估计的块段克里格法)、泛克里格法、协同克里格法、对数正态克里格法、指示克里格法、折取克里格法等。随着克里格法与其他学科的渗透，形成了一些边缘学科，发展了一些新的克里格方法。如与分形的结合，发展了分形克里格法；与三角函数的结合，发展了三角克里格法；与模糊理论的结合，发展了模糊克里格法等。

克里格插值方法的区域性变量理论假设任何变量的空间变化都可以表示为下述三个主要成分的和表示：与恒定均值或趋势有关的结构性成分；与空间局部变化有关的成分；与空间无关的随机噪声项或剩余误差项。

应用克里格法首先要明确以下几个内容。

① 区域化变量。

当一个变量呈空间分布时，就称之为区域化变量。这种变量反映了空间某种属性的分布特征。矿产、地质、海洋、土壤、气象、水文、生态、温度、浓度等领域都具有某种空间属性。区域化变量具有双重性，在观测前区域化变量 $Z(X)$ 是一个随机场，观测后是一个确定的空间点函数值。

区域化变量具有两个重要的特征。一是区域化变量 $Z(X)$ 是一个随机函数，它具有局部的、随机的、异常的特征；其次是区域化变量具有一般的或平均的结构性质，即变量在点 X 与偏离空间距离为 h 的点 $X+h$ 处的随机量 $Z(X)$ 与 $Z(X+h)$ 具有某种程度的自相关，而且这种自相关性依赖于两点间的距离 h 与变量特征。在某种意义上说这就是区域化变量的结构性特征。

② 协方差函数。

协方差又称半方差，是用来描述区域化随机变量之间的差异的参数。在概率理论中，随机向量 X 与 Y 的协方差被定义为

$$\text{Cov}(X,Y) = E[(x - E(x))(Y - E(Y))] \tag{5-71}$$

区域化变量 $Z(x)=Z(x_u, x_v, x_w)$ 在空间点 x 和 $x+h$ 处的两个随机变量 $Z(x)$ 和 $Z(x+h)$ 的二阶混合中心矩定义为 $Z(x)$ 的自协方差函数，即

$$\text{Cov}[Z(x), Z(x + h)] = E[Z(x)Z(x + h)] - E[Z(x)]E[Z(x+h)] \tag{5-72}$$

区域化变量 $Z(x)$ 的自协方差函数也简称为协方差函数。一般来说，它是一个依赖于空间

点 x 和向量 h 的函数。

设 $Z(x)$ 为区域化随机变量，并满足二阶平稳假设，即随机函数 $Z(x)$ 的空间分布规律不因位移而改变，h 为两样本点空间分隔距离或距离滞后，$Z(x_i)$ 为 $Z(x)$ 在空间位置 x_i 处的实测值，$Z(x_i+h)$ 是 $Z(x)$ 在 x_i 处距离偏离 h 的实测值，根据协方差函数的定义公式，可得到协方差函数的计算公式为

$$c(h) = \frac{1}{N(h)} \sum_{i=1}^{N(h)} [Z(x_i) - \bar{Z}(x_i)][Z(x_i + h) - \bar{Z}(x_i + h)] \tag{5-73}$$

在上面的公式中，$N(h)$ 是分隔距离为 h 时的样本点对的总数，$\bar{Z}(x_i)$ 和 $\bar{Z}(x_i + h)$ 分别为 $Z(x_i)$ 和 $Z(x_i + h)$ 的样本平均数。一般情况下 $\bar{Z}(x_i)$ 和 $\bar{Z}(x_i + h)$ 不相等(特殊情况下可以认为近似相等)。若 $\bar{Z}(x_i) = \bar{Z}(x_i + h) = m$(常数)，协方差函数可改写为

$$c(h) = \frac{1}{N(h)} \sum_{i=1}^{N(h)} [Z(x_i)\bar{Z}(x_i + h) - m^2] \tag{5-74}$$

式中，m 为样本平均数，可由一般算术平均数公式求得，即

$$m = \frac{1}{N} \sum_{i=1}^{n} Z(x_i) \tag{5-75}$$

③ 变异函数。

变异函数又称变差函数、变异矩，是地统计分析所特有的基本工具。在一维条件下变异函数定义为，当空间点 x 在一维 x 轴上变化时，区域化变量 $Z(x)$ 在点 x 和 $x+h$ 处的值 $Z(x)$ 与 $Z(x+h)$ 差的方差的一半为区域化变量 $Z(x)$ 在 x 轴方向上的变异函数，记为 $\gamma(h)$。

$$\gamma(x,h) = \frac{1}{2} \mathrm{Var}[Z(x) - Z(x + h)] $$
$$= \frac{1}{2} E[Z(x) - Z(x + h)^2] - \frac{1}{2} \{E[Z(x)] - E[Z(x + h)]\}^2 \tag{5-76}$$

在二阶平稳假设条件下，对任意的 h 有 $E[Z(x+h)] = E[Z(x)]$，因此上式可以改写为

$$\gamma(x,h) = \frac{1}{2} E[Z(x) - Z(x + h)]^2 \tag{5-77}$$

从上式可知，变异函数依赖于两个自变量 x 和 h，当变异函数 $\gamma(x, h)$。仅仅依赖于距 h 而与位置 x 无关时，可改写成 $\gamma(h)$，即

$$\gamma(h) = \frac{1}{2} E[Z(x) - Z(x + h)]^2 \tag{5-78}$$

设 $Z(x)$ 是系统某属性 Z 在空间位置 x 处的值，$Z(x)$ 为一区域化随机变量，并满足二阶平稳假设，h 为两样本点空间分隔距离，$Z(x_i)$ 和 $Z(x_i+h)$ 分别是区域化变量在空间位置 x_i 和 x_i+h 处的实测值 $[i=1,2,\cdots,N(h)]$，那么根据上式的定义，变异函数 $\gamma(h)$ 的离散公式为

$$\hat{\gamma}(h) = \frac{1}{2N(h)} \sum_{i=1}^{N(h)} [Z(x_i) - Z(x_i + h)]^2 \tag{5-79}$$

变异函数揭示了在整个尺度上的空间变异格局，而且变异函数只有在最大间隔距离 1/2 处才有意义。

④ 克里格估计量。

假设 x 是所研究区域内任一点，$Z(x)$ 是该点的测量值，在所研究的区域内总共有 n 个实测点，即 $x_1, x_2, \cdots, x_n$，那么，对于任意待估点或待估块段 V 的实测值 $Z_v(x)$，其估计值 $\hat{Z}_v(x)$

是通过该待估点或待估块段影响范围内的 n 个有效样本值 $Z_v(x_i)$ $(i=1,2,\cdots,n)$的线性组合来表示，即

$$\hat{Z}_v(x) = \sum_{i=1}^{n} \lambda_i Z(x_i) \tag{5-80}$$

式中，λ_i 为权重系数，是各已知样本在 $Z(x_i)$ 在估计 $\hat{Z}_v(x)$ 时影响大小的系数，而估计 $\hat{Z}_v(x)$ 的好坏主要取决于怎样计算或选择权重系数 λ_i。

在求取权重系数时必须满足两个条件，一是使 $\hat{Z}_v(x)$ 的估计是无偏的，即偏差的数学期望为零；二是最优的，即使估计值 $\hat{Z}_v(x)$ 和实际值 $Z_v(x)$ 之差的平方和最小，在数学上，这两个条件可表示为

$$E[\hat{Z}_v(x) - Z_v(x)] = 0$$
$$\text{Var}[\hat{Z}_v(x) - Z_v(x)] = E[\hat{Z}_v(x) - Z_v(x)]^2 \rightarrow \min \tag{5-81}$$

⑤ 普通克里格分析方法。

设 $Z(x)$为区域化变量，满足二阶平稳和本征假设，其数学期望为 m，协方差函数 $c(h)$ 及变异函数$\lambda(h)$存在。即

$$E[Z(x)] = m \tag{5-82}$$

$$c(h) = E[Z(x)Z(x+h)] - m^2 \tag{5-83}$$

$$\gamma(h) = \frac{1}{2} E[Z(x) - Z(x+h)]^2 \tag{5-84}$$

中心位于 x_0 的块段为 V，其平均值为 $Z_v(x_0)$ 的估计值以 $\gamma(h) = \frac{1}{2} E[Z(x) - Z(x+h)]^2$ 进行估计。

在待估区段 V 的邻域内，有一组 n 个已知样本 $v(x_i)$，其实测值为 $Z(x_i)$。克里格方法的目标是求一组权重系数γ_i，使得加权平均值

$$\hat{Z}_v = \sum_{i=1}^{n} \lambda_i Z(x_i) \tag{5-85}$$

成为待估块段 V 的平均值 $Z_v(x_0)$的线性、无偏最优估计量，即克里格估计量。为此，要满足以下两个条件：

a) 无偏性。要使 $\hat{Z}_v(x)$ 成为 $Z_v(x)$ 的无偏估计量，即 $E[\hat{Z}(x)] = E[Z_v]$，当 $E[\hat{Z}_v] = m$ 时，也就是当 $E[\sum_{i=1}^{n} \lambda_i Z(x_i)] = \sum_{i=1}^{n} \lambda_i E[Z(x_i)] = m$ 时，则有：$\sum_{i=1}^{n} \lambda_i = 1$ ，这时，$\hat{Z}_v$ 是 Z_v 的无偏估计量。

b) 最优性。在满足无偏性条件下，估计方差δ^2_E为

$$\delta^2_E = E[Z_v - \hat{Z}_v] = E[Z_v - \sum \lambda_i(x_i)]^2 \tag{5-86}$$

由方差估计可知

$$\delta^2_E = \bar{c}(V,V) + \sum_{i=1}^{n}\sum_{j=1}^{n} \lambda_i \lambda_j \bar{c}(v_i,v_j) - 2\sum_{i=1}^{n} \lambda_i \bar{c}(v_i,V) \tag{5-87}$$

为使估计方差δ^2_E最小，根据拉格朗日乘数原理，令估计方差的公式为

$$F = \delta^2_E - 2\mu(\sum_{i=1}^{n} \lambda_i - 1) \tag{5-88}$$

求以上公式对λ_i和μ的偏导数,并令其为 0,得克里格方程组,整理后得

$$\left.\begin{array}{l} \sum_{j=1}^{n}\lambda_i\overline{c}(v_i,v_j)-\mu=\overline{c}(v_i,V) \\ \sum_{i=1}^{n}\lambda_i=1 \end{array}\right\} \tag{5-89}$$

解上述 $n+1$ 阶线性方程组,求出权重系数λ_i和拉格朗日乘数 μ,并代入公式,经过计算可得克里格估计方差,即

$$\delta^2_E=\overline{c}(V,V)-\sum_{i=1}^{n}\lambda_i\overline{c}(v_i,V)+\mu \tag{5-90}$$

以上三个公式都是用协方差函数表示的普通克里格方程组和普通克里格方差。

习　题

1. 什么是 GIS 的空间分析? GIS 软件应具备哪些空间分析的功能?
2. 什么是叠置分析和缓冲区分析? 在 GIS 空间分析中有什么作用?
3. 线与多边形、多边形与多边形如何进行叠置分析?
4. 什么是网络分析? GIS 中常用的网络分析的功能有哪些?
5. 常见的空间信息的分类方法有哪几种? 分别加以叙述。
6. 什么是 DTM 和 DEM,两者有什么区别? 常见的 DEM 的表达形式有哪些?
7. 简述 DEM 在地形分析中的应用。
8. 空间局部插值是什么? 常见的克里格插值模型有哪些?

第6章　GIS 的专题应用

学习重点：

- GIS 专题应用的形式
- 3S 集成的思想
- 组件 GIS、WebGIS、移动 GIS 的实现途径
- 虚拟现实及数字地球的基本知识

地理信息与人类生活密切相关，规划、环境、农业、林业、资源配资等，GIS 无处不在。进入 21 世纪，信息化的浪潮席卷全球，发展之迅猛大大提升了社会生产力，人们开始注意运用 GIS 的相关理论和方法为自己服务。特别是近年来环境污染加重，全球气候变暖，城市雾霾频发等，人们在提倡保护环境和治理环境的同时，也在思考如何更好地管理和预计相关信息的发展和变化。大数据时代的到来，为数字地球、智慧地球的发展带来了机遇，使其更好地为社会服务。

6.1　GIS 应用概述

6.1.1　概况

尽管现存的 GIS 软件很多，但对于它的研究应用，归纳概括起来有两种情况。一是利用 GIS 来处理用户的数据；二是在 GIS 的基础上，利用它的开发函数库二次开发出用户专用的 GIS 软件。目前已成功地应用到了包括资源管理、自动制图、设施管理、城市和区域的规划、人口和商业管理、交通运输、石油和天然气、教育、军事等九大类别的 100 多个领域。在美国等发达国家，GIS 的应用遍及环境保护、资源保护、灾害预测、投资评价、城市规划建设、政府管理等众多领域。近年来，随着我国经济建设的迅速发展，GIS 应用的进程逐步加快，在城市规划管理、交通运输、测绘、环保、农业、制图等领域发挥了重要的作用，取得了良好的经济效益和社会效益。我国地理信息产业总产值预计在 2015 年将超过 4000 亿元。现介绍主要应用研究领域。GIS 的主要专题应用领域如图 6-1 所示。

6.1.2　农业

在我国，从 20 世纪 80 年代中期开始，GIS 技术就被应用于农业领域。从国土资源决策管理、农业资源信息、区域农业规划、粮食流通管理与粮食生产辅助决策到农业生产潜力研究、农作物估产研究、区域农业可持续发展研究、农用土地适宜性评价、农业生态环境监测、

基于 GPS 和 GIS 的精细农业信息处理系统研究等,许多研究成果直接应用于农业生产,取得了很大的经济效益。随着 GIS 理论的产生发展以及方法和技术的成熟,在农业领域的应用也逐步深入。

(1) 作为农业资源调查的工具,建立了农业资源地理数据库,实现空间数据库的浏览、检索等,利用 GIS 绘制农业资源分布图和产生正规的报表。

(2) 作为农业资源分析的工具,GIS 技术已不限于制图和空间数据库的简单查询,而是以图形及数据的重新处理等分析工作为特征,用于各种目标的分析和重新导出新的信息,产生专题地图和进行地图数据的叠加分析等。

(3) 作为农业生产管理的工具,主要是建立了各种模型和拟订各种决策方案,直接用于农业生产。

(4) 作为农业管理的辅助决策工具,利用了 GIS 的模型功能和空间动态分析以及预测能力,并与专家系统、决策支持系统及其他的现代技术(如 RS 和 GPS)有机结合,便于我国农业生产的管理和辅助决策。

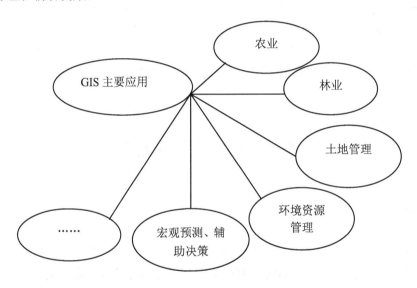

图 6-1　GIS 的主要专题应用领域

6.1.3　林业

林业生产领域的管理决策人员面对着各种数据,如林地使用状况、植被分布特征、立地条件、社会经济等许多因子的数据。这些数据既有空间数据又有属性数据,对这些数据进行综合分析并及时找出解决问题的合理方案,借用传统方法不是一件容易的事,而利用 GIS 方法却轻松自如。

社会经济在迅速发展,森林资源的开发、利用和保护需要随时跟上经济发展的步伐,掌握资源动态变化,及时做出决策就显得异常重要。常规的森林资源监测,从资源清查到数据整理成册,最后制订经营方案,需要的时间长,造成经营方案和现实情况不相符。这种滞后现象势必出现管理方案的不合理,甚至无法接受。利用 GIS 就可以完全解决这一问题,及时掌握森林资源及有关因子的空间时序的变化特征，从而对症下药。

林业 GIS 就是将林业生产管理的方式和特点融入 GIS 之中，形成一套为林业生产管理服务的信息管理系统。以减少林业信息处理的劳动强度，节省经费开支，提高管理效率。

GIS 在林业上的应用主要以下几种。

(1) 环境与森林灾害监测与管理方面中的应用，包括林火、病虫害、荒漠化等管理。如在防火管理中，其主要内容有林火信息管理、林火扑救指挥和时实监测、林火的预测预报、林火设施的布局分析等。

(2) 在森林调查方面的应用，包括森林资源清查和数据管理、制定森林经营决策方案、林业制图，这是 GIS 最初应用于林业的主要方面。

(3) 森林资源分析和评价方面，包括林业土地利用变化监测与管理、用于分析林分、树种、林种、蓄积等因子的空间分布、森林资源动态管理、林权。

(4) 森林结构调整方面，包括林种结构调整、龄组结构调整。

(5) 森林经营方面，包括采伐、抚育间伐、造林规划、速生丰产林、基地培育、封山育林等。

(6) 野生动物植物监测与管理。

6.1.4　土地管理

GIS 的产生和发展首先是在土地管理中得到应用。土地管理本身是一项既重要又复杂的系统。这是因为土地是人类最宝贵的非可再生的自然资源之一，从古至今人类一直重视对土地的管理和利用。土地的管理工作包含多方面的内容，比如土地资源调查、土地利用规划、地籍管理、土地市场管理等，是一门非常复杂的系统，迫切需要采用信息化的手段来进行科学、高效的管理；另外由于土地管理中存在大量的空间数据，需要采用空间技术来进行管理。传统的关系数据库技术对属性数据的管理已相当成熟，但对空间信息的管理显得力不从心，GIS 技术不仅可以管理属性信息和空间信息，而且还可以实现空间信息和属性信息间关系的管理。因此，土地是 GIS 最古老、最广泛的应用领域之一。早期的 GIS 几乎全部是处理和土地有关的信息系统，GIS 的概念正是由于计算机在土地管理中的应用而产生的。

GIS 和土地方面的这种渊源使 GIS 在土地方面得到了广泛的应用。据统计，在土地资源管理领域，GIS 的应用有地籍信息管理、土地资源评价、土地利用现状动态监测、城市地价评估、土地利用结构对非点源污染的影响、土地利用现状计算机成图；建立了土地管理信息系统、土地资源动态监测技术系统、城市土地利用扩展模式、用地管理系统、基于网络的土地利用总体规划管理信息系统、多媒体电子地图与土地管理信息系统、县域土地利用现状数据库系统、土地利用总体规划管理信息系统。

目前 GIS 在土地管理方面的应用主要包括地籍信息管理、土地资源评价与利用规划、土地利用动态监测、土地政策的模拟及土地利用总体规划等。

6.1.5　环境资源管理

环境资源管理的内容包括环境资源状况、动态变化、开发利用及保护的合理性评估、监督、治理、跟踪等方面。由于环境资源的空间和时间的非均匀性，利用以空间信息管理及分析为主要功能的 GIS 对环境资源进行管理才能够实现真正的有效管理。

　　国外 GIS 在环境资源管理中的应用有着成功的经验，加拿大于 20 世纪 70 年代已经开始用 GIS 进行土地与其他基础设施的管理，美国以及欧洲的一些发达国家也于 20 世纪 80 年代相继开展了 GIS 在土地、林业、生物资源等方面管理业务中的应用。目前，我国 GIS 在一些环境资源管理领域已得到了应用，如林业领域已经建立了森林资源 GIS、荒漠化监测 GIS、湿地保护 GIS 等；农业领域已经建立了土壤 GIS、草地生态监测 GIS 等；水利领域的流域水资源管理信息系统、各种灌区 GIS、全国水资源 GIS 等；海洋领域的海洋渔业资源 GIS、海洋矿产 GIS 等；土地领域建立了土地资源 GIS、矿产资源 GIS 等。这些 GIS 在环境资源管理方面发挥了一定的作用。

6.1.6　宏观预测、辅助决策

　　GIS 利用拥有的数据和互联网传输技术，已经实现了电子商贸的革命，满足企业决策多维性的需求。当前在全球协作的商业时代，90%以上的企业决策与地理数据有关，例如企业的分布、顾客货源、市场的地域规律、原料、运输、跨国生产、跨国销售等。利用 GIS 迅速有效管理空间数据，进行空间可视化分析，确定商业中心位置和潜在市场的分布，寻找商业地域规律，研究商机时空变化的趋势，不断为企业创造新的商机，GIS 和互联网已成为最佳的决策支持系统和威力强大的商战武器。

　　另外，大区域、长周期、复杂的环境现象和变化很难在短时间看清楚它的发展、变化及效果，为此，通过建立环境数据库，并使用一系列模拟和决策模型进行分析研究，可为国家大区域的宏观决策提供可靠的科学依据。例如，在我国三峡大型工程规划和决策过程中，利用 GIS 建立环境监测系统为这项工程提供了工程前后环境变迁的范围、速度、演变趋势、可能后果等可靠数据，展现三峡工程的各个方面，为三峡工程的宏观决策，起了重要的科学保障作用。

6.2　GIS 在资源管理、区域规划及辅助决策方面的应用

6.2.1　资源管理

　　GIS 强大的空间数据管理、处理及分析功能注定其在资源调查和信息管理方面发挥着巨大的作用，例如首次全国地理国情普查、第二次全国土地调查、森林和矿产资源调查、电力资源管理等。系统主要的任务是将各种来源的数据和信息有机地汇集在一起，GIS 软件能在一起连续无缝的方式下管理大型的地理数据库，这种功能强大的数据环境允许集成各种应用，最终用户通过 GIS 的客户软件，可直接对数据库进行查询、显示、统计、制图及提供区域多种组合条件的资源分析，为资源的合理开发利用和规划决策提供依据。图 6-2 是输变电 GIS 系统的架构图。

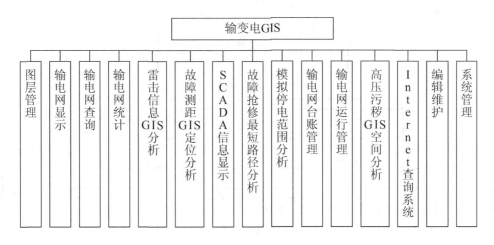

图 6-2　输变电 GIS 的架构图

6.2.2　区域规划

传统区域规划方法与现代信息技术条件下规划过程信息需求、信息处理手段不对称。而 GIS 技术的优势则体现为强大且丰富的信息处理能力，尤其是对于地理信息的查询、分析及结果显示等。基于 GIS 的区域性基础设施规划方法充分利用数字化的地理信息数据和 GIS 技术分析工具，在理论和实践中都具有重要意义。基于 GIS 的区域规划是各级政府电子政务建设的重要组成部分。此规划方法的实现、推广与应用是电子政务理论在特定领域的积极尝试，极大丰富电子政务理论体系和内容，为电子政务建设理论的进一步发展与完善积累素材与经验。

基于 GIS 的区域规划方法最大限度地利用了区域发展信息，规划师在区域地理环境信息(如山脉、河流分布等)、社会发展数据信息(如人口分布、城镇结构布局等)以及经济发展数据信息(如产业发展规划、经济总量等)的进行空间分析和展示基础上，运用 GIS 技术，结合传统区域性基础设施规划方法，提出若干区域性基础设施规划的备选方案，在此基础上实现方案优化与选择。GIS 扩展了规划人员的相关规划区域的地理数据信息范围和深度，弥补了传统方法对于地理信息处理能力、速度的缺陷。这种规划方法突破了传统规划方法的局限性，实现了规划方案的图形化，为规划师进行区域规划提供了强有力的技术手段，具有重要的现实意义。图 6-3 是某城市排水管网规划 GIS 辅助系统。

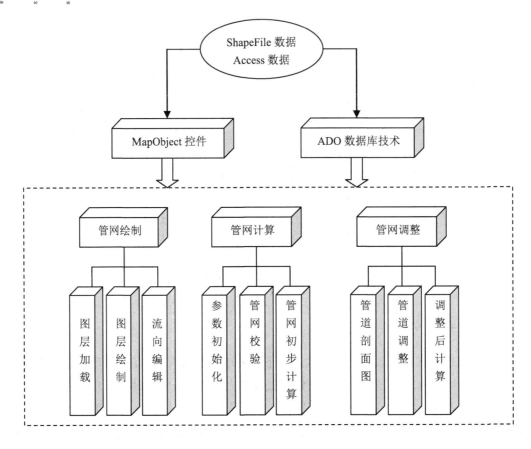

图 6-3 某城市排水管网规划 GIS 辅助系统

6.2.3 辅助决策

GIS 是资源和环境科学的先进工具，它主要研究人和自然随着人口的快速增长，人类社会和经济活动的广度和深度空前加剧，对资源的大量消耗，人和自然的关系趋于紧张，人和自然这样的一个统一一体经常失衡。所谓宏观决策，其最终是谋求人与自然的协调，谋求发展与资源环境的协调，是持续发展的战略决策。因此它的特点从空间上讲就是一个大的区域在时间上为大的时段，就范畴而言就是社会、经济、自然多领域，多因素，而状态方面的特点就是动态性。

当前，科学技术新的发展趋势，要求应用于决策的 GIS 能够具有以下特征。

(1) 具有 3S 集成的空间技术。GNSS 是在整个地球环境中准确的信息空间定位的技术，RS 是资源和环境领域大范围、高效率，收集现时空间信息的有效手段，而 GIS 是对大量空间信息进行整理加工、分析的有力武器，只有把收集、定位、综合分析各部分集成起来，空间信息才具有广泛性、完整性、现势性。

(2) 网络技术的支持，尤其是分布式网络。地理信息从空间角度看，它是按照区域不同来出现；从特性角度看，它是分属于不同专业，不同性质特点的。从采集、组织、更新保存及使用而言总是条、块分割。这些特点就是分布的特点，它永远存在。因而网络的支持，尤其分布式网络的支持是至关紧要的。

(3) 智能化决策支持。要将专家群体、区位数据结合起来，将社会和自然各种环境和模型结合起来，必须采用人工智能，在空间数据库和知识库的基础上，进行规范性而又有创造性的科学思维和动态模拟的深加工。

(4) 广泛的多媒体技术，使复杂的决策全过程更为人性化，更形象、具体、逼真、亲切，且又方便。

图6-4是电子地图辅助决策系统界面。

图6-4　电子地图辅助决策系统界面

6.3　3S集成

6.3.1　3S集成概述

3S集成是指将遥感(Remote Sensing，RS)、全球导航卫星系统(Global Navigation Satellite System，GNSS)、GIS三者进行一体化组合，形成对地观测、空间定位与空间分析的完整体系结构。其中，GNSS能够实时、快捷、高精度地获取目标精确的位置信息；RS能够全天候、大范围、快捷便利地提供多尺度、多频率的目标信息；GIS则是对多种来源的时空数据进行综合处理、集成管理、动态存取。如图6-5所示。

3S集成的目的是对现实世界或者现实世界的自然现象通过计算机进行数字模拟和分析，其本质是对地理空间对象的地学特征进行空间描述与表达，包括从现实世界到比特世界及从比特世界到计算机世界的两个转换过程，这两个转换过程是通过对空间对象的定位、地学信息的获取以及空间分析等功能的综合集成来实现的。

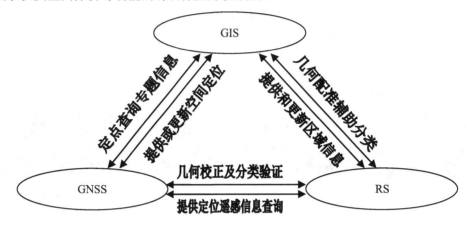

图 6-5　3S 之间的关系

6.3.2　GIS 与 RS 集成

1. RS 概述

RS 是通过遥感器这类对电磁波敏感的仪器，在远离目标和非接触目标物体条件下探测目标地物，获取其反射、辐射或散射的电磁波信息(如电场、磁场、电磁波、地震波等信息)，并进行提取、判定、加工处理、分析与应用的一门科学和技术。

RS 是一门对地观测综合性技术，根据 RS 的定义，RS 系统主要由以下四大部分组成。

(1) 信息源。信息源是 RS 需要对其进行探测的目标物。任何目标物都具有反射、吸收、透射及辐射电磁波的特性，当目标物与电磁波发生相互作用时会形成目标物的电磁波特性，这就为 RS 探测提供了获取信息的依据。

(2) 信息获取。信息获取是指运用 RS 技术装备接收、记录目标物电磁波特性的探测过程。信息获取所采用的 RS 技术装备主要包括 RS 平台和传感器。其中 RS 平台是用来搭载传感器的运载工具，常用的有气球、飞机和人造卫星等；传感器是用来探测目标物电磁波特性的仪器设备，常用的有照相机、扫描仪和成像雷达等。

(3) 信息处理。信息处理是指运用光学仪器和计算机设备对所获取的 RS 信息进行校正、分析和解译处理的技术过程。信息处理的作用是通过对 RS 信息的校正、分析和解译处理，掌握或清除 RS 原始信息的误差，梳理、归纳出被探测目标物的影像特征，然后依据特征从 RS 信息中识别并提取所需的有用信息。

(4) 信息应用。信息应用是指专业人员按不同的目的将 RS 信息应用于各业务领域的使用过程。信息应用的基本方法是将 RS 信息作为 GIS 的数据源，供人们对其进行查询、统计和分析利用。RS 的应用领域十分广泛，最主要的应用有军事、地质矿产勘探、自然资源调查、地图测绘、环境监测以及城市建设和管理等。

2. GIS 与 RS 集成

RS 信息具有周期动态性、信息丰富、获取效率高等优势，它的出现为 GIS 获取数据提供了更加高效的方法；而 GIS 强大的空间数据管理和分析功能为 RS 数据的应用提供了新的手段，二者优势互补，相互补充，二者集成是必然的。

(1) RS 是 GIS 重要的数据源，有效的数据更新手段。GIS 之所以有效，是因为它的数据是新鲜的、有效的。RS 手段能够迅速、准确、综合性地大范围地采集环境和资料数据。同时，RS 数据具有多光谱和动态多时相的特点，它为 GIS 数据更新提供了全方位的手段和动态数据源。

(2) GIS 也可为 RS 分析提供有用的辅助信息和手段。GIS 中确定的实体位置以及 DEM 可以显著提高 RS 的定位精度及分类精度，从而提高整个 RS 的应用水平。

GIS 与 RS 集成的途径(见图 6-6)主要包括如下三个方面。

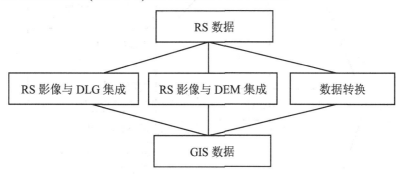

图 6-6　GIS 与 RS 集成的主要途径

(1) RS 影像与 DLG 数据的集成。RS 图像经过辐射变化和几何变换之后，与同一区域的 DLG 数据叠加，形成概念意义上的矢栅一体化数据。这种表达方法增强了空间数据的可阅读性，使 DLG 数据表现得更加生动，目前 Google、腾讯、百度、高德等的地图和导航功能中均已支持卫星影像和 DLG 数据；同时，DLG 数据依据高分辨率 RS 影像，结合模式识别的方法，能够实现数据库的自动或半自动数据更新。

(2) RS 影像与 DEM 数据集成。DEM 数据能够精确地表示出地表连续起伏变化的状态，即地形信息。DEM 有助于 RS 影像的几何校正与配准，消除 RS 图像中因地形起伏所造成的像元位移，提高 RS 图像的定位精度，同时 DEM 可参与 RS 图像的分类，改善分类精度；同时，RS 影像有助于利用 DEM 进行各种地学分析，更加形象具体地展示 DEM 产品。

(3) RS 影像与 GIS 数据相互转换。通过空间数据交换和互操作的方法，实现 RS 数据与 GIS 数据相互转换，实现数据之间的无缝传输，也是二者集成的有效途径之一，此方法需要进一步研究。

6.3.3　GIS 与 GNSS 的集成

1. GNSS 概述

GNSS 是以卫星为基础的无线电测时定位导航系统，可为航空、航天、洼地、海洋等方面的用户提供不同精度的在线或离线的空间定位数据，对于运动物体(车、船、机、星、弹)

的全球准确定位被用于监控、救援、排险、导航等十分重要的场合。

GNSS 泛指所有的卫星导航系统，包括全球的、区域的，如美国的 GPS、俄罗斯的 GLONASS、欧洲的 GALILEO、中国的北斗卫星导航系统(BDS)，以及相关的增强系统，如美国的 WAAS(广域增强系统)、欧洲的 EGNOS(欧洲静地导航重叠系统)和日本的 MSAS(多功能运输卫星增强系统)等，还涵盖在建和以后要建设的其他卫星导航系统。GNSS 是个多系统、多层面、多模式的复杂组合系统，如图 6-7 所示。

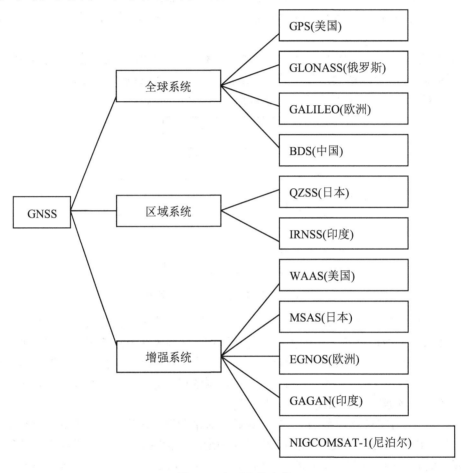

图 6-7　GNSS 的含义

2. GIS 与 GNSS 集成

对于 GIS 来说，GNSS 提供了一种极为重要的实时、动态、精确获取空间数据的方法，是 GIS 的重要数据源之一。GPS 大大拓展了 GIS 的应用方式和应用领域。而对于 GNSS 来说，虽然能够快速定位，但无法给出定位点周围的地理实体属性和与其相关的空间信息描述，GIS 则补充了这一点，所以二者互联互补。集成方法包括以下几种。

1) GIS 采集器

目前 GNSS 厂商纷纷推出一种高精度手持 GNSS，内置数字成图软件，配合彩色、触摸屏等硬件，构成 GIS 采集器。GIS 采集器目前精度达到厘米级，在森林资源调查，土地利用调查等领域被广泛应用。

2) 实时动态模式

当定位精度要求高，移动区域广，需要集中显示流动目标的运行状况时，便需要采取本方式。它往往由多台接收机、控制中心和基站组成。

(1) 控制中心。由大屏幕计算机、无线电台、通信适配器、电源和天线系统组成，并配备 GIS。

(2) 基站。由电台、通信适配器、电源和天线系统组成。

(3) 移动站(即车载系统)。由电台、天线、通信适配器和 GPS 接收机组成。

其工作流程为各接收站把接收到的本机位置信号，通过电台发送给基站，基站接收信号后无线发送给控制中心，中心把收到的定位信号通过处理并与 GIS 的电子地图相匹配，显示该接收机位置。其中基站是作为中继站，视活动覆盖区大小及电台发送信号功率大小，可多可少，当接收机上电台功率大，或活动范围不大，可不要基站，监控中心在了解移动器的运动后还可通过电台发出接收机动作指令，指挥接收机的运行。

6.3.4　RS 与 GNSS 集成

RS 影像需要地面控制点(GDP)坐标作为几何纠正的骨架数据，而这些地面控制点坐标数据大都通过 GNSS 采集得到；同时也可通过分析 RS 影像数据，基本确定控制点布设位置，提高 GNSS 数据采集的工作效率。

RS 包含的另一方面则是航空摄影测量技术，其空间定位方法称为空中三角测量。工作可分为两大主要部分：第一部分是数据采集，包括转点、像点坐标或模型点坐标量测、坐标规化和预改正。第二部分是数据处理，一般为区域网平差，平差过程中要引入非摄影测量信息，主要是地面控制点坐标，使空中三角测量网纳入规定的物方坐标系，同时对影像系统误差进行有效的改正。

GNSS 辅助空中三角测量就是利用机载 GNSS 接收机与地面基准点的 GNSS 接收机同时、快速、连续地记录相同的 GNSS 卫星信号，通过相对定位技术的离线数据后处理获取摄影机曝光时刻摄站的高精度三维坐标，将其作为区域网平差中的附加非摄影测量观测值，以空中控制取代(或减少)地面控制；经采用统一的数学模型和算法，整体确定点位并对其质量进行评定的理论、技术和方法。

以 GNSS 中的 GPS 为例，由自动空中三角测量中的多片影像匹配自动转点技术取代常规航测中像点坐标的人工量测，由 GPS 动态差分技术获取 GPS 摄站坐标，以空中控制取代或减少地面控制，即可使解析空中三角测量实现全自动化(见图 6-8)。

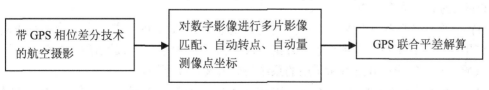

图 6-8　GPS 辅助全自动空中三角测量

6.3.5　3S 集成的意义

3S 结合应用、取长补短是自然的发展趋势，三者之间相互作用形成 "一个大脑，两只眼睛"的框架，即 RS 和 GPS 向 GIS 提供或更新区域信息以及空间定位，GIS 进行相应的空间分析，以从提供的大量数据中提取有用信息，并进行综合集成，使之成为科学决策的依据。

单纯从软件实现的角度来看，开发 3S 集成的系统在技术上并没有多大的障碍。目前一般工具软件的实现技术方案是：通过支持栅格数据类型及相关的处理分析操作以实现与遥感的集成，而通过增加一个动态矢量图层以与 GPS 集成。对于 3S 集成技术而言，最重要的是在应用中综合使用遥感以及全球定位系统，利用其实时、准确获取数据的能力，降低应用成本或者实现一些新的应用。

3S 集成技术的发展，形成了综合的、完整的对地观测系统，提高了人类认识地球的能力；相应地，它拓展了传统测绘科学的研究领域。同时，它也推动了其他一些相联系的学科的发展，如地球信息科学、地理信息科学等，它们成为"数字地球"这一概念提出的理论基础。

6.4　组件式 GIS

6.4.1　ComGIS 概述

随着计算机软件技术和组件式对象模型(Component Object Model)的发展，GIS 发展到了一个全新的阶段(如图 6-9 所示)，出现了组件式 GIS(Components GIS，ComGIS)。ComGIS 就是基于组件技术开发的 GIS。ComGIS 将 GIS 的各大功能分解为若干组件或控件，每个组件完成不同的功能，这些组件可以是来自不同厂家和不同时期的产品，可以用任何语言开发，开发的环境也无特别的限制。各个组件之间可以根据应用要求，通过可视界面和使用方便的接口可靠而有效地组合在一起，形成最终的应用系统。

图 6-9　GIS 的发展阶段

ComGIS 的特点包括以下几点。

(1) 高效无缝的系统集成。一个系统的建立往往需要对 GIS 数据、基本空间处理功能与各种应用模型进行集成。而系统集成方案在很大程度上决定了系统的适用性和效率，不同的应用领域、不同的应用开发者所采用的系统集成方案往往不同。

(2) 无须专门 GIS 开发语言。传统 GIS 往往具有独立的二次开发语言，如 ArcGIS 的 AML、MGE 的 MDL、MapInfo 的 MapBasic 等。对 GIS 基础软件开发者而言，设计一套二次开发语言是不小的负担，同时二次开发语言对用户和应用开发者而言也存在学习上的负担。而且使用系统所提供的二次开发语言，开发往往受到限制，难以处理复杂问题。ComGIS 则不需要额外的 GIS 二次开发语言，只需实现 GIS 的基本功能函数，按照 Microsoft 的 ActiveX 控件标准开发接口。这有利于减轻 GIS 软件开发者的负担，而且增强了 GIS 软件的可扩展性。

(3) 大众化的 GIS。组件式技术已经成为业界标准，用户可以像使用其他 ActiveX 控件一样使用 ComGIS 控件，使非专业的普通用户也能够开发和集成 GIS 应用系统，推动了 GIS 大众化进程。ComGIS 的出现使 GIS 不仅是专家们的专业分析工具，同时也成为普通用户对地理相关数据进行管理的可视化工具。

(4) 成本低。由于传统 GIS 结构的封闭性，往往使得软件本身变得越来越庞大，不同系统的交互性差，系统的开发难度大。ComGIS 提供实现空间数据的采集、存储、管理、分析和模拟等功能，而其他非 GIS 功能(如关系数据库管理、统计图表制作等)则可以使用专业厂商提供的专门组件，有利于降低 GIS 软件开发成本。另一方面，ComGIS 本身又可以划分为多个控件，分别完成不同功能。用户可以根据实际需要选择所需控件，最大限度地降低了用户的经济负担。

6.4.2 COM 技术

1. COM 技术概述

组件对象模型(COM)是微软公司为了促进软件交互使用而设计的，也就是允许两个或多个应用程序或组件方便地进行合作，这些组件可以是不同厂家在不同时期，用不同的程序语言开发的，也可以运行在不同操作系统的机器上，为此 COM 定义和实现了一系列的机制来允许应用程序作为软件对象而相互联系在一起。

在 COM 之下，软件组件通过一个或多个 COM 对象来实现其服务功能。但是对象不是组件之间的直接联系，组件通过对象支持的接口来使用对象的功能，通常一个 COM 对象支持一个或多个接口，而每个接口又支持或实现若干个方法，一个方法是完成某个特定任务的函数或过程，COM 对象之间的接触都必须通过接口来进行，一个接口之下的方法通常都是相互关联的。

COM 是基于面向对象的模型，所以它具有面向对象的抽象、多态和继承的内容。COM 最大的优点之一是简化软件版本更新。COM 是通过支持多个接口来实现这一点的。所有 COM 对象之间的交互作用都是通过接口来实现的，如果要增加或修改功能，只要增加新的接口。对象与接口的表示如图 6-10 所示。

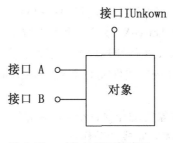

图 6-10 对象与接口的表示

2. 接口

ComGIS 的核心内容就是接口，COM 对象只支持接口继承。每个接口都有两个"名字"。一个是供人用的，一个是供软件用的。供人用的名称是一串字符，必须保证在一个程序内唯一，而供软件用的名字是一个相当大的整数，它必须保证全球的唯一性，也就是说，在任何情况下，两个不同的接口有不同的标识码，称之为全球唯一标识码(Global Unique Identifier，GUID)。按照惯例，供人用的名称总是以 I 开头，如 IUnknown，ISomeinterface。接口可以用不同的方式定义，一般是用接口描述语言(IDL)来描述。

IUnknown 是 COM 中最重要也是最基本的接口，任何一个 COM 对象都必须支持 IUnknown 接口，并且每一个其他接口都必须继承于 IUnknown。IUnknown 并不复杂，只有三个方法：QueryInterface，AddRef 和 Release，这些方法可以通过对象的任何一个接口指针来调用，IUnknown 有自己的唯一标识码(IID)。如果用图示来描述一个接口，则 IUnknown 是唯一一个向上的接口。

一个 COM 对象所支持的接口代表着对象与客户之间的一种合同，对象保证按照接口的定义来实现其方法，而其客户也必须实现该接口的所有方法，客户一旦得到该接口的指针，它就可以调用接口的任何一个方法。即使某个方法并不做任何有意义的事，也必须可以被调用。除此之外，接口还具有下列四个主要特点。

(1) 接口不是类。一个接口是一个抽象基类，所以不可以实例化，也就是说不能由类而产生对象，接口的主要作用是提供方法及其参数(函数签名)，不同的对象类可以以不同的方法来实现同一类接口。

(2) 接口也不是对象，而是对象使用通信的手段。因为接口是以方法调用来工作的，所以对象只能通过方法来展示其内部状态。

(3) 接口是严格类型化的，每个接口都有自己的唯一标识码，从而避免接口之间的冲突，对象与其用户必须通过接口标识码来使用接口。

(4) 接口具有"免疫"力，接口不带任何版本，接口一旦公布，即不能做任何修改。若要增加或删除接口的方法，或改变参数类型，或改变语义等，都意味着要定义一个新的接口，赋予新的接口标识码。采用这种限制，并支持多个接口是 COM 解决版本更新的有效手段。由于只增加新接口，而此接口依然存在，这样就不会影响对象更新前的客户。

3. ActiveX 控件和 OLE 自动化

1) ActiveX 控件

ActiveX 是一套基于 COM 的可以使软件组件在网络环境中进行互操作而不管该组件是用何种语言创建的技术。作为 ActiveX 技术的重要内容，ActiveX 控件是一种可编程、可重用的基于 COM 的对象。ActiveX 控件通过属性、事件、方法等接口与应用程序进行交互。

属性(Properties)是描述 ActiveX 控件或对象性质(Attributes)的数据，是 ActiveX 控件拥有的重要特征。

方法(Methods)指空间或对象的动作(Actions)，通常对应于函数(Functions)。通过调用方法，可以让 ActiveX 控件执行需要完成的动作。

事件(Events)指对象的响应(Responses)，是 ActiveX 控件与其容器进行交流的重要手段。

当用户对控件进行某种动作时，ActiveX 控件可以向容器发送相关的事件，容器可以做出相应的反应，控件就是一组适合其功能的事件。用户界面和事件是 ActiveX 控件和自动化对象的最主要差别。

GIS 组件多数是以 ActiveX 控件的形式存在，一般和专业应用系统在 Microsoft 平台上集成。这些控件将基础的 GIS 组件封装在一起，方便地嵌入 Microsoft 平台的任何标准开发环境中。使用 GIS 控件的目的是将 GIS 功能引入其他系统中，这是 GIS 控件存在的意义。它屏蔽了所有功能的实现细节，对用户的编程技能要求很低。由于这种 GIS 开发方式简单、快捷，并且控件提供的功能既满足了用户的需要又充分利用了资料，因此这种开发方式得到了最为广泛的应用。较有代表性的 GIS 控件有 MapInfo 的 MapX 和 ESRI 的 MapObject、ArcObject、ArcEngine 等。

2) OLE 自动化

OLE 自动化即对象连接与嵌入(Object Linking and Embedding, OLE)。自动化指的是使一个应用程序可编程化，或者说是让其他软件以编程的方式来使用该程序所提供的各种服务。如果能以一种标准的方式来提供可编程化的能力，则可实现多种软件同时编程化，COM 规定了一种软件对象之间交互作用的标准方式(接口)，所以，以 COM 为基础来实现通用的可编程化便是一件很自然的事，这就是 OLE 自动化。

大部分 GIS 软件支持 OLE 技术开发，例如 MapInfo 可以在 VB 环境下进行集成开发，即利用 VB(或其他可视化编程工具 VC、Delphi 等)开发前台可执行应用程序，以 OLE 自动化方式启动 MapInfo，并在后台执行，利用回调技术动态获取其返回信息(如图 6-11 所示)，同时也可以调用 MapInfo 宏语言 MapBasic 编写的程序，实现应用程序中的地理信息处理功能。

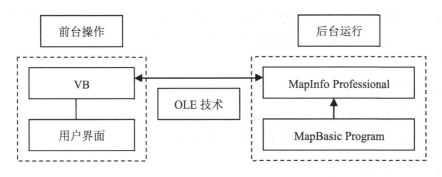

图 6-11　OLE 技术的应用

6.5　WebGIS

进入 21 世纪，计算机网络得到了飞速发展，这为信息产业的发展提供了一次机遇，同样也为 GIS 的发展提供了前所未有的良机。WebGIS 指基于 Internet 平台，客户端应用软件采用网络协议，运用在 Internet 上的 GIS。

WebGIS 基于网络的客户/服务器系统，利用 Internet 来进行客户端和服务器之间的信息交换。它是一个分布式系统，用户和服务器可以分布在不同的地点和不同的计算机平台上。

WebGIS 主要作用是进行空间数据发布、空间查询与检索、空间模型服务、Web 资源的组织等。

6.5.1 Web 原理

Web 技术是一种特殊形式的客户/服务器体系结构，由 W3C 这个国际组织来维护相关的标准。其中，在客户和服务器之间通过超文本传输协议(HTTP)交流信息。HTTP 是建立在 TCP/IP 基础上的一种高层网络应用协议。服务器一般采用 WWW 服务器。客户端一般采用流行的通用浏览器(Browser)，如 IE、Opera、Chrome 等。简单地说，Web 的原理就是用浏览器下载服务器管理的文件并显示出来。浏览器通过统一资源定位(URL)来访问服务器并请求取得文档。不同的文档可能包括不同的类型，这些类型经过 W3C 标准化后形成了统一标准，即 MIME(Multipurpose Internet Mail Extentions，多用途因特网邮件扩展映射)，包括 HTML(Hypertext Markup Language，超文本标记语言)文档。浏览器通过自带的解释器向用户提供不同类型的信息。

Web 技术原本是一种通过网络直接访问和浏览以文件形式存储的数据的技术。早期只能访问静态的文本和图像文件，后来该技术思想得到广泛的传播、发展和利用，目前已经实现了对多媒体数据、动态数据、实时数据和数据库等数据的访问。而海量地理数据的处理和管理，使得 WebGIS 又增加了云计算、云服务的思想。

6.5.2 WebGIS 特点

WebGIS 是 GIS 通过 Web 功能得以扩展，真正成为一种大众使用的工具。从 Web 的任意一个节点，用户可以浏览 WebGIS 站点中的空间数据、制作专题图，以及进行各种空间检索和空间分析，从而使 GIS 应用更加普遍。

1. 全球化的服务器应用

全球范围内任意一个 WWW 节点的 Internet 用户都可以访问 WebGIS 服务器提供的各种 GIS 服务，甚至还可以进行全球范围内的 GIS 数据更新。

2. 真正大众化的 GIS

由于网络的发展，WebGIS 使得 GIS 真正地有机会进入千家万户。GIS 商家纷纷推出自己的 WebGIS 平台产品，例如 ArcIMS、Mapgis IMS、Super Map IS 等。WebGIS 可以使用通用浏览器进行浏览、查询，也可通过浏览器上的插件(Plug-in)、ActiveX 控件和 Java Applet 来进行 WebGIS 功能的访问(见图 6-12)。用户获取 WebGIS 信息的成本大大低于获取传统 GIS 信息的成本，且降低对系统操作的要求，这使 GIS 系统为广大的普通用户所接受，而不仅仅局限于少数受过专业培训的专业用户，更有利于 GIS 更好地推广。

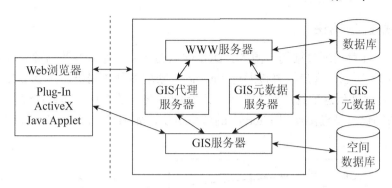

图 6-12　WebGIS 基本架构

3. 良好的可扩展性

网络服务多样，且大部分服务是开放形式存在，允许用户去开发和应用，这使得 WebGIS 更容易与这些服务进行无缝链接，更有利于建立适合各种需求的灵活多变的 GIS 应用。

4. 平台独立性

无论客户/服务器是何种机型，无论 WebGIS 服务器端使用何种 GIS 软件，由于使用了通用的 Web 浏览器，用户就可以透明地访问 WebGIS 数据，在本机或某个服务器上进行分布式部件的动态组合和空间数据的协同处理与分析，实现远程异构数据的共享。

6.5.3　分布式 WebGIS

分布式 WebGIS 是基于分布式计算技术提出的。分布式计算技术(Distributed Computing, DC)就是在两个或多个软件互相共享信息，这些软件既可以在同一台计算机上运行，也可以在通过网络连接起来的多台计算机上运行。分布式计算比起其他算法具有以下几个优点：

(1) 稀有资源可以共享。

(2) 通过分布式计算可以在多台计算机上平衡计算负载。

(3) 可以把程序放在最适合运行它的计算机上。

分布式地理信息(Distributed Geographic Information, DGI)指使用互联网技术，在互联网上以多种形式分布式发布的地理信息，如地图、图像、数据集合、分析操作和报告等。现有 DGI 的应用方式有原始数据下载、静态图像浏览、动态图像浏览、元数据目录浏览、基于 WWW 的地理信息查询及分析和智能网络型 GIS 等。

地理信息本身就具有地域分布特征，一是不同地理区域，具有不同的区域属性。例如查询一大型跨国公司的信息，从网络中查询其总公司位置，然后通过其设置的链接，再查询该公司在世界各地的分公司，再进一步通过链接查询分公司的原材料产地、工厂等信息。这样信息分布在不同的区域，每个区域的信息对应着自身不同的社会和自然属性。另一个是同一空间尺度的数据，地理数据的内容的分布也有所区别。例如，同一比例尺下某区域土地管理数据、森林植被数据、水利信息数据等都归属于不同的行政部门，分布在不同的地址。用户可以通过网络访问相关部门的主页，查找所需要的数据，这体现出数据存储的分布式。

对于 DGI 发布于分布式实时处理，有三种方法：即分布式数据源方法、分布式中间件方法和地理信息自主服务方法。

1. 分布式数据源方法

该方法主要针对地理数据的多源性。DGI 数据的获取，即多种数据源获取的互联网 GIS 方法，如图 6-13 所示。客户机直接通过 Internet，获取多种数据源，如 ArcGIS、MapInfo、GeoStar 等格式地理信息数据；在客户机上运行的系统，必须有识别和处理多种数据源的部件。这种方法的优点是直接使用 Internet 的通信协议，如 HTTP、FTP 等以及 Web 服务器的功能等。

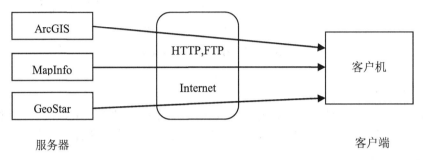

图 6-13　分布式数据源方法

使用 DGI 数据获取方法，对地理信息发布部门而言，只需提供地理信息数据服务，无须关心用户如何使用以及用户能否使用等问题。但是对于客户机来讲，每一种数据源又要求其具有解读多源数据的能力，这对于客户机是个很大的问题，因为目前商用软件品种繁多，每个软件都有自己的数据格式。所以分布式数据源方法只能解决部分用户和部门需求。

2. 分布式中间件方法

分布式中间件方法是在 DGI 数据源与分布式地理信息服务提供商之间增加中间件的处理方法，如图 6-14 所示。

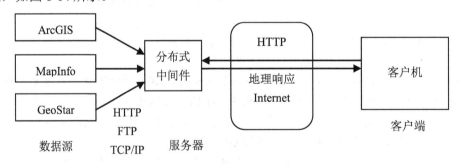

图 6-14　分布式中间件方法

分布式中间件方法是将多源地理数据交由分布式中间件处理，为客户机提供所需要的数据形式。它包括两种方法，一是将多源数据直接转换成客户机能够直接读取的数据格式；另一种是将地理数据进行分布式计算，并将结果返回到客户机。中间件服务器只负责读取原始格式的空间数据，对地理空间信息进行编码并返回给客户机。从这种意义来说，中间件服务器也是一个 DGI 服务的提供商，只不过它提供的是能够被客户端理解的地理数据。它比分布式数据源更具有灵活性。

3. 地理信息自主服务方法

无论是分布式数据源方法还是分布式中间件方法都需要客户机能够读懂软件 GIS 供应商提供的数据格式，这对于开放式的数据格式是可行的，而对于不公开的数据格式，就要从空间数据互操作和开源式 GIS 的角度出发，即地理数据交换标准，寻找解决的方法。例如 GML 已经成为 ISO 的地理空间数据的交换标准。如图 6-15 所示，对于 GIS 供应商来讲，可以建立自己的地理数据引擎服务，免费开放，但收取数据内容的费用。分布式地理服务器把基于 XML 的通用地理请求发送给地理数据引擎服务，引擎服务处理完请求，把请求结果包装成标准格式的地理数据，返回给 DGI 服务器，这便是地理信息自主服务。地理信息服务器根据客户的请求返回应用服务结果。

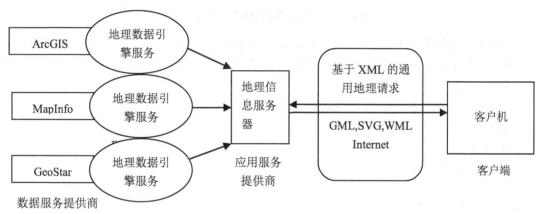

图 6-15 地理信息自主服务

6.6 虚拟现实技术

6.6.1 虚拟现实技术概述

虚拟现实(Virtual Reality，VR)是利用计算机模拟产生一个三维空间的虚拟世界，提供使用者关于视觉、听觉、触觉等感官的模拟，让使用者如同身历其境一般，可以及时、准确地观察三维空间内的事物。

VR 的基本特征包括多感知性(Multi-Perception)、自主性(Autonomy)、交互性(Interaction)和临场感(Presentation)。自主性指 VR 中的物体应能根据物理定律动作的程度，如受重力作用的物体下落；交互性指对 VR 内物体的互操作程度和从中得到反馈的程度，用户与虚拟环境相互作用、相互影响。当人的手抓住物体时，则人的手有握住物体的感觉并可感受其重量，而物体应能随着移动的手而移动。现在一般将交互性(Interaction)、沉浸感(Immersion)和想象力(Imagination)作为一个 VR 系统的基本特征，简称 3I。图 6-16 是虚拟现实感应头盔、数据手套等。

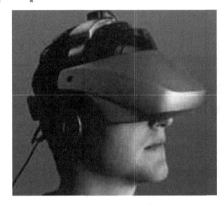 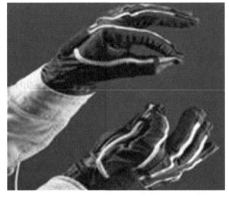

图 6-16　虚拟现实感应头盔与数据手套

生成 VR 的技术即 VR 技术，VR 技术强调身临其境感或沉浸感，其实质在于强调 VR 系统对介入者的刺激，在物理上和认知上符合人长期生活所积累的体验和理解。VR 技术涉及以下关键技术。

(1) 动态环境建模及实时三维图形生长技术。

(2) 立体显示和传感器技术。

(3) 感知。

(4) 用户界面。

6.6.2　VR 分类

1. 桌面 VR

桌面 VR 利用个人计算机和低级工作站进行仿真，将计算机的屏幕作为用户观察虚拟境界的一个窗口。通过各种输入设备实现与 VR 世界的充分交互，这些外部设备包括鼠标、追踪球、力矩球等。它要求参与者使用输入设备，通过计算机屏幕观察 360°范围内的虚拟境界，并操纵其中的物体，但这时参与者缺少完全的沉浸，因为它仍然会受到周围现实环境的干扰。桌面 VR 最大特点是缺乏真实的现实体验，但是成本也相对较低，因而应用比较广泛。

2. 沉浸的 VR

高级 VR 系统提供完全沉浸的体验，使用户有一种置身于虚拟境界之中的感觉。它利用头盔式显示器或其他设备，把参与者的视觉、听觉和其他感觉封闭起来，并提供一个新的、虚拟的感觉空间，并利用位置跟踪器、数据手套、其他手控输入设备、声音等使得参与者产生一种身临其境、全心投入和沉浸其中的感觉。常见的沉浸式系统有基于头盔式显示器的系统、投影式 VR 系统、远程存在系统。

3. 增强现实性的 VR

增强现实性的 VR 不仅是利用 VR 技术来模拟现实世界、仿真现实世界，而且要利用它来增强参与者对真实环境的感受，也就是增强现实中无法感知或不方便的感受。典型的实例是战机飞行员的平视显示器，它可以将仪表读数和武器瞄准数据投射到安装在飞行员面前的穿透式屏幕上，它可以使飞行员不必低头读座舱中仪表的数据，从而可集中精力盯着敌人的飞机或导航偏差。

4. 分布式 VR

如果多个用户通过计算机网络连接在一起，同时参加一个虚拟空间，共同体验虚拟经历，那么 VR 则提升到了一个更高的境界，这就是分布式 VR 系统。在分布式 VR 系统中，多个用户可通过网络对同一虚拟世界进行观察和操作，以达到协同工作的目的。目前最典型的分布式 VR 系统是 Simnet。Simnet 由坦克仿真器通过网络连接而成，用于部队的联合训练。通过 Simnet，位于德国的仿真器可以和位于美国的仿真器一样运行在同一个虚拟世界，参与同一场作战演习。

6.6.3　VR 组成及关键技术

一般 VR 系统主要包括五大组成部分：虚拟世界、计算机、VR 软件、输入设备和输出设备。

其运行过程大致为：参与者首先激活头盔、手套和话筒等输入设备为计算机提供输入信号，VR 软件收到由跟踪器和传感器送来的输入信号后加以解释，然后对虚拟环境数据库作必要的更新，调整当前的虚拟环境场景，并将这一新视点下的三维视觉图像及其他(如声音、触觉、力反馈等)信息立即传送给相应的输出设备(头盔显示器、耳机、数据手套等)，以便参与者及时获得多种感官上的虚拟效果。一般 VR 系统的结构框图如图 6-17 所示。

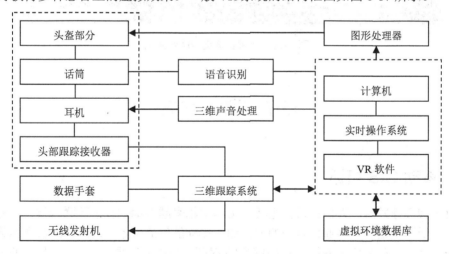

图 6-17　VR 系统结构图

VR 的关键技术可以包括以下几个方面。

(1) 动态环境建模技术。虚拟环境的建立是 VR 技术的核心内容。动态环境建模技术的目的是获取实际环境的三维数据，并根据应用的需要，利用获取的三维数据建立相应的虚拟环境模型。三维数据的获取可以采用 CAD 技术(有规则的环境)，而更多的环境则需要采用非接触式的视觉建模技术，两者的有机结合可以有效地提高数据获取的效率。

(2) 实时三维图形生成技术。三维图形的生成技术已经较为成熟，其关键是如何实现"实时"生成。为了达到实时的目的,至少要保证图形的刷新率不低于 15 帧每秒,最好是高于 30 帧每秒。在不降低图形的质量和复杂度的前提下,如何提高刷新频率将是该技术的研究内容。

(3) 立体显示和传感器技术。VR 的交互能力依赖于立体显示和传感器技术的发展。现有的 VR 还远远不能满足系统的需要,例如,数据手套有延迟大、分辨率低、作用范围小、使用不便等缺点;虚拟现实设备的跟踪精度和跟踪范围也有待提高,因此有必要开发新的三维显示技术。

(4) 应用系统开发工具。VR 应用的关键是寻找合适的场合和对象,即如何发挥想象力和创造力。选择适当的应用对象可以大幅度地提高生产效率、减轻劳动强度、提高产品开发质量。为了达到这一目的,必须研究 VR 的开发工具,例如 VR 系统开发平台、分布式 VR 技术等。

图 6-18 为上海世博会 VR 效果图。

图 6-18　上海世博会 VR 效果图

6.7　移动 GIS

6.7.1　移动 GIS 概述

信息时代飞速发展,人们在日常生活和工作中越来越多地依赖于互联网技术、移动通信技术等,享受着网络和移动通信带来的便捷的、多样的生活服务。同时,随着智能终端的出现和更新,以及移动通信服务从 2G 时代到 3G 时代,再到 4G 时代,每次变化都冲击着人们的想象力,移动网络服务越来越受到人们的关注和青睐。截止到 2013 年 10 月,我国移动互联网用户总数达到 8.17 亿户(中国行业咨询网 2013);互联网和电子商务公司也十分看重移动终端用户,开展了大量针对移动终端用户的电子商务业务,例如开发移动支付系统(支付宝、财付通等)等。2014 年初的打车软件大战事件,就反映出电商争夺移动终端用户的不争事实。作为管理、存储、处理、表达空间信息的 GIS,也已开始融入其中,提供与位置信息有关的信息服务。移动 GIS,就是以移动互联网为支撑,以智能手机或平板电脑为终端,结合 GNSS 或基站为定位手段的 GIS 系统,是继桌面GIS、WebGIS 之后又一新的技术热点。移动定位、移动办公等越来越成为企业或个人的迫切需求，移动 GIS 就是其中最核心的部分，使得各种基于位置的应用层出不穷。

6.7.2　移动 GIS 特点

移动 GIS 具有以下特点：

(1) 移动性。移动 GIS 应用在移动终端上，通过无线通信与服务端进行交互，脱离了电脑等平台和传输介质的束缚，具有可移动性。这为人们使用 GIS 服务提供了很大方便，一方面，GIS 专业人员可以在此基础上进行野外数据采集、调查等；另一方面，通过移动 GIS 终端，使更多的普通大众享用到 GIS 的服务。

(2) 实时性。移动 GIS 作为服务系统，能够满足用户实时访问，并将相关数据返回到客户端，例如交通管制、交通堵塞等情况；预计分析实时交通数据对用户出行的影响，如赶航班、赶火车等；提供实时交通流量下的最短路径选择服务等。

(3) 依赖于定位信息。移动 GIS 需要有 GNSS 或基站为其定位服务，用户只有知道"我在哪"以后，移动 GIS 才能发挥其强大的空间查询与空间分析能力，也就是为用户提供基于位置的服务(LBS，Location Based Services)。

(4) 应用服务性。移动 GIS 与传统 GIS 一样，也需要为用户提供强大的空间分析及应用服务功能，服务的多与少，一定程度上决定了移动 GIS 的生命力。所以如何综合分析处理不同数据源的信息，提供多样化、多领域的应用服务是移动 GIS 的核心。

(5) 移动终端多样。移动 GIS 的表现层是移动终端产品，例如手机、掌上电脑、车载导航设备等。这些产品的制造商不同，采用的技术也不同，这样就使得移动终端出现多样性。就手机而言，操作系统就有 Android、iOS、Windows Phone 和 BlackBerry OS 等，这也使移动 GIS 软件需要适应不同操作系统。

6.7.3　移动 GIS 组成

移动 GIS 主要由移动通信技术、GIS、移动定位技术和移动终端四个部分组成，如图 6-19 所示。

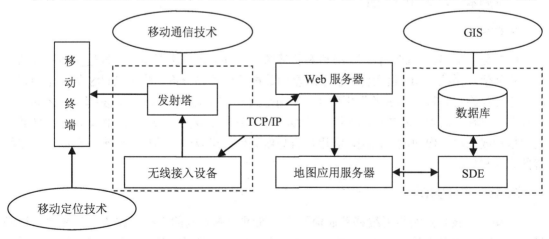

图 6-19　移动 GIS 组成

1. 移动通信技术

移动通信技术在移动 GIS 中起到至关重要的作用，它负责将用户的请求发送到 GIS 服务器，并将 GIS 服务器返回的信息送达到用户，并且为其实时获取定位信息服务。移动通信技术的覆盖面、传输速率和服务质量影响着移动 GIS 的服务，也成为制约移动 GIS 发展的瓶颈之一。

移动通信迄今经历了第一代移动通信、第二代移动通信，到现在正处于第三代移动通信向第四代(4G)移动通信迈入的时期，如图 6-20。移动通信作为 20 世纪 90 年代通信行业最活跃、增长最快、商业前景最好的领域，得到了突飞猛进的发展，实现了移动通信手机的重量从几千克到几十克，从普通手机到智能手机，移动通信网络从地区覆盖到广域覆盖的变化。

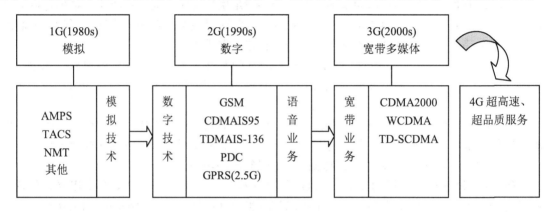

图 6-20　移动通信技术的发展

移动通信的快速、全面的发展，得益于移动互联技术的发展。移动互联技术就是将 Internet 上的内容和服务传到移动终端上，使移动终端用户更加方便、快捷的体验网络服务。常用的移动互联技术方案是 WAP(Wireless Access Protocol)，即无线应用通信协议。WAP 类似于 TCP/IP，它以一种标记语言(Wireless Markup Language，WML)处理 WAP 页，还包括用于这种协议的脚本语言 WML Script。

2. GIS

GIS 是以采集、存储、管理、分析和描述整个或部分地球上与空间和地理分布有关的数据的空间信息系统。GIS 最大优势在于对空间数据的处理和分析，将 WebGIS 的理论和方法应用于移动终端是移动 GIS 的根本所在，特别是结合 RS、GNSS 等技术，发挥三者之间的各自优势，将客户需求展示在移动终端，是移动 GIS 目前主要的表现形式。例如，车载导航系统可以加载卫星影像和电子地图，利用自身导航硬件，可以满足司机及乘客对路线及周边环境的查询与分析。

3. 移动定位技术

移动定位技术是利用无线移动通信网络，通过对接收到的无线电波的一些参数进行测量，根据特定的算法对某一移动终端或个人在某一时间所处的地理位置进行精确测定，以便为移动终端用户提供相关的位置信息服务，或进行实时的监测和跟踪。移动定位技术大致可分为两类：基于移动网络的定位技术和基于移动终端的定位技术；有的学者还把这两者的混合定位称为第三种定位技术。

1) 基于移动网络的定位技术

该技术包括多种定位方法：基于 Cell-ID 的定位技术、到达时间(TOA，Time of Arrival)定位技术、到达时间差(Time Difference of Arrival，TDOA)定位技术、增强型观测时间差(Enhanced-Observed Time Difference，E-OTD)定位技术以及角度达到(Arrival of Angle，AOA)定位技术等，应用较多的是基于 Cell-ID 的定位技术。该技术又称起源蜂窝小区(Cell of Origin)定位技术。每个小区都有自己特定的小区标识号(Cell-ID)，当进入某一小区时，移动终端要在当前小区进行注册，系统的数据中就会有相应的小区 ID 标识。系统根据采集到的移动终端所处小区的标识号来确定移动终端用户的位置。这种定位技术在小区密集的地区精度相对较高(其实还是很低的)且易于实现，无须对现有网络和手机做较大的改动，得到广泛的应用。

2) 基于移动终端的定位技术

该定位技术的原理是：多个已知位置的基站发射信号，所发射信号携带有与基站位置有关的特征信息，当移动终端接收到这些信号后，确定其与各基站之间的几何位置关系，并根据相关算法对其自身位置进行定位估算，从而得到自身的位置信息，具有较高的定位精度。目前已提出的基于移动终端的定位技术主要包括：下行链路观测到达时间差(OTDOA)方法，基于 GPS 的定位技术，如差分 GPS(DGPS)、辅助 GPS(A-GPS)等。根据技术发展动态，本书主要介绍 DGPS 和 A-GPS。

(1) GPS 定位技术经过多年的发展，由于其定位精度高、覆盖范围广的优点，各个领域都得到广泛的应用。DGPS 技术可以提高 GPS 系统的定位精度。原理是：基准接收机对自己实施定位，得到的定位结果与自己确知的地理位置相比较得到差值，该差值被用作公共误差修正值，对与基准接收处于同一区域且共用四颗卫星进行定位的移动接收机来说，它们显然具有相同的公共误差。因此借助于公共误差修正值可以修正移动接收机的定位结果，从而提高定位精度。

(2) 采用 GPS 对移动台直接定位时，首次定位需要较长的时间，这对于紧急救援的业务是不允许的。A-GPS 可以有效地解决这个问题。利用辅助 GPS 进行定位时，GPS 参考网络可将辅助的定位信息通过无线通信网络传送给移动台，可减少搜索时间，使定位时间降至几秒钟，而且辅助的定位信息也为在信号严重衰落的市区或室内应用 GPS 定位技术提供了可能。另外，由于在两次定位间歇期间 GPS 接收机可处于休眠状态，所以可以降低手机的能耗。综上所述，A-GPS 弥补传统的 GPS 定位技术的缺陷，使得 GPS 突破定位界限实现室内 GPS 定位。

4. 移动终端

移动终端或者叫移动通信终端是指可以在移动中使用的计算机设备，大部分情况下是指手机或者具有多种应用功能的智能手机以及平板电脑。随着网络和技术朝着越来越宽带化方向的发展，移动通信产业将走向真正的移动信息时代。另一方面，随着集成电路技术的飞速发展，移动终端已经拥有了强大的处理能力，正在从简单的通话工具变为一个综合信息处理平台。

从 20 世纪 80 年代开始，各种各样的商用嵌入式操作系统从无到有逐步发展起来。这些操作系统大部分都是为专有系统而开发，形成了现在多种形式的商用嵌入式操作系统百家争鸣的局面。典型的包括 Android、iOS 以及 Windows Phone 等。

1) Android

Android 即安卓，是一种基于 Linux 的自由及开放源代码的操作系统，主要使用于移动设备，例如智能手机和平板电脑，由 Google 公司和开放手机联盟领导及开发。Android 系统拥有大量的用户，2011 年第一季度，Android 在全球的市场份额首次超过塞班系统，跃居全球第一；2013 年的第四季度，Android 平台手机的全球市场份额已经达到 78.1%。截止到 2013 年 9 月，全世界采用这款系统的设备数量已经达到 10 亿台。

Android 的优势包括：

开放性——Android 平台允许任何移动终端厂商加入到 Android 联盟中来；

丰富的硬件——由于 Android 的开放性，众多的厂商会推出千奇百怪，功能特色各具的多种产品；

不受运营商束缚——随着 2G 至 3G 移动网络的逐步过渡和提升，手机随意接入网络已不是运营商所能束缚的；

开发方便——Android 平台提供给第三方开发商一个十分宽泛、自由的环境，不会受到各种条条框框的阻扰；

应用种类多——Android 与 Google 应用无缝链接，并且支持多种应用助手。

2) iOS

苹果 iOS 是由 Apple 公司开发的移动操作系统，2007 年 1 月 9 日发布 iPhone OS，后于 2010 年改名为 iOS。它以 Darwin 为基础的，属于类 UNIX 的商业操作系统。主要应用于 Apple 公司产品，例如 iPad、iPhone、iPod Touch 和 Apple TV 等。

iOS 操作系统的优势在于：

(1) iOS 系统与硬件的整合度高，使其分化大大的降低；

(2) 华丽的界面；

(3) 数据的安全性；

(4) 众多的应用，App Store 有着 35 万的海量应用供用户选择。

3) Windows Phone

Windows Phone 是微软公司于 2010 年 10 月 11 日发布的全新手机操作系统。Windows Phone 采用 Windows NT 内核，开发了全新界面。Windows Phone 的优点在于：

(1) 与 Office Mobile 等办公软件的无缝链接。这对于微软办公软件的用户来讲，要比使用 Apple 产品方便得多。

(2) Windows Phone 的短信功能集成了 MSN。

(3) 增强了 Windows Live 体验，包括最新源订阅，以及横跨各大社交网站的 Windows Live 照片分享等。

(4) 更好的电子邮件体验。在手机上通过 Outlook Mobile 直接管理多个账号，并使用 Exchange Server 进行同步。

6.8　数 字 地 球

6.8.1　数字地球的概念

数字地球(Digital Earth，DE)是美国前副总统戈尔于 1998 年 1 月在加利福尼亚科学中心开幕典礼上发表的题为"数字地球：认识 21 世纪我们所居住的星球"演说中提出的概念。此概念一经提出，风靡全球，之后数字城市、数字社区纷纷提出。DE 的概念多种多样，目前普遍认为：DE 是一个在全球范围内建立一个以空间位置为主线，将信息组织起来的复杂系统，也就是全球范围的、以地理位置及其相互关系为基础而组成的信息框架，并在框架内嵌入人们所能获得的信息的总称，如图 6-21 所示。

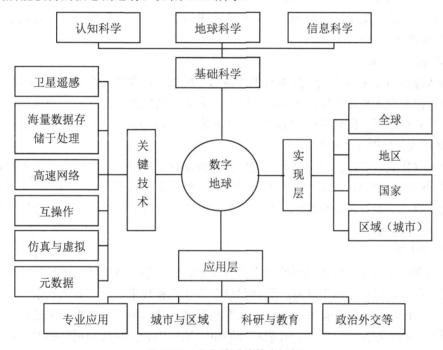

图 6-21　数字地球的基本框架

DE 是一个以地球坐标为依据的、具有多分辨率的海量数据和多维显示的地球虚拟系统。DE 看成是"对地球的三维多分辨率表示、它能够放入大量的地理数据"。DE 是关于整个地球、全方位的 GIS 与 VR 技术、网络技术相结合的产物。

6.8.2　DE 涵盖的技术学科

由 DE 的概念得知，DE 不是一个简单的计算机系统，而是涵盖多种学科，包含多种技术，表现多种形式的复杂系统。一般认为 DE 涵盖高速网络技术、高分辨率卫星影像、空间信息技术(即 GIS 技术)、海量数据处理与存储技术、科学计算以及 VR 技术。

1) 高速网络技术

DE 庞大的数据不是单纯地存储在一个数据库中，而是要大量人员访问和操作，形成庞大的数据流，这就需要有高速的网络技术。美国 1993 年提出实施美国国家信息基础设施，即信息高速公路，我国也在不断地发展自己的信息高速公路。另外，移动通信技术进入 4G 时代，也在探索在高度网络技术的表现形式。美国政府和一些组织、机构共提出了下一代 Internet 的研究与开发计划，高速网络技术的发展又迈出了坚实的一步。

2) 高分辨率卫星影像

遥感影像的分辨率包括空间分辨率、光谱分辨率和时间分辨率。空间分辨率即单位像元表示地面的大小程度。随着空间技术的发展，遥感影像空间分辨率从 80m，逐渐发展到现在民用 0.6m(美国 QuickBird)，军用 0.1m(美国锁眼 12 号)。光谱分辨率指成像的波段范围，分得越细，波段越多，光谱分辨率就越高。细分光谱可以提高自动区分和识别目标性质和组成成分的能力。21 世纪的技术可以达到 5～6 nm(纳米)量级，400 多个波段。时间分辨率指重访周期的长短。一般对地观测卫星为 15～25 天的重访周期，通过发射合理分布的卫星星座可以 3～5 天观测地球一次。

3) 空间信息技术

空间信息是指与空间和地理分布有关的信息，经统计，世界上的事情有 80%与空间分布有关，空间信息用于地球研究即为 GIS。GIS 具有强大的空间数据管理、处理和分析功能，并且能够将矢量数据、影像数据和 DEM 数据集成，为 DE 的复杂应用提供技术支持。

4) 海量数据处理与存储技术

信息化时代数据获取方式多样，仅遥感卫星的影像数据，每天能够产生 1000 GB (1 TB) 的数据(美国 EOS-AM1)。美国的 NASA 已经着手建立海量数据存储中心，有望更好地解决这一问题。另一方面，海量数据的元数据库的建立也是十分必要的，有利于根据元数据快速定位和查找空间数据。

5) 科学计算

自然科学规律通常用各种类型的数学方程式表达，科学计算的目的就是寻找这些方程式的数值解。科学计算是指应用计算机处理科学研究和工程技术中所遇到的数学计算。自然世界复杂多样，时间、空间变化差异较大，只有利用高速计算机，才能更好地模拟一些不能观测到的现象。利用数据挖掘技术，我们将能够更好地认识和分析所观测到的海量数据，从中找出规律和知识。

6) 虚拟现实技术

虚拟现实(Virtual Reality，VR)是利用计算机模拟产生一个三维空间的虚拟世界，提供使用者关于视觉、听觉、触觉等感官的模拟，让使用者如同身历其境一般，可以及时、没有限制地观察三度空间内的事物。虚拟现实造型语言(VRML)是一种面向 Web、面向对象的三维造型语言，而且它是一种解释性语言。它不仅支持数据和过程的三维表示，而且能使用户走进视听效果逼真的虚拟世界，从而实现数字地球的表示以及通过数字地球实现对各种地球现象的研究和人们的日常应用。Google、百度、腾讯等纷纷在自己的地图平台上推出街景服务，将虚拟现实技术大众化。

6.8.3 DE 的意义

DE 涵盖多个学科，包含海量数据，涉及多种行业部门、企业和个人信息等，研究和分析数据在空间和时间分布上的特征。大到国家发展战略部署：西部开发，振兴东北老工业基地、交通运输规划、城市发展规划等，小到百姓生活：房产投资、旅游度假等等，无不产生和应用 DE 的数据信息。将大型博物馆做成 VR 产品，发布到网络上，世界任何一个用户都可以免费畅游；将边境地区自然地貌条件数据做成电子沙盘，可以帮助边防人员安排、部署打击走私犯罪；城市地下管网系统可以帮助维修人员迅速发现和解决管线问题等。DE 无处不在，因此，DE 进程的推进必将对社会经济发展与人民生活产生巨大的影响。

6.8.4 智慧地球

2008 年 11 月 IBM 提出 "智慧地球" 概念。智慧地球(Smart Planet，SP)也称为智能地球，就是把感应器嵌入和装备到交通、能源、基础设施、医疗、教育等的各种设备中，并且被普遍连接，形成所谓 "物联网"，从而令物质世界被极大程度的数据化。然后将 "物联网" 与现有的互联网整合起来，实现人类社会与物理系统的整合，涉及能源、交通、食品、基础设施、零售、医疗保健、城市、水、公共安全、建筑、工作、智力、经济刺激、银行、电信、石油、轨道交通、产品、教育、政府、云计算等领域，如图 6-22 所示。

图 6-22 智慧地球的概念

SP 的概念提出了未来社会信息化发展的三个基本特征：世界正在向仪器/工具化方向演变；世界正在向互联化方向演变；所有事物正在向智能化演变。这将是我们生活的世界不可避免的发展趋势，也是 SP 概念的三个支柱。IBM 公司对"SP"概念描述如下。

(1) 世界正在走向仪器/工具化。集成电路的发展已可以为每一个地球人分配 10 亿只晶体管，而每只晶体管的成本大约仅为千万分之一美分，想象一下，每一个人可以分到十亿只晶体管。传感器可以到处嵌入：在汽车里、各种用具中、摄像与照相机中、道路上、管线上、甚至医疗器械材料中和牲畜中。

(2) 世界正在走向互联化。互联网上的网民数量已接近 20 亿，但系统和对象尚不能相互对话。想象一下万亿互联的智能物品，以及它们将会产生的数据海洋。

(3) 所有的仪器/工具化与互联化的物品正在变得智能化。它们正在被连入强大的新系统。新的系统可以处理所有互联对象所产生的数据，并以实时分析的方式将结果呈现出来。

目前很多国家政府和学者对 SP 概念还存在很多疑义和异见，比如对传感器作用的认识、对物联网无线延伸的担忧等。总之，智慧地球还有很多需要继续研究的内容。

习　题

1. GIS 的主要应用领域有哪些？

2. 3S 包括哪些？各有什么作用？

3. ComGIS 特点有哪些？包括哪些形式？

4. WebGIS 的特点有哪些？其体系结构如何？

5. 简述分布式 GIS 的特点及其组成。

6. VR 系统组成及一般虚拟现实系统结构怎样？

7. 移动 GIS 包括哪些内容？

8. DE 的组成内容都包括哪些？

9. SP 的关键技术是什么？

第7章　GIS产品输出与地图制图

学习重点：

● GIS 产品的输出

● 地图的制图

GIS 产品是指经由系统处理和分析，可以直接供专业规划人员或决策人员使用的各种地图、图表、图像、数据报表或文字说明。GIS 数据包括空间数据和属性数据，所以 GIS 产品大都是反映空间特征和属性特征，其中地图是 GIS 产品的主要表现形式。

7.1　地图定义及分类

地图是按一定法则，有选择地在平面上表示地球表面各种自然现象和社会现象的图。地球表面上的物体，有自然和人为之分，地表自然高低起伏的形态，如山岭、洼地、斜坡等，称为地貌；人类为了生存而建立起来的建(构)筑物，如房屋、道路、桥梁等，称为地物。

地图按照其载体形式分为纸质地图、丝绸地图、胶片地图及数字地图等类型。

地图按照内容分为普通地图和专题地图。普通地图是反映地表基本要素的一般特征的地图，它是以相对均衡的详细程度表示制图区域各种自然地理要素和社会经济要素的基本特征、分布规律及其相互关系；专题地图是根据专业需要着重反映自然和社会现象中的某一种或几种专业要素的地图，集中表现某种主题内容。

地图按照比例尺大小分为大比例尺地图、中比例尺地图和小比例尺地图。通常把 1∶500、1∶1000、1∶2000、1∶5000 比例尺的地形图称为大比例尺图，把 1∶1 万、1∶2.5 万、1∶10 万比例尺地形图称为中比例尺地形图，把 1∶20 万、1∶50 万、1∶100 万以上的图称为小比例尺地形图。

地图按包含的区域范围分类时，可以按自然区划分为世界地图、大陆地图、自然区域地图等；按政治行政区划分为国家地图、省(市、区)地图、市图、县图等；还可以按经济区或者其他标志来区分。

地图按用途分为通用地图和专用地图。通用地图指为读者提供科学或一般参考的地图，例如地形图、中华人民共和国地图等；专用地图是指为各种专门用途制作的地图，它们是各种各样的专题地图。

地图按使用方式分类包括桌面地图、挂图、野外用图等。桌面地图指放在桌面上在明视距离使用的地图；挂图指在墙上使用的地图，又分为近距离使用的挂图(如参考用挂图)和中远距离使用的挂图(如教学挂图)；野外用图指在野外行进过程中，视力不稳定的状态下使用的地图。

此外，地图还可以有其他多种标志，例如：按颜色分为单色地图和彩色地图；按外形特征分为平面地图、三维立体地图及地球仪等；按感受方式分为视觉地图、触觉地图；按结构分为单幅地图、系列地图、地图集。

7.1.1　纸质地图

纸质地图即常规纸质地图，包括地形图、各类专题地图、遥感影像图及统计图表等。

1. 地形图

地形图是按一定的比例尺，用规定的符号表示地物、地貌平面位置和高程的正射投影图，如图 7-1 所示。

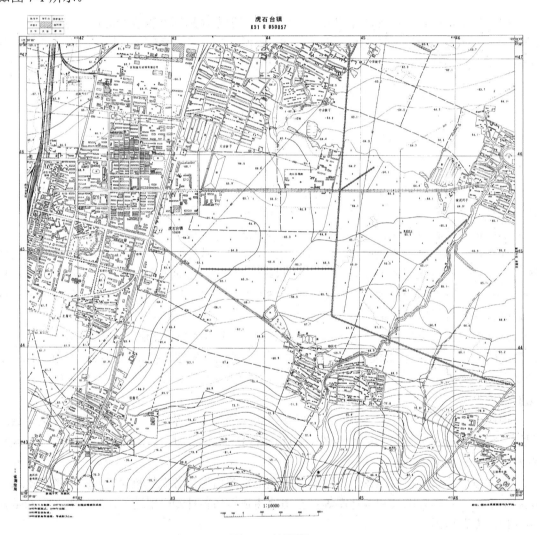

图 7-1　地形图

地形图包括以下内容。

(1) 数学要素。即图的数学基础，如坐标网、投影关系、图的比例尺和控制点等。

(2) 自然地理要素。即表示地球表面自然形态所包含的要素，如地貌、水系、植被和土壤等。

(3) 社会经济要素。即人类在生产活动中改造自然界所形成的要素，如居民地、道路网、通信设备、工农业设施、经济文化和行政标志等。

(4) 注记和整饰要素。即图上的各种注记和说明，如图名、图号、测图日期、测图单位、所用坐标和高程系统等。

地形图是编制各类专题图的基础。

2. 专题地图

专题地图着重表示一种或数种自然要素或社会经济现象的地图。专题地图的内容由以下两部分构成。

(1) 专题内容。图上突出表示的自然或社会经济现象及其有关特征。

(2) 地理基础。用以标明专题要素空间位置与地理背景的普通地图内容，主要有经纬网、水系、境界、居民地等。

专题图按照点、线、面的区别，表示方法有所不同。点状要素的表示方法是定点符号法；线状要素的表示方法是线状符号法；面状要素的表示方法包括质底法、等值线法、定位图表法、范围法、点值法、分级比值法、分区统计图表法等，如图 7-2、图 7-3、图 7-4 所示。

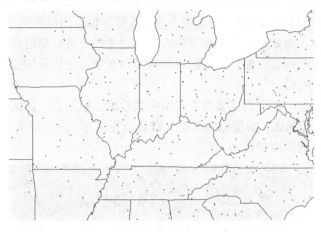

图 7-2　点值法(部分)

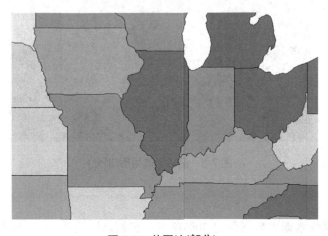

图 7-3　范围法(部分)

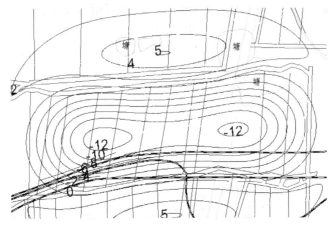

图 7-4　等值线法(部分)

3. 遥感影像地图

遥感影像地图是一种以遥感影像和一定的地图符号来表现制图对象地理空间分布和环境状况的地图。随着遥感及摄影测量技术的发展，遥感影像地图已经成为 GIS 主要产品之一。遥感影像具有范围广、周期短、精度高等特点，对遥感影像进行辐射校正、几何校正等，将其作为地图数据的主要内容，配以必要的地物符号、文字注记以及图幅装饰等，就成了遥感影像地图，如图 7-5 所示。

在遥感影像地图中，图面内容要素主要由影像构成，辅助以一定地图符号来表现或说明制图对象，与普通地图相比，影像地图具有丰富的地面信息，内容层次分明，图面清晰易读，充分表现出影像与地图的双重优势。

图 7-5　遥感影像地图(部分)

4. 统计图表

在 GIS 中，属性数据占数据量的 80% 左右。它们是以关系(表)的形式存在的，反映了地理对象的特征、性质等属性。为了便于统计和查看，属性数据可以采用专题图的形式，同时还可以直接用统计图表和数据报表的形式加以直观表示，如图 7-6 所示。

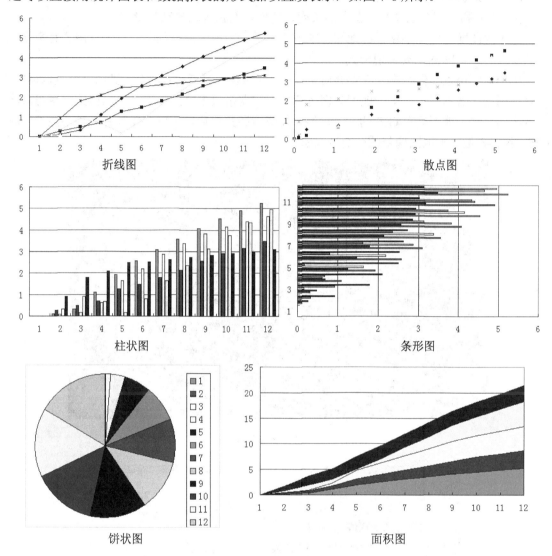

折线图

散点图

柱状图

条形图

饼状图

面积图

图 7-6 统计图表

7.1.2 数字地图

GIS 的发展一定程度上伴随着计算机技术的进步，计算机显示技术的提升也使 GIS 地图多样化显示成为可能，数字地图应运而生。数字地图，是以地图数据库为基础，以数字形式存储在计算机外存储器上，可以在电子屏幕上显示的地图，如图 7-7 所示。

数字地图与传统纸质地图相比，具有以下特点。

(1) 数字地图存储在计算机硬盘中，信息存储量大，体积小，易于存取显示，并可通过网络进行异地传输。

(2) 利用 VR 技术将地图立体化、动态化，会使用户有身临其境的感觉。

(3) 可以将地图要素分层显示，并可将多源数据叠加，便于进行空间分析。

(4) 方便利用相关工具实现图上的长度、角度、面积等的自动化量测。

电子地图即已经数字化了的地图。电子地图是数字地图的一部分，电子地图具有数字地图的特点，是 GIS 的主要表现形式。

电子地图可以存储在数字存储介质上，可以显示在屏幕或打印输出，显示内容可以调整，并且地图连接数据库等。电子地图数据包括单一的栅格数据格式和矢量数据格式，也可以将二者叠加。电子地图具有 GIS 的基本功能，加载专题数据后，可以开发具有多种功能的专题 GIS，图 7-8 是电子地图携带的公交查询系统。

图 7-7　数字地图

图 7-8　电子地图所携带的公交查询系统

7.1.3　动态地图

随着计算机技术的发展，人们不再拘泥于静态数字地图，而是运用相关技术，实现地图动态化，更好地反映出研究对象随时间的演变过程。动态地图是反映自然和人文现象变迁和运动的地图，现代技术手段采用多画面更换来显示对象的动态，更先进的是采用动画方式由阴极射线管屏幕上显示客体的自然动态过程。图 7-9、图 7-10 分别为北半球冬、夏两季的变化图。

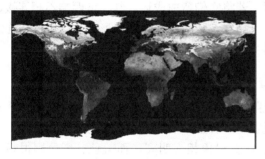 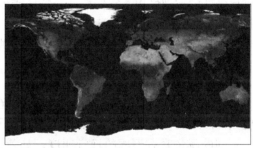

图 7-9　北半球冬季图　　　　　　　　图 7-10　北半球夏季图

目前动态地图基本上是以电子地图形式出现的，其主要特征是逼真而又形象地表现出地理信息时空变化的状态、特点和过程，也即是运动中的特点。动态地图可以直观而又逼真地显示地理实体运动变化的规律和特点。

(1) 动态模拟。使重要事物变迁过程再现，如地壳演变、冰河地貌的形成及模拟、流水地貌的形成、人口增长与变化等。在这些复杂的动态过程中，动态地图是一个有力的武器，它可以通过增加或降低变化速度，暂停变化以仔细观察某一时间断面，改变观察地点和视角，获取运动过程中的各种信息。

(2) 运动模拟。对于运动的地理实体——人、车、船、机、星、弹的运行状态测定和调正，以及环境测定和调正，都是由动态地图来帮助完成的。

(3) 实时跟踪。在运动物体上安装全球定位系统 GPS 是一个明显的例子，它能够显示运动物体各时刻的运动轨迹，使空中管制，交通状况监控、疏导，战役和战术的合围、围堵，均具有可靠的时空信息保证。

7.2　地图的色彩

色彩是所有颜色的总称，它包括两部分：无彩色系和有彩色系。无彩色系(消色)指黑、白及介于黑白之间的不同程度的灰色。有彩色系(彩色)是指红、橙、黄、绿、青、蓝、紫色等。有彩色系的颜色具有三个特征：色相、明度和饱和度，在色彩学上也称为色彩的三属性。熟悉和掌握色彩的三属性，对于认识色彩和表现色彩是极为重要的。三属性是色彩研究的基础。无彩色系的颜色只有明度特征，没有色相和饱和度特征。

7.2.1 色彩的基本属性

色彩的基本属性是指人的视觉能够辨别的颜色的基本变量。

1. 色相

色相即每种颜色固有的相貌。色相表示颜色之间"质"的区别,是色彩最本质的属性。色相在物理上是由光的波长所决定的。光谱中的红、橙、黄、绿、青、蓝、紫七种分光色是具有代表性的七种色相,它们按波长顺序排列,若将它们弯曲成环,红、紫两端不相连接,不形成闭合。在红与紫中间插入它们的过渡色:品红、紫红、红紫,就形成了一个色相连续渐变的完整色环。其中品红、紫红等色为光谱中不存在的"谱外色"。

2. 明度

明度是指色彩的明暗程度,也指色彩对光照的反射程度。对光源来说,光强者显示色彩明度大,反之则明度小。对于反射体来说,反射率高者色彩的明度大,反之则明度小。

不同的颜色具有不同的视觉明度,如黄色、黄绿色相当明亮,而蓝色、紫色则很暗,红、绿、青等色介于其间。同一颜色加白或黑两种颜料掺和以后,能产生各种不同的明暗层。白颜料的光谱反射比相当高,在各种颜料中调入不同比例的白颜料,可以提高混合色的光谱反射比,即提高了明度;反之,黑颜料的光谱反射比极低,在各种颜料中调入不同比例的黑颜料,可以降低混合色的光谱反射比,即降低了明度。由此可以得到一种颜色的明暗阶调系列。

3. 饱和度

饱和度是指色彩的纯净程度。一个颜色的本身色素含量达到极限时,就显得十分鲜艳、纯净,特征明确,此时颜色就饱和。在自然界中,绝对纯净的颜色是极少的。在特定的实验条件下,可见光谱中的七种单色光由于其本身色素含量接近于饱和状态,故认为是最纯净的标准色。在色料的加工制作过程中,由于生产条件的限制,不可能达到百分之百的纯净。

色彩的三属性具有互相区别、各自独立等特点,但在实际色彩应用中,这三属性又总是互相依存、互相制约的。若一个属性发生变化,其他一个或两个属性也随之发生变化。例如在高饱和度的颜色中混合白色,则明度提高;混入灰色或黑色,明度降低。同时饱和度也发生变化,混入的白色或黑色越多,饱和度越小,当饱和度减至极小时,则由量变引起质变——由彩色变为消色。

7.2.2 三原色

1. 色光三原色

光的颜色很多,可以从太阳光中分解出来的单色光也不少,但作为"原色"的光只有三种——红色、绿色、蓝色。

在日光的色散实验中，充分展开的光谱可以区分为红、橙、黄、绿、青、蓝、紫等七个波带，但当转动棱镜，使色散由宽变窄收缩时，有些颜色就相互合并，最后只剩下红、绿、蓝三个色区。通过实验可以证明，以红、绿、蓝三种颜色为基本颜色，可以混合出几乎其他所有颜色，但它们自己却不能由其他颜色混合得到。因此，将红、绿、蓝称为色光的三原色。色彩研究发现，人类眼中存在三种感色细胞，分别对红、绿、蓝三种色光敏感，而人类能感觉到丰富多彩的颜色，都是由于三种感色细胞的不同兴奋状态组合形成的，所以将红、绿、蓝三原色称为"生理色"。

2. 颜料三原色

彩色印刷的油墨调配、彩色照片的原理及生产、彩色打印机设计以及实际应用，都是以黄、品红、青为三原色。彩色印刷品即是以黄、品红、青三种油墨加黑油墨印刷的，四色彩色印刷机的印刷就是一个典型的例证。在彩色照片的成像中，三层乳剂层分别为：底层为黄色，中层为品红，上层为青色。各品牌彩色喷墨打印机也都是以黄、品红、青加黑墨盒打印彩色图片的。理论上，原色应该能调制出绝大部分的其他色，而其他色都调不出原色。

3. 彩电三原色

彩色电视机的荧光屏上涂有三种不同的荧光粉，当电子束打在上面的时候，一种能发出红光，一种能发出绿光，一种能发出蓝光。制造荧光屏时，工人用特殊的方法把三种荧光粉一点一点、互相交替地排列在荧光屏上。你无论从荧光屏什么位置取出相邻三个点来看都一定包括红、绿、蓝各一点。每个小点只有针尖那么大，不用放大镜是看不出来的。由于小，又挨得紧，在发光的时候，用肉眼就无法分辨出每个色点发出的光了，只能看到三种光混合起来的颜色。

4. 印刷三原色

印刷的颜色，实际上都是看到的纸张反射的光线，比如我们在画画的时候调颜色，也要用这种组合。颜料是吸收光线，不是光线的叠加，因此颜料的三原色就是能够吸收 RGB 的颜色，为青、品红、黄(C、M、Y)。

把黄色颜料和青色颜料混合起来，因为黄色颜料吸收蓝光，青色颜料吸收红光，因此只有绿色光反射出来，这就是黄色颜料加上青色颜料形成绿色的道理。

7.2.3　色彩的混合和色彩的感觉

1. 色彩的混合

两种或两种以上的颜色混合会产生一种新的颜色，这就是色彩混合。

在光学实验中，白色日光可以分解成红、绿、蓝三原色，反过来，将三原色光按照某种比例混合，也可以得到白光，所以在光的混合中，人们一般将白色光看成是红、绿、蓝三原色光组成的混合光。

使用彩色合成仪把三种原色光投射到屏幕上进行叠加，是一个典型的色光混合实验，如图 7-11 所示。

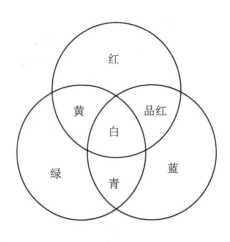

图 7-11　色光混合实验

图 7-11 中，每两种原色光叠加混合都得到了一种新的色，即：

$$红光(R) + 绿光(G) = 黄光(Y)$$
$$绿光(G) + 蓝光(B) = 青光(C)$$
$$蓝光(B) + 红光(R) = 品红光(M)$$

以上由每两种原色光混合得到的色，称为色光的三个间色。图 7-11 中，由三原色共同叠加的中心区，呈现出白色，而由任一种原色与另外两种原色混合成的中间色混合时也产生白色(见图 7-12)。人们能以某种比例混合获得白色光的两种色光称为互补色，或者其中一种色光是另一种色光的补色。

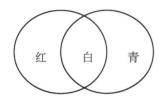  

图 7-12　三原色光与其补光的混合

2. 色彩的感觉

色彩能给人以不同的感觉，而其中有些感觉是趋于一致的。例如，颜色的冷暖、兴奋与沉静、远与近等感觉。

(1) 色彩的冷暖感。指人们对自然现象色彩的联想所产生的感觉。通常将色彩分为暖色、冷色和中性色。红、橙、黄等色称之为暖色；蓝、蓝绿、蓝紫色等被称之为冷色；黑、白、灰、金、银等，被称之为中性色。色彩的冷暖感在地图上运用得很广泛。例如，在气候图上总是把降水、冰冻、1 月份平均气温等现象用蓝、绿、紫等冷色来表现；日照、7 月份平均气温等常用红、橙等色来表现。

(2) 颜色的兴奋与沉静感。强暖色往往给人以兴奋的感觉，强冷色往往给人以沉静的感觉，而介于两者之间的弱感色(如绿、黄绿等)，色彩柔和，可让人久视不易疲劳，给人以宁静、平和之感。例如用眼时间长之后可以看一看远处的绿色植物，缓解眼睛疲劳。

(3) 颜色的远近感。人眼观察地图时，处于同一平面上的各种颜色，却给人以不同远近的感觉。例如，暖色似乎较近，有凸起之感觉，常称之为前进色；冷色似有远离而具凹下之感觉，常被称之为后褪色。在地图设计中，常利用颜色的远近感来区分内容的主次，将地图内容表现在几个层面上。通常，用浓艳的暖色将主要内容置于第一层面，而将次要内容用浅淡的冷色或灰色，置于第二或第三层面上。

7.2.4　地图色彩的设计

地图是以视觉图像表现和传递空间信息的，图形和色彩是构成地图的基本要素。色彩作为一种能够强烈而迅速地叙述感觉的因素，在地图上有着不可忽视的作用。色彩本身也是地图视觉变量中很活跃的变量。地图设计的好坏，无论内容表达的科学性，还是地图的艺术性方面，都与色彩运用有关。

1. 地图色彩的作用

1) 地图色彩丰富了地图内容，提高了地图内容表现的科学性

人们能够感知不同色彩带来的视觉效果，所以颜色就承载了信息，在制图过程中，人们可以利用不同的色彩来表达对象的空间分布、数量、质量、内在结构等信息，因而增大了地图传输的信息量。

另外，利用人们对色彩的感知能力，有些不便于或者不能用符号表示的内容，可以通过调整色彩的基本属性来加以区分，有助于人们对于地图内容的认识和理解。

由于色彩的使用简化了原有图形符号，使在单色地图中无法区分的多对象叠加有了解决的办法。不同颜色的符号叠加在一起，它们之间互不干涉，通过颜色及透明度调整视觉效果，增加了内容的深度，可以向读者传达更深层次的间接信息。

色彩的合理使用可以加强地图要素分类、分级的直观性。例如，在普通地图中，习惯将水系设置成蓝色，以绿色表示植被，棕色表示地貌，白色和红色分别表示低温区和高温区等。这样的色彩分类，既能方便地物信息的分类，又清楚地反映出景观综合体中各组成要素的关系。

利用色彩三属性的变化规律，可以对专题图进行多层次的表达，例如某区域 DEM 数据，不同饱和度及明度表示出不同的高程区域范围。即使是灰度图，也可以利用灰度值的变化，体现出不同的、渐变的内容，如图 7-13 所示。

2) 地图色彩改善了地图语言的视觉效果，提高了地图的审美价值

色彩的运用使地图语言的表达能力大大增强，有利于提高地图信息的传输效率。色彩的变换可以产生多种视觉效果，如产生整体感、性质差异感、等级感、立体感、动态感等。这些效果的运用，使地图要素更容易辨识，符号清晰易读，关系清楚明确。

现代地图中由于地物要素繁多，有时难免出现符号叠加、压盖等，且有时需要运用多层次的视觉效果表达多方面制图内容，故有时将主题内容突出在第一层面，相对次要的内容放在第二层面，而基本地理数据放到最底层。例如城市轨道交通设计图，就是将地铁或轻轨的设计路线突出，而将基本地形图数据放在最底层表示。

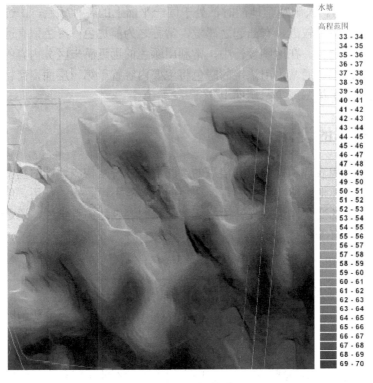

图 7-13　数字高程模型(DEM)图

3) 色彩的运用简化了图形符号系统

在单色地图上，只能设法运用不同的符号来表示各种地物，不同地物必须具有不同的样式形态，例如线状地物中，各种道路、水渠、河流、篱笆等，只能依靠线状符号的粗细、组合、结构、附加图案花纹等加以区分；面状分布的地物，例如植被、地类等等、需要在范围界线内，填充特定的点状或线状符号，这样增加了图面的荷载量，图面的清晰度也受到影响。色彩的运用使得上述问题得到解决，例如蓝色的线状表示水渠或者水崖线，浅棕色表示等高线，黑色表示路等。

色彩变量取代图形变量，简单的符号使用不同的颜色而可以分别表现不同对象，使地图上可以尽量采用较简单的图形符号表示出丰富的要素信息。

2. 地图色彩设计的一般要求

1) 地图色彩设计要与地图性质、用途相一致

地图由于读者的不同，在色彩的设计上都有所区别。例如，交通旅游图要用色华丽、活泼、有吸引力，给人以向往感、兴奋感；教学挂图要用色浓重，便于在教学期间被清晰阅读；行政区划图用色种类多，色重易读，易区分，着重注记，界限清晰；儿童用图要色彩鲜亮、清晰，针对儿童的心理特点，激发其阅读兴趣。

2) 地图色彩与内容相适应

地图内容往往比较复杂，所以色彩的设计需要针对不同内容使用不同方法，并且通过色彩表达出对象的图上位置及主次差别。例如中国全图中，各省级行政区划范围颜色分明，而相邻国家则统一清淡着色。

专题地图中有时利用色彩的饱和度,对比强烈,轮廓清晰,层次清楚。

3) 利用色彩的感觉和象征性

地图中色彩设计有时要与对象相照应,可用与之相似的颜色。例如蓝色表示水系,棕色表示地貌与土质等。

如果没有明确色彩特征的,可借助于色彩的象征性,如寒流、雪山采用蓝色;暖流、火山采用红色;热带采用暖色,寒带采用冷色;污染的地区用灰色等。

4) 考虑地图作为"图"的特点

地图除了表示自然和社会现象以外,还有其作为"图"的要求,即图面色彩设计合理、美观,给人舒服、和谐的感受。色彩要有鲜明的对比,但也要达到适当的调和。一幅地图或者一本地图集,设计者应该力求形成色彩特色。

7.3　地　图　符　号

地图符号是客观世界中自然和社会现象在地图中重要的表达方式之一,没有地图符号就没有地图。地图符号设计的合理与否,决定着地图质量,决定着地图的可阅读性,因此,地图符号设计是地图设计中重要的环节之一。广义的地图符号是指表示各种事物现象的线划图形、色彩、数学语言和记注的总和,也称为地图符号系统。狭义的地图符号是指在图上表示制图对象空间分布、数量、质量等特征的标志和信息载体,包括线划符号、色彩图形和注记。

7.3.1　地图符号的实质

符号的种类很多,有人们所熟知的语言的、文字的、数字的、物理学的、化学的以及地图上的符号。故地图符号只是符号应用于地图的一个子类。

地图符号本身可以说是一种物质的对象(图形),它用来代指抽象的概念,并且这种代指是以约定关系为基础的,这就是地图符号的本质特点。

原始地图并无现代地图符号的概念,更谈不上符号系统。那时的地图大多数就是山水画,实地有什么就画什么,而且越像越好。随着人们认识的不断深入,要表达的客观对象渐渐多起来了,形象的画法逐渐感到困难。例如,房屋有草棚、草房、砖瓦房、钢筋混凝土建筑等,桥梁有石桥、砖桥、拱桥、公路桥、铁路桥、钢架桥等,地图上不可能一一表示它们的个性,而且用图者也不需要了解如此详细的特征。因此,就需要将制图对象进行分类、分级,即用抽象的具有共性的符号来描绘某一类(级)客观对象。例如用几种不同形状的符号将桥梁区分为人行桥、车行桥和双层桥等。

显然,地图符号形成的过程,涉及做出这种"代指"的主体——制图者。制图者将错综复杂的客观对象,经过归纳(分类、分级)进行抽象,并用特定的符号表现在地图上,不仅解决了逐一描绘各个客观对象的困难,而且反映了客观全局的本质规律。因此,这一过程实质上是对制图对象进行了第一次综合。

地图符号的形成过程,实质上是一种约定过程。任何符号都是在社会上被一定的社会集团或科学共同体所承认和共同遵守的,具有"法定"的意义。尤其在普通地图中,某些地图符号经过多少个世纪的时间考验，由约定而达俗成的程度，被广大读者所普遍熟悉和承认。例如，黑色代表居民地、独立地物，蓝色代表水系，棕色代表地貌，绿色代表森林，河流用由细到粗的渐变线表示等。因此，地图符号的实质是以约定关系为基础，用一种视觉形象图形来代指事物的抽象概念。

7.3.2 地图符号的分类

现代地图符号从不同的角度，分类方法也有所区别。

1. 按符号与地图比例尺的关系分类

按符号与地图比例尺的关系分类可将符号分为依比例符号、不依比例符号(非比例符号)和半依比例符号，如图 7-14 所示。

依比例符号即按照测图的比例尺，将地物缩小、用规定的符号画出的地物符号，以面状地物为主，例如房屋、旱田、林地等，也有部分线状地物，如桥梁。不同使用类型的土地一般以虚线确定某种土地使用类型的范围，以相对应的符号按照一定的分布原则进行填充。

不依比例符号用来表示轮廓较小，无法按照比例缩小后画出的地物，例如三角点、水井、电线杆等，只能用特定的符号表示它的中心位置。不依比例符号多以点状地物为主。不同地物符号定位点即符号表示地物的中心位置也有所区别，一般分为符号中心、符号底线中心、符号底线拐点等。

半依比例符号适用于长度能够按照比例尺缩小后画出，而宽度不能按照比例尺表示的地物，以线状地物为主，例如围墙、篱笆、栅栏等。

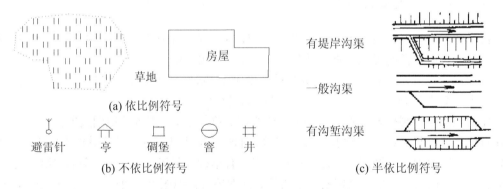

图 7-14 按符号与比例尺的关系分类

2. 按制图对象的几何特征分类

按制图对象的几何特征分类可以分为点状符号、线状符号和面状符号。

(1) 点状符号。地图符号所代指的概念可认为是位于空间的点，符号的大小与地图比例尺无关，只具定位特征。如控制点、居民点、矿产地等符号。点状符号的基本形态可以是规则的或不规则的。

(2) 线状符号。地图符号所代指的概念可以认为是位于空间的线，符号沿着某个方向延伸，且长度与地图比例尺发生关系，例如海岸线、河流、渠道、航线、道路等。而有一些等值线符号，如等温线、人口密度线等，尽管几何特征是线状的，但并不是线状符号。线状符号的形态和所代表的实地物体之间的关系有着丰富的内涵。稳定性好的物体用实线表示，稳定性差的用虚线；重要的用实线，次要的用虚线；精确的用实线，不精确的用虚线；地面上的用实线，地面下的用虚线。

(3) 面状符号。地图符号所代指的概念可以认为是位于空间的面，符号所处的范围同地图比例尺发生关系。用这种地图符号表示的有水部范围、林地范围、土地利用分类范围、各种区划范围、动植物和矿藏资源分布范围等。

符号的点、线、面特征与制图对象的分布状态并没有必然的联系。尽管在一般情况下人们总是寻求用相应几何性质的符号表示对象的点、线、面特征，但不一定都能做到这一点，因为对象用什么符号表示既取决于地图的比例尺，也取决于组织图面要素的技术方案。城市在大比例尺地图上表现为面，而在小比例尺地图上只能是点；河流在大比例尺地图上可以表现为面，而在较小比例尺地图上是线。由于地图上要素的需要，面状要素也可以用点状或线状符号表示，如用点状符号表示全区域的性质特征(分区统计图表、定位图表)；用等值线来表现面状对象等。

3. 按符号表示的地理尺度分类

按符号表示的地理特征量度可将符号分为定性符号、定量符号和等级符号。

(1) 定性符号。即表示地理要素的类别、性质的地图符号。如三角点、塔、独立树等符号。

(2) 定量符号。即依据某种比率关系来表示地理要素数量指标的地图符号。这种比率关系和地图比例尺无关，借助此比率关系可目估或量测制图对象的数量差异。如用不同大小图形符号表示城市人口多少的符号。

(3) 等级符号。即表示地理要素的顺序等级的地图符号。此种地图符号表示制图对象的大、中、小或按其他分级方法所分的概略等级顺序，如用大、中、小三种不同大小的圆表示大、中、小三种城市等级。

4. 按符号的形状特征分类

按符号的形状特征可将符号分为几何符号、艺术符号、线状符号、面状符号、图表符号、文字符号、色域符号等。这种分类方式强调符号的形象特点。

几何符号指用基本几何图形构成的较为简单的记号性符号；艺术符号是指与被表示对象相似；面状符号既可由各类结构图案形成，也可由颜色形成，但在视觉上二者有所区别，所以面积颜色可称为色域符号；图表符号主要指反映对象数量概念的定量符号，大多由简单的几何图形组成；文字本身就是一种符号，地图上恰当的文字注记有利于读者对图的阅读，是一种较为重要的特殊符号形式。

7.3.3　地图符号的视觉变量

地图上能引起视觉变化的基本图形、色彩因素称为视觉变量，也叫图形变量。视觉变量是构成地图符号的基本元素。

1. 视觉变量

视觉变量首先是由法国人贝尔廷(J. Bertin)1967年提出的。他领导的巴黎大学图形实验室经20多年的研究，总结出一套图形符号规律——视觉变量，即形状、方向、尺寸、明度、密度和颜色。1984年美国人鲁宾逊(A. Robinson)等在《地图学原理》一书中提出基本图形要素是：色相、亮度、尺寸、形状、密度、方向和位置。1995年他又把基本图形要素改为视觉变量，认为其构成是由基本视觉变量(形状、尺寸、方向、色相、亮度、纯度)和从属视觉变量(网纹排列、网纹纹理、网纹方向)两部分组成。

视觉变量作为地图图形符号设计的基础，在提高符号构图规律和加强地图表达效果方面起到很大作用，一经提出即引起广泛重视，但目前国内外对符号视觉变量的构成看法并不一致，这是正常的。趋于相同的观点是：视觉变量是分析图形符号较好的方法；视觉变量至少应包括形状、尺寸、密度、方向、亮度、结构变量等，如图7-15所示。

图示 符号 视觉变量	点状符号	线状符号	面状符号
形状			
尺寸			
密度			
方向			
亮度			
结构			

图 7-15　地图符号的视觉变量

(1) 形状。对于点状符号来说，形状就是符号的外形，可以是规则图形，也可以是不规则图形；对于线状符号来说，形状是指构成线的那些点的形状，而不是线的轮廓。同一面积的图形元素可以取无数种形状，是产生符号视觉差别的最主要特征之一。面状符号没有形状变化。

(2) 尺寸。点状地物的尺寸即指符号整体的大小，包括符号的直径、宽度、高度和面积的大小；对于线状地物而言，线宽的尺寸取决于构成它的点的尺寸；尺寸与面状符号范围轮廓无关。

(3) 密度。改变符号的像素的尺寸和数量，而不改变符号的平均亮度。密度变量对于单色符号无效。

(4) 方向。符号的方向是指点状符号和线状符号的构成元素的方向，而面状符号没有方向变化，但其内部填充符号可能有方向区别。方向变量受图形限制较大，如矩形、三角形等有方向区别，而圆形就无方向区分。

(5) 亮度。亮度是指符号色彩的明暗程度。对于不同色彩，亮度都是基本特征之一。亮度不改变符号特点，如形状、尺寸、结构等，以符号表面亮度的平均值为标志。亮度在面状符号中体现较为明显，而在较小的点状、线状符号中则体现的较弱。

(6) 结构。结构是指符号内部像素组织的变化，其反映的是符号内部的形式结构，即像素的排列形式，多种形状、尺寸的交替使用等。结构需要借助于其他变量来完成，但单独依靠其他变量也无法体现这种差别。

2. 视觉变量的应用

视觉变量是对所有符号的视觉差异抽象表述，依附于符号的基本图形属性。每一种变量都能产生一定的感受效果。构成地图符号间的差别不仅可以根据需要选择某一种变量，也可以同时选择两种或多种变量，即多种变量的联合应用，以加强被阅读的效果。表 7-1 为《国家基本比例尺地图图式 1∶500 1∶1000 1∶2000 地形图图式(GB/T 20257.1—2007)》部分内容。

表 7-1　国家基本比例尺地图图式(部分)

编号	符号名称	符号式样			符号细部图	多色图色值
		1∶500	1∶1000	1∶2000		
4.2.31	贮水池、水窖、地热池 a.高于地面的 b.低于地面的 净——净化池 c.有盖的	a	b 净 c			C100 面色 C10
4.2.32	瀑布、跌水 5.0——落差		瀑 5.0 2.0			C100
4.2.33	沼泽 a.能通行的 b.不能通行的 碱——沼泽性质	a b 碱				C100

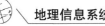

编号	符号名称	符号式样			符号细部图	多色图色值
		1:500	1:1000	1:2000		
4.2.34	河流流向及流速 0.3——流速(m/s)					C100
4.2.35	沟渠流向 a.往复流向 b.单向流向					C100
4.2.36	潮汐流向 a.涨潮流 b.落潮流					C100
4.2.37	堤 a.堤顶宽依比例尺 24.5——坝顶高程 b.堤顶宽不依比例尺 2.5——比高					K100
4.2.38	水闸 a.能通车的 5——闸门孔数 82.4——水底高程 砼——建筑结构 b.不能通车的 c.不能走人的 d.水闸上的房屋 e.水闸房屋 3——层数					K100

7.4 地图的注记

地图注记是地图上文字和数字的通称，是地图语言之一。注记起补充作用，它不是自然界中的一种要素，但它们与地图上表示的要素有关，没有注记的地图只能表达事物的空间概念，而不能表示事物的名称和某些质量和数量特征。所以注记与图形符号构成了一个整体，是地图符号系统的组成部分。

7.4.1 地图注记的功能

地图注记功能包括标识各对象、指示对象的属性、表明对象间的关系以及转译，即利用文字将地图符号的意义表达出来。

(1) 标识各对象。地图通过符号表示物体或对象，用注记表示对象的名称，二者结合，能够表示出地物对象的位置和类型，例如"铁岭市""浑河"等。

(2) 指示对象的属性。利用数字或文字表示地图上对象的某种属性，例如路面类型注记、比高等。

(3) 表明对象间的关系。面状区域名称往往表示影响区划的要素之间的关系，例如"浑南新区""辽河口生态经济区"等。

(4) 转译。地图符号配以必要的文字说明，表达出完整的信息内容，例如房屋层数和结构注记"砼 3"。

7.4.2　地图注记的种类

地图上的注记可分为名称注记、说明注记、数字注记及图外整饰注记等。

(1) 名称注记。说明各种事物的专有名称，例如居民地名称，海洋、湖泊、河流、岛屿名称，山和山脉名称等，如图 7-16 中的"青江"。名称注记在地图上的量最大，分布范围也广，从一个小地方到整个大陆均有名称注记。在地图的使用中，它们显得尤其重要，无论是一般的浏览，还是详细的分析地图，都离不开名称注记。

(2) 说明注记。说明各种事物的种类、性质或特征，用于补充图形符号的不足。说明注记常用简注表示，如石油管道用油、输水管道用水、石质河底用石等，如图 7-16 中的"砼"。

(3) 数字注记。说明某些事物的数量特征，例如高程、比高、路宽、水深、流速、桥长、载重量等，如图 7-16 中的数字注记部分。

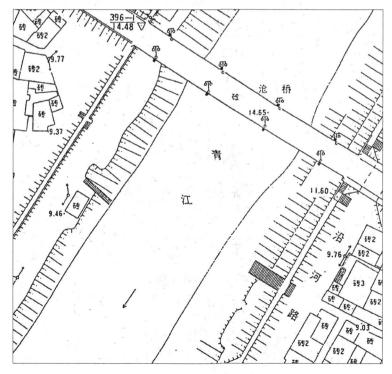

图 7-16　地图注记

（4）图外整饰注记。是为了更好地诠释地形图所反映的地物内容，包括图名、图号、接图表、比例尺等，如图 7-1 中的图外注记。

7.4.3　地图注记的构成

地图注记由字体、字大(字号)、字色、字隔、字位、字顺和字列等因素构成。

1. 地图注记的字体

我国汉字字体种类繁多，地图上常用不同的字体表示不同的事物，包括宋体、等线体、仿宋体、隶书、魏碑体及其他美术字体等，如图 7-17 所示。

地图上通过字体不同来区分制图对象的类别，已成习惯用法，包括：

图名、区域名要求字体明显突出，故多用美术体，例如隶书、魏碑体等，有时也用宋体或其并形体；

居民地名称的字体设计较为复杂，一般根据重要程度分别采用不同的字体，例如城市用等线体，乡镇、行政村用宋体，其他自然村庄用细等线体或仿宋体。在地图制图中，通常通过字体和字大配合来表示不同的行政意义。

河流、湖泊、海域名称，通常使用左斜宋体。

山脉用右耸肩体，一般用中等线，也可以用宋体。山峰、山隘等用长等线。

字体		式样	
宋体	正宋	成 都	居民地名称
	宋变	湖 海　长江	水系名称
		山西　铁岭	图名 区域名
等线体	粗中细	北京 沈阳	居民地名称
	等变	太行山脉	山峰名称
		珠穆朗玛峰	山峰名称
		沈阳市	区域名称
仿宋体		呼伦贝尔　赤峰	居民地名称
隶书		辽宁　铁岭	图名 区域名
魏碑体		银州区	
美术体		辽宁省图	名称

图 7-17　地图注记的字体

2. 注记的字大(字号)

注记的字大即注记的大小。

地图制图过程中,利用注记的大小区分制图对象的等级、质量或者数量。在一幅图上,按照事物的重要程度和意义,采用不同的字号,以便使注记大小与图形符号相对应,差别明显,图面清晰。

3. 注记的字色

注记的字色只有色相的变化。字色的选用要与注记所表示的事物类别相联系。例如一般地图上居民地注记用黑色,河流注记用蓝色,政区表面注记用红色,大量处于底层(专题图的地理底图)或非重点表示区域(区划以外接壤的地区)的部分,一般用灰色等。

4. 注记的字隔

注记的字隔是指注记中字与字的间隔。通常最小字隔为 0.2 mm,最大字隔一般不超过字大的 5~6 倍,否则读者很容易视其不是同一条注记。

5. 注记的字位

注记的字位指注记文字相对于被注符号的位置。位于符号上边叫上方字位,位于符号右边的叫右方字位,字位往往受到符号空间的限制,但须尽量按规律性的字位来安排。字位的选择是以明确显示被注对象为原则。例如居民地名称位于符号的右边,使读者能够理解到该注记是指左侧居民地;地貌注记中,字位选在斜坡凸棱上,数字中心线应与等高线方向一致,并且中断等高线,字头朝向山顶。

6. 注记的字顺

注记的字顺是指同一注记中各字的排列顺序。地图上的注记一般采用从左至右和从上而下的字顺。

7. 注记的字列

注记的字列是指注记中文字的排列形式。注记排列必须与被注记的要素相适宜,才能确切表示被注要素的关系,便于读图。字列包括水平、垂直、雁行、屈曲等,如图 7-18 所示。

水平字列是注字按水平方向排列,由左至右,平行于南图廓线。多为接近字隔,这种排列应用较多。例如居民地名称、山名、数字注记等。

垂直字列是按垂直于南图廓方向排列,由上往下,多为接近字隔。例如框外注记,少数居民地名称在水平字列排列有困难时候采用垂直字列。

雁行排列是各字列中心的连线斜交图廓线,字向直立(即字上下边平行于南图廓)沿地物方向排列,例如山脉的名称等。注字中心连线方位角在±45°之间时,字序从上往下排,否则从左向右排。

屈曲字列是各字侧边平行或垂直于现状地物,沿线状的弯曲排列。当字序从上往下排时,注字的纵向平行于线状地物;当字序是从左往右排时,注字的横向平行于线状地物。例如标注河流、道路名称等。

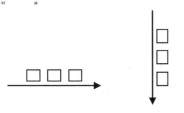

水平字列　　　　垂直字列　　　　　　　雁行字列

屈曲字列

图 7-18　注记的字列

7.4.4　地名

地名无疑是地图最重要的内容之一，是人们为地球或其他星球上某一地点或区域表示特定方位、范围的地理实体所赋予的一种文字或数字代号，即一种区别于另一种地理实体的一种语言标志。

1. 地名的种类

地名有很多种分类。

(1) 按地理属性划分。有自然地理实体名称和人文地理实体名称。前者又可分为水名、山名等，后者又可分为聚落名、政区名、建筑物名等。

(2) 按区域划分。有国名、省名、县名等。

(3) 按语别划分。有汉语地名、英语地名、阿拉伯语地名等。

(4) 按社会交际功能划分。有今称、旧称、别称、自称、他称、全称、简称、雅称、俗称等。

(5) 按照通行的时间划分。有今地名和历史地名，历史地名即古地名。

(6) 按构词的关系划分。有原生地名和派生地名。

(7) 按照命名的缘由划分。有描述地名(反映当地某一自然或人文特征的地名，如形态、色泽、音响、方位、物产等)，记事地名(反映发生过的事件或以故国、部族、人物名字命名的地名)，意愿地名(反映人们的意志、愿望、忌讳、宗教信仰的地名)以及讹传地名等。

2. 地名数据库

地名数据库是空间定位型的关系数据库，它对国家基本比例尺地形图上的各类地形进行注记，连同其汉语拼音及属性特征等录入计算机数据库。地形图中常见的地形包括居民地、河流、湖泊、山脉、山峰、海洋、岛屿、沙漠、盆地、自然保护区等；地形的属性特征包括类别、政区代码、归属、网格号、交通代码、高程、图幅号、图名、图版年度、更新日期、X 坐标、Y 坐标、经度、纬度等。地名数据库与地形数据库之间通过技术接口码连接，可以相互访问。当前地名数据库作为基础空间数据库的一个子库，已越来越受到人们的重视，地名作为最常用的社会公共信息之一，不仅与人们的日常生活息息相关，而且是国家行政管理、经济建设、国际交往不可或缺的基础信息资源。一方面，随着社会经济、文化的发展，新地名大量涌现；另一方面，进入信息时代，世界各国的联系越来越频繁密切，国家、地区间的相互依存，相互渗透不断加深，国际合作和竞争空前广泛和激烈。地名信息的传递速度不断加快、使用频率日益提高。对不同语言文字地名之间的转译、国家地名标准化以及及时、高效地收集、整理、传输地名信息的要求越来越高。总之，在当今世界无论是社会交往、经济交流、信息传输，还是商业竞争、军事战争都离不开地名信息。

建立地名信息系统，其目的在于：

(1) 地名管理规范化。在很多时候，同一个地方有多个命名，也有许多地方没有名称，这给地名管理、邮政、快递等工作带来诸多不便，通过地名数据库的建设，可以使地名规范化、单一化。

(2) 快速提供地名信息，为地名管理及科研服务，从根本上改变其在管理和决策手段的落后面貌。

(3) 准确及时地向社会提供各类地名信息，并且能准确地指出其地理位置，以方便各界人士的咨询。

(4) 国家和地方要建立一个统一规范的数据库以便资源共享，防止重复建设，浪费资金。

(5) 便于电话定位，即地名数据库与电话号码库结合，快速确定打入电话的精确位置。这一点在很多的实用地理信息系统中很有意义，如公安、消防 GIS 等。目前的系统中有很多是人工定位，速度慢、成本高，建立地名数据库后可以极大提高定位速度，降低人力成本。

3. 地名数据库设计原则

地名数据库设计的基本原则，即标准化、完备性、扩展性、适用性等。

(1) 标准化。数据结构、编码等应遵从中国地名委员会制定的《中国地名信息系统技术规范》。

(2) 完备性。数据及数据库功能的完整，决定着能否为用户提供更好的服务。

(3) 扩展性。系统设计时应留有必要的接口，以便系统功能扩展以及系统自身完善使用。

(4) 适用性。界面友好、易于使用、用户化，便于多种用户使用。

4. 地名数据库的设计

1) 数据结构设计

根据《中国地名信息系统技术规范》的要求，可以将地名数据库的数据分为七类，即行政区划名、居民地名、街巷地名、机关及企事业单位名、人工建筑物名、自然物体名、纪念地及名胜古迹名等。

2) 数据编码设计

地名分类代码、行政区域代码、隶属代码、地名交通代码等均可参照国家相关规范内容，按照级别从大到小的原则，从前至后排列形成地名编码。例如国家地名数据库代码。

国家地名数据库代码共有 20 位数字，分为四段。

(1) 第一段由 6 位数字组成，表示县级以上行政区划代码，执行《中华人民共和国行政区划代码》(GB/T 2260—2007)。

第一、二位表示省(自治区、直辖市、特别行政区)。

第三、四位表示市(地区、自治州、盟及国家直辖市所属市辖区和县的汇总码)。其中，01～20，51～70 表示省直辖市；21～50 表示地区(自治州、盟)。

第五、六位表示县(市辖区、县级市、旗)。01～18 表示市辖区或地区(自治州、盟)辖县级市；21～80 表示县(旗)；81～99 表示省直辖县级市。

为保证数字码的唯一性，因行政区划发生变更而撤销的数字码不再赋予其他行政区划。

凡是未经批准，不是国家标准的行政区划单列区、县级单位，代码的第三层即后两位必须设置为以 91 开始按顺序往下编制。

(2) 第二段的 3 位代码执行国家标准《县以下行政区划代码编制规则》(GB/T10114—2003)。其中的第一位数字为类别标识，以"0"表示街道，"1"表示镇，"2 和 3"表示乡，"4 和 5"表示政企合一的单位；其中的第二位、第三位数字为该代码段中各行政区划的顺序号。具体划分如下：

① 001～099 表示街道的代码，应在本地区的范围内由小到大顺序编写；

② 100～199 表示镇(民族镇)的代码，应在本地区的范围内由小到大顺序编写；

③ 200～399 表示乡(民族乡)的代码，应在本地区的范围内由小到大顺序编写；

④ 400～599 表示政企合一单位的代码，应在本地区的范围内由小到大顺序编写；

⑤ 600～699 表示开发区等非法定单位代码，应在本地区的范围内由小到大顺序编写；

⑥ 999 表示省、地、区(县)本级的代码，应在本地区的范围内编写。

(3) 第三段由 5 位数字组成，表示地名属性类别，执行《地名分类与类别代码编制规则》(GB/T 18521—2001)。

(4) 第四段为 6 位数字，表示附加码，具体代码段为 000000～999999，用以区分同一类别并且是同一行政区的地名并进行排序，如果前 14 位编码可以确定此地名的唯一性，则第四段代码用 000000 表示。

其具体格式为：

×××××	×××	×××××	××××××
第一段	第二段	第三段	第四段
县级以上行政区划代码	县级以下行政区划代码	地名属性类别代码	附加码

3) 数据字典

数据字典是数据库应用设计的重要内容，是描述数据库中各类数据及其组合的数据集合，也称元数据。它本身是一个特殊用途的文件，在数据库整个生命周期中都起着重要的作用。数据字典可以由二维数据表格的形式组成，主要用于描述地名数据库的简介、地名数据的说明以及编码说明等。

4) 建库与开发

数据经录入、编辑、检查、修改等处理后，完成数据库建库。开发人员选用数据库支持的环境平台，设计与开发出常用的功能模块，并保证数据库的安全性与稳定性。

7.5 制 图 综 合

7.5.1 制图综合的概念

在地图制图者由大比例尺地形图缩编成小比例尺地图的过程中，根据地图成图后的用途和制图区域的特点，加以概括、抽象的形式反映制图对象的带有规律性的类型特征和典型特点，而将那些对于该图来说是次要的、非本质的地物舍去，这个过程即制图综合。如图 7-19 和图 7-20 所示，同一区域 1∶25 万地图数据综合后生成 1∶50 万地图数据，两者内容对比明显。

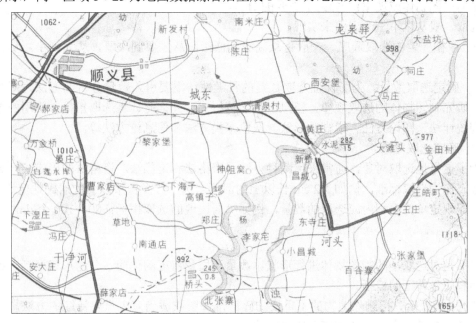

图 7-19 1∶25 万地图(部分)

图 7-20 1∶50 万地图(部分)

制图综合的产生，主要由于地图是以缩小的形式表达制图对象的缘故。制图综合的实质，就是以科学的抽象形式，通过选取和概括的手段，从大量制图对象中选出较大的或较重要的，而舍去次要的或非本质的地物和对象；去掉轮廓形状的碎部而代之以总的形体特征；缩减分类分级数量，减少制图物体间的差别，并用正确的图形反映制图对象的类型特征和典型特点。

7.5.2　制图综合的基本方法

制图综合的基本方法包括选取、概括和移位。

1. 选取

选取就是选择那些对制图目的有用的信息(满足地图用途要求并反映制图区域地理特点的重要的制图物体或现象)，舍去不必要的信息。

选取一般从以下三个方面来实现。

(1) 遵循一定的选取顺序。一般是从高级到低级，从主要到次要，从大到小，从整体到局部。

(2) 确定选取数量。为了保证选取数量的科学性，需要引入数量分析的方法，即利用数学方法研究制图物体的选取规律，模拟出数学解析式，并据此计算选取指标，常用的方法包括数理统计法、图论方法、模糊数学法、灰色聚类方法和信息论方法等。

(3) 确定选取对象。

为了更好地选取对象，通常采用两种方法：资格法和定额法。资格法即确定某一数量或质量标志作为选取标准，例如"2 cm 长以上的河流全选""乡镇级以上的居民地全选"等；定额法即规定单位面积内应选取的数量，例如"居民地的选取指标：80～100 个/dm^2"等。

2. 概括

概括是对选取了的制图物体进行形状、数量和质量特征的化简，分为形状概括、数量特征概括和质量特征的概括。

(1) 形状概括。指删除地物的不重要的碎部，保留或适当夸大重要特征的方法。形状概括一般通过删除、合并、夸大等手段来实现。

删除：某些地物在比例尺缩小后无法清晰的表示时应予以删除，如等高线、河流及居民地的小弯曲等，如图 7-21 所示。

	等高线	河流	居民地	森林
原始图形				
缩小后图形				
概括后图形				

图 7-21　图形碎部的删除

合并：比例尺缩小后，地物之间的间隔随之缩小，当不能区分时，可以合并同类物体的细部，来反映地物的主要特征。例如居民地的街巷、森林覆盖范围等，如图 7-22 所示。

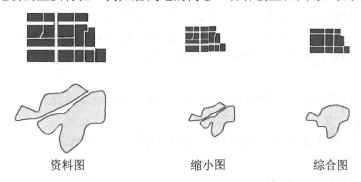

资料图　　　　　　　　缩小图　　　　　　　　综合图

图 7-22　地物形状的合并

夸大：为了强调地物的某些形状特征，需要夸大处理本来按比例缩小后应该删除的碎部，以保证制图对象本来的重要特征不被删除。如图 7-23 所示。

要素	居民地	公路	海岸	地貌
原始图形				
概括图形				

图 7-23　地物形状夸大处理

(2) 数量特征概括。

数量特征的概括是指制图物体的密度、长度、面积等数量特征的概括。它是选取和形状概括的结果之一，处理结果表现为数量标志的改变，往往变得比较概略。

(3) 质量特征的概括。

制图物体的质量特征指的是决定物体性质的特征。同一物体用同一地物符号表示，这样就需要通过分类、分级来区分。例如居民地、河流、森林等需要分类区分，行政区划则需要分级处理。制图综合中往往采用合并和删除的手段进行要素的分类与分级，处理结果就是分类和分级的减少。

3. 移位

移位是制图时处理各要素相互关系的基本方法，其目的是要保证地图内容各要素总体结构特征的适应性，即与实地的相似性。

根据地物重要性即定位优先级来确定具体的移位操作，处理方法包括：

(1) 舍弃。当符号定位发生矛盾时，特别是当同类符号碰到一起时，一般舍弃其中较低一个。

(2) 移位。当制图地物同等重要时，采用相对移位方法，即双方移动；当两者重要程度不同时，符号之间保持正确的拓扑关系的情况下，移动级别较低的。

(3) 压盖。点状符号或线状符号与面状符号定位发生矛盾时，需要采用压盖的方法处理。

点状符号与线状符号的定位优先级别也有相关规定。

(1) 点状符号

① 具有坐标位置的点，例如平面控制点、界碑符号等，这些点的位置是不允许移动的；

② 具有固定位置的点，例如居民点、独立地物点等，这些点一般不得移动；

③ 只具有相对位置的点，例如路标、水位点等，这些点是随着依附地物的位置变化而变化的；

④ 定位于区域范围的点，例如树种说明符号等，这些点本身没有固定位置，只需要定位于一定的范围；

⑤ 阵列符号，由离散符号组成的图案，单个符号没有位置概念，只有排列要求。

(2) 线状符号

① 有坐标位置的线，例如国界线上的界标，有准确的坐标位置，这些线在任何情况下不得移动。

② 具有固定位置的线，例如道路、河流等，这些线有自己的固定位置，发生矛盾时，根据其固定程度确定移位次序。

③ 表达三维特征的线，例如等高线等各种等值线，这些线既有平面位置和形状的特征外，还有保持它们的图形特征和彼此的协调关系。

④ 具有相对位置的线，例如依附于山脊、河流的境界线，这些线需要保持原有的协调关系。

⑤ 面状符号的边界线，例如湖泊水崖线、地类边线等，这些线独立存在，也常常需要适应相应的地理环境。

7.5.3　影响制图综合的基本要素

影响制图综合程度的因素包括地图用途、地图比例尺、地理景观条件、图解限制以及数据质量。

1. 地图用途

地图用途决定地图内容和表示方法的选择，影响制图综合的方向和程度。如图 7-24 所示，分别是行政区划图、地势图和普通地理图。

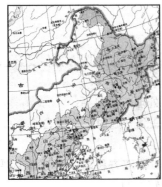
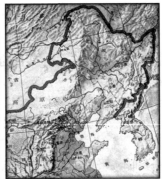

图 7-24　同一区域不同用途的地图表示形式

2．地图比例尺

比例尺影响地图综合的程度和表示方法。地图比例尺越小，选取的内容越少，概括的程度越大。对于大比例尺地图，制图综合的重点是对物体内部结构的研究和概括；对于小比例尺地图来说，制图综合的重点是对物体外部形态的概括和同其他物体的联系。随着比例尺的缩小，依比例表示的符号迅速减少，由位置数据和线状数据表示的物体占主要地位。如图 7-25 所示。

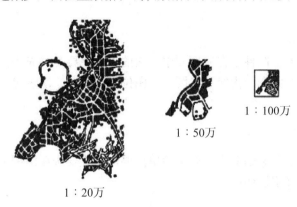

图 7-25　同一区域不同比例尺的地图表示形式

3．地理景观条件

指由于地区位置差异而引起的地物分布差异。地理景观条件决定制图对象的重要程度，例如沙漠里的水井、独立树等，这些都是制图时不能被综合的；地理景观条件还影响使用的制图综合原则，例如南、北方之间的水资源、居民地分布等，不同地貌形态也会使用不同的综合原则。

4．图解限制

指由于制图者视觉约束、技术水平等原因，对地图色彩的选择与搭配、内容的选取与概括等方面造成的制图效果的局限，包括地图上图形尺寸、规格以及地图的适宜容量等。

5．数据质量

指制图原始资料的详细程度和精度对制图综合的影响。高质量的地图原始资料为地图综合提供了可靠的基础数据，并使制图者有较大的综合余地；反之亦然。

7.6　地图图面设计

图面设计包括图名、比例尺、图例、插图(或附图)、文字说明以及排版布局等。

1．图名

无论是普通地图还是专题地图，图名都要求简明图幅的主题，一般安放在图幅上方中央。字体要与图幅大小相称。

2. 比例尺

数字比例尺一般放置在图廓外下方中央，图解比例尺一般放在图廓外地左下方。

3. 图例

图例符号是专题图内容的变现形式，图例中符号的内容、尺寸和色彩应与图内一致，多半放在图的下方。

4. 附图

附图指主图外加绘的图件，在专题图中，它的作用主要是补充主图的不足。专题图中的附图，包括重点地区扩大图、内容补充图、主图位置示意图、图表等。附图放置的位置比较灵活。

5. 文字说明

文字说明一般出现在专题图中，要求简单扼要，一般安排在图例中或图中空隙处。其他有关的附注应包括在文字说明中。

6. 排版布局

地图排版布局应根据地图的主要用途、图面信息等来安排。主要排版形式如图 7-26 所示。

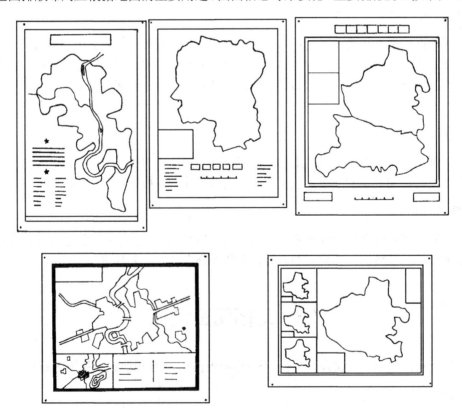

图 7-26 常用地图排版布局形式

习　题

1. 地图定义及分类包括哪些?
2. 地形图的定义及内容有哪些?
3. 地图符号的分类包括哪些?
4. 地图注记的功能与构成是什么?
5. 什么是制图综合,制图综合的基本方法有哪些?
6. 地图常用的版式有哪些?

第 8 章　GIS 的设计与评价

学习重点：

- GIS 设计与开发的步骤
- GIS 评价主要的内容
- 结合实例，编制设计说明书

GIS 的开发建设和应用是一项系统工程，涉及系统的最优设计、最优控制运行、最优管理，以及人、财、物资源的合理投入、配置和组织等诸多复杂问题。需要运用系统工程、软件工程等原理和方法，结合空间信息系统的特点进行建设。在建立 GIS 过程中确定应用目标是什么，选用哪些数据源，什么数据入库，以及数据的质量、精度如何等一系列重大问题是至关重要的，直接关系到系统的有效性和实用性，也即 GIS 工程的成败及效益，取决于 GIS 工程的总体规划和设计、技术力量的组织、工程的建设实施和数据源的组织等问题。

8.1　GIS 的设计方法

8.1.1　GIS 设计概述

GIS 的开发研究分为四个阶段：系统分析、系统设计、系统实施、系统评价及维护。系统分析阶段的需求功能分析、数据结构分析和数据流分析是系统设计的依据。系统分析阶段的工作是要解决"做什么"的问题，它的核心是对 GIS 进行逻辑分析，解决需求功能的逻辑关系及数据支持系统的结构，以及数据与需求功能之间的关系；系统设计阶段的核心工作是要解决"怎么做"的问题，研究系统由逻辑设计向物理设计的过渡，为系统实施奠定基础。

GIS 设计要满足三个基本要求，即加强系统实用性、降低系统开发和应用的成本、提高系统的生命周期。在系统实施和测试过程中能够发现，软件开发领域内的错误大部分是由于系统设计不周而引起的。

系统的设计路线可以分为三类：GIS 的设计方法、管理信息系统的设计方法和和软件工程的设计方法。所有这些设计方法都已经采用了结构化分析和设计原理，其中最有用的理论就是模块理论及其有关的特征，例如内聚性(Cohesiveness)和连通性(Connectivity)。所谓结构化就是有组织、有计划和有规律的一种安排。结构化系统分析方法，就是利用一般系统工程分析法和有关结构概念，把它们应用于 GIS 的设计，采用自上而下、划分模块、逐步求精的一种系统分析方法。这种结构化分析和设计的基本思想包括如下的要点：

(1) 在研制 GIS 的各个阶段都要贯穿系统的观点。首先从总体出发，考虑全局的问题，在保证总体方案正确、接口问题解决的条件下，按照自上向下，一层层地完成系统的研制，这是结构化思想的核心。

(2) GIS 的开发是一个连续有序、循环往复、不断提高的过程，每一个循环就是一个生命周期，要严格划分工作阶段，保证阶段任务的完成。没有调查研究和掌握必要的数据，就不可能很好地进行系统分析。没有设计出合理的逻辑模型，就不可能有很好的物理设计等等。这是系统设计的基本原则。

(3) 用结构化的方法构筑 GIS 的逻辑模型和物理模型，包括在系统的逻辑设计中，分析信息流程，绘制数据流程图；根据数据的规范，编制数据字典；根据概念结构的设计，确定数据文件的逻辑结构；选择系统执行的结构化语言，以及采用控制结构作为 GIS 设计工具。这种用结构化方法构筑的 GIS，其组成清晰，层次分明，便于分工协作，而且容易调试和修改，是系统研制较为理想的工具。

(4) 结构化分析和设计的其他一些思想还包括：系统结构上的变化和功能的改变，以及面向用户的观点等，是衡量系统优劣的重要标准之一。

由系统设计人员来设计 GIS，就是根据若干规定或需求，设计出功能符合需要的系统。设计人员开发 GIS 时须遵循正确的步骤：

① 根据用户需要，确定系统要做哪些工作，形成系统的逻辑模型。

② 将系统分解为一组模块，各个模块分别满足所提出的需求。

③ 将分解出来的模块，按照是否能满足正常的需求进行分类。对不能满足正常需求的模块需要进一步调查研究，以确定是否能有效地进行开发。

④ 制定工作计划，开发有关的模块，并对各个模块进行一致性的测试，以及系统的最后执行。

8.1.2　结构化设计模式

GIS 最早的设计模式，是 Calkins 在 1972 年由国际地理学会地理数据收集和处理委员会主持召开的地理数据处理学术会议上提出来的，后来又经过了几次修改和补充。这个最早的设计模式称为结构化的系统设计模式，如图 8-1 所示，由四个组成部分构成：

(1) 通过访问用户，调查用户的需求和数据源，确定系统的目的、要求和规定。

(2) 描述和评价与系统设计过程有关的资源和限定因素，例如现有的硬件、软件和有关的政治和法律因素等。

(3) 说明和评价所拟定的不同系统，这些系统能够满足所规定的要求。

(4) 对拟定的系统作最后的评价，从中选择一个运行的系统。

该模式的主要特点是强调对用户的调查和对系统功能需求的分析。在系统设计的各个阶段都要写成有关的文件，以便进行评价。用户要参与系统的设计，以免系统设计的失误。

自从这个最早的 GIS 设计模式诞生以来，GIS 的开发已经取得很大的进展。原来的设计模式是假定系统的大部分组成(除了硬件以外，包括所有的软件和数据库)都需要由系统设计人员来完成，有时甚至包括处理空间数据的某个专门的硬件。现在的情况不同了，不但有许多处理空间数据的重要软件，而且有现成的系统和空间数据库，因此需要对原来的 GIS 设计模式进行修改，修改后的 GIS 设计模式如图 8-2 所示。

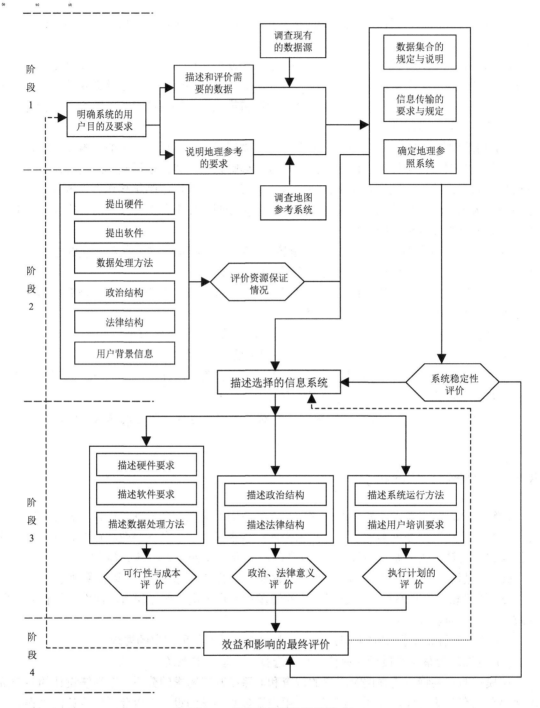

图 8-1 结构化的系统设计模式

其主要的设计思想，是强调对现有的各个组成部分，包括硬件、软件和数据库，进行深入、认真的评价，以研究其满足系统功能的程度，保证所设计系统的实用可靠，及有效地处理数据和使用周期长等要求。该模式采用了管理信息系统和软件工程的一些设计理论，包括：

(1) 目的与任务。每个系统都要对目的和任务作详细的说明，指出该系统的目的，谁是主要的用户，以及如何使用该系统。关于任务，要说明所要完成的工作，以及总体评分所采用的方法。目的和任务的说明要非常详细，以便用户进行评论和评价，而且这种说明代表着用户和系统设计人员对话的开始，并且在系统设计的过程中还要继续进行这种对话。

(2) 概念的定义。介绍系统的各个主要组成部分，分别按照输入、输出、主要的过程和数据库，来说明系统的基本结构，包括主要模块、系统开发的主要资源、主要的限制条件等。

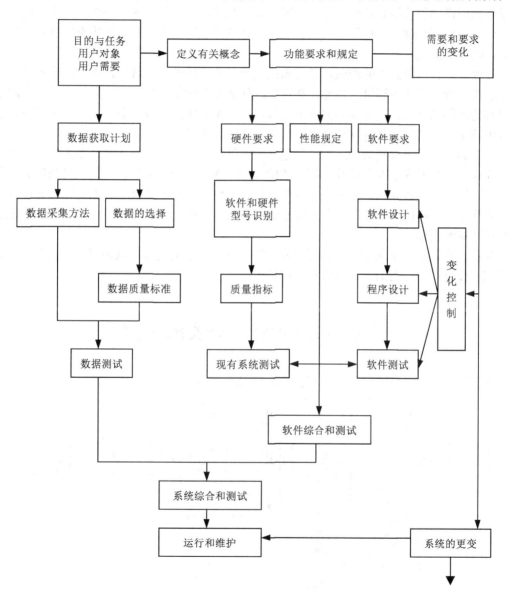

图 8-2　结构化的程序评价模式

(3) 功能的要求。具体说明该系统要做什么，对每种功能要求都要说明，包括功能的技术特征、功能的目的、具体的标准和满足的条件等等。每一种功能要具体规定：①输入(来源、数据、频率)；②输出(格式、数据量、用户)；③功能需要的处理步骤；④功能成功地实现所需要的条件；⑤功能生成的数据。

除了规定要完成的功能外，还要说明该系统期望的性能和特征，质量控制措施，以及该系统与其他部分的接口等。显然，在系统开发的过程中，要求可能发生变化，因此要制定专门的计划进行处理。

(4) 性能测定。在系统设计过程中，要对各个组成部分分别进行测试，对综合以后的整个系统要进行最后的测试。具体测试的内容包括：硬件、软件模块、数据库的质量控制等。测试根据所说明的功能要求和规定的标准进行，测试应考虑以下各种条件：①系统的正常操作条件；②重点测试，包括最坏情况和极端操作条件；③逻辑测试，指检查各种可能的逻辑条件；④线路测试。

硬件、软件和数据库的测试，是对系统进行总体评价的最后阶段，那么，在系统设计的各个阶段，谁进行这种评价。显然，在目的、任务和要求的评价中，与用户有关。而对系统设计其他方面的评价，则需要其他有关的技能，一个系统的有效性取决于软件的质量，而对软件的评价，则必须由具有软件工程专门知识的专家来进行。

GIS 的设计是一项复杂的工程，要建立一个计算机化的 GIS，决非几个人或较短时间内所能完成的，需要许多人在较长时间内才能完成。由于系统的复杂性，及软件研制时间长，成本高，错误多，故容易产生所谓"软件危机"，例如软件不能移植、不能修改等，因此提出"软件工程"的设计方法，即用工程方法来研究软件和进行 GIS 的设计，以保证系统的功能标准和质量指标。

软件工程设计方法包括三个主要内容：①完整的需求定义和规范说明；②综合的质量保证措施和计划；③严格的设计过程和管理控制。

8.2　GIS 设计与开发的步骤

GIS 建立的过程(图 8-3)大致可以分成以下几个主要步骤。

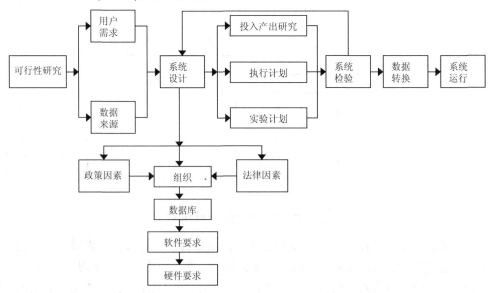

图 8-3　GIS 建立过程

8.2.1　可行性研究

可行性研究主要是进行大量的现状调查，在调查的基础上论证 GIS 的自动化程度、涉及的技术范围、投资数量以及可能收到的效益等。经过论证后确定系统的目的、任务及 GIS 的起始点，从这个起始点出发，逐步向未来的目标发展。重点不应只是目前的计算机化，还应着眼于将来如何发展。

这一阶段的工作主要包括：

1) 用户需求调查。是指调查本部门或其他有关部门对相应 GIS 的信息需求情况。从上至下调查本部门各级机构在目前和将来发展业务上需要些什么信息；从下自上调查他们完成本部门专业活动所需要的数据和所采用的处理手段，以及为改善本部门工作进行了哪些实践活动等。还要收集他们对本部门的业务活动实现现代化的设想与建议。

2) 系统目的和任务。一般来讲，GIS 应具有四个方面的任务：

(1) 空间信息管理与制图。

(2) 空间指标量算。

(3) 空间分析与综合评价。

(4) 空间过程模拟。

3) 数据源调查和评估。调查了解用户需求的信息后，有关专家和技术人员应进一步掌握数据情况。分析研究什么样的数据能变换成所需要的信息，这些数据中哪些已经收集齐全，哪些不全，然后对现有数据形式、精度、流通程度等作进一步分析，并确定它们的可用性和所缺数据的收集方法等。

4) 评价 GIS 的年处理工作量、数据库结构和大小、GIS 的服务范围、输出形式和质量等。例如某配电系统需求规定如下：

配电 GIS 应用程序主要包括三部分：

(1) C/S 部分应用程序。C/S 应用主要实现配网设备台账及图形管理、图形输出、预试管理、报表管理、PDA C/S 端数据交互等功能，该部分采用.NET、ArcGIS Engine 平台进行开发等。

(2) WebGIS 应用程序。WebGIS 应用主要以 B/S 结构实现以配网 GIS 为核心的综合查询功能、权限管理功能，该部分采用 WebLogic 作为 Web 服务器和应用服务区进行发布。

(3) PDA 应用程序。PDA 应用安装于移动 PDA 终端，主要实现移动 GIS、智能巡检功能，该部分采用.NET 作为开发平台，移动 GIS 采用 ArcPad 组件开发。

5) 系统的支持状况。部门管理者、工作人员对建立 GIS 的支持情况；人力状况包括有多少人力可用于 GIS，其中有多少人员需培训等；财力支持情况包括组织部门所能给予的当前的投资额及将来维护 GIS 的逐年投资额等。

根据上述调查结果确定 GIS 的可行性及 GIS 的结构形式和规模，估算建立 GIS 所需投资和人员编制等。

例如，某 GIS 可行性研究报告结构如图 8-4 所示。

- 目的和意义
- 国内外研究水平综述
- 项目的理论和实践依据
- 项目研究内容和实施方案
- 预期目标和成果形式
- 项目承担单位的能力条件
- 项目进度安排
- 项目财务预算
- 其他

图 8-4　报告结构示意图

8.2.2　系统设计

系统设计的任务是将系统分析阶段提出的逻辑模型转化为相应的物理模型,其设计的内容随系统的目标、数据的性质和系统的不同而有很大的差异。一般而言,首先应根据系统研制的目标,确定系统必须具备的空间操作功能,称为功能设计;其次是数据分类和编码,完成空间数据的存储和管理,称为数据设计;最后是系统的建模和产品的输出,称为应用设计。

系统设计是 GIS 整个研制工作的核心。不但要完成逻辑模型所规定的任务,而且要使所设计的系统达到优化。所谓优化,就是选择最优方案,使 GIS 具有运行效率高、控制性能好和可变性强等特点。要提高系统的运行效率,一般要尽量避免中间文件的建立,减少文件扫描的遍数,并尽量采用优化的数据处理算法。为增强系统的控制能力,要拟定对数字和字符出错时的校验方法;在使用数据文件时,要设置口令,防止数据泄密和被非法修改,保证只能通过特定的通道存取数据。为了提高系统的可变性,最有效的方法是采用模块化的方法,即先将整个系统看成一个模块,然后按功能逐步分解为若干个第一层模块、第二层模块等等。一个模块只执行一种功能,一个功能只用一个模块来实现,这样设计出来的系统才能做到可变性好和具有生命力。

功能设计又称为系统的总体设计,它们的主要任务是根据系统研制的目标来规划系统的规模和确定系统的各个组成部分,并说明它们在整个系统中的作用与相互关系,以及确定系统的硬件配置,规定系统采用的合适技术规范,以保证系统总体目标的实现。因此系统设计包括:①数据库设计;②硬件配置与选购;③软件设计等。

8.2.3　建立系统的实施计划

系统设计完成后,把所估算的硬件和软件的总投资、人员培训投资及数据采集投资等作为建立 GIS 的投资额,同时估计若干年后能收到的经济效益,这是投入产出估算。如果估算的结果令人满意,则进行后继工作。

建立 GIS 的执行计划,包括硬件、软件的测试、购置、安装和调试等,其中主要工作是测试。测试工作一般按标准测试工作模式,进行较详细的测试。该模式的主要特点是:硬件提供者要回答一系列问题,例如,要完成某某操作或运算可能否? 需要多少时间? 有无某某功能等。提供者则用图件或数据证实他的硬、软件能完成用户提出的操作任务,或者直接在计算机上演示。测试工作可详可简，当用户已掌握某些必须满足的系统标准时，可以集中测试作为评判标准的各指标能否达到要求，否则逐项测试工作过程的各个部分。测试工作完成后。确定购置硬件的类型，经安装调试后，编制实验计划，进行试验。

8.2.4　系统实验

结合用户要求完成的任务，选择小块实验区(或者用模拟数据)对系统的各个部分、各种功能进行全面试验。实验阶段不仅进一步测试各部分的工作性能，同时还要测试各部分之间数据传送性能、处理速度和精度，保证所建立的系统正常工作，且各部分运行状况良好。如果发现不正常状况，则应查清问题的原因，然后通知硬件或软件提供者进行适当处理。

8.2.5　系统运行

当 GIS 对用户的决策过程不断提供支持的时候，已经建立的系统会不断膨胀，并不断地被更新和增加。几年以后，系统的周期将又从头开始，这时的新系统将提供更新的、增强的或附加的能力。经验告诉我们，许多 GIS 是随着用户发现它们能做什么而被扩充的。新技术与新方法的引入、不断地进行教育与培训等是整个系统生命周期中必不可少的组成部分。图 8-5 描述了 GIS 设计与开发周期的各个阶段。

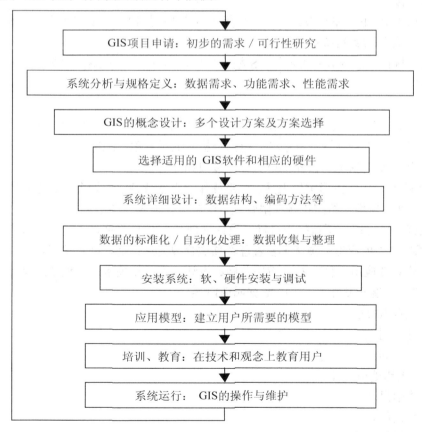

图 8-5　GIS 设计与开发周期的各个阶段

8.2.6 系统设计案例

基于 GIS 的某配电系统(框架)设计说明书结构如下:

1) 引言:

(1) 目的及背景。

(2) 定义。

(3) 参考资料。

2) 总体设计:

(1) 需求规定——时间特性要求。

(2) 运行环境——网络结构、硬件环境、软件环境。

(3) 基本设计概念和处理流程——软件架构、软件组成、设计架构。

(4) 结构。

(5) 功能需求与程序的关系。

(6) 人工处理过程。

(7) 尚未解决的问题。

3) 接口设计:

(1) 用户接口。

(2) 外部接口。EIP 单点登录接口、与营业系统数据接口、与生产管理系统接口、与调度数据接口、智能巡检系统接口。

(3) 内部接口。图纸流程管理与 CS 模块接口、预试管理与 CS 模块接口、移动 PDA 与 CS 模块接口。

4) 运行设计

(1) C/S 部分应用。系统窗口、系统设置、基本图形操作、图层控制、地理图形编辑、电网模型设备维护、查询统计、专题图、电网分析、低压管理、配电设备停送电管理、图形输出、在线应用、负荷密度、营配接口业务、接口和日志管理、移动 GIS 应用。

(2) WebGIS 应用。图形定位工具、图形操作、设备查询、专题图、供电分析、接口应用

(3) Web 业务应用。组织机构权限管理、配电统计报表、图纸流程管理。

(4) 预试报告管理。预试报告目标、设计依据、与其他模块关系、实现功能、预试计划管理、预试报告模板管理、预试报告管理、预试管理信息查询、高级功能。

(5) 移动 GIS 应用。移动 GIS 应用范围、设计依据、相关术语、设备采集要求、数据流图、ARCPDA 扩展开发方案、SHP 数据属性内容。

(6) 台账数据模型。

(7) 运行控制。

(8) 运行时间。

5) 系统出错处理设计

(1) 出错信息。

(2) 补救措施。

(3) 系统维护设计。

8.3　GIS 评价

所谓系统评价，就是指从技术和经济两个大的方面，对所设计的 GIS 进行评定。基本做法是将运行着的系统与预期目标进行比较，考察是否达到了系统设计时所预定的效果。

1. 系统效率

GIS 的各种职能指标、技术指标和经济指标是系统效率的反映。例如系统能否及时地向用户提供有用信息，所提供信息的地理精度和几何精度如何，系统操作是否方便，系统出错如何，以及资源的使用效率如何等等。

2. 系统可靠性

系统可靠性是指系统在运行时的稳定性，要求一般很少发生事故，即使发生事故也能很快修复，可靠性还包括系统有关的数据文件和程序是否妥善保存，以及系统是否有后备体系等。

3. 可扩展性

任何系统的开发都是从简单到复杂的不断求精和完善的过程，特别是 GIS 常常是从清查和汇集空间数据开始，然后逐步演化到从管理到决策的高级阶段。因此，一个系统建成后，要使在现行系统上不做大改动或不影响整个系统结构，就可在现行系统上增加功能模块，这就必须在系统设计时留有接口，否则，当数据量增加或功能增加时，系统就要推倒重来。这就是一个没有生命力的系统。

4. 可移植性

可移植性是评价 GIS 的一项重要指标。一个有价值的 GIS 的软件和数据库，不仅在于它自身结构的合理，而且在于它对环境的适应能力，即它们不仅能在一台机器上使用，而且能在其他型号设备上使用。要做到这一点，系统必须按国家规范标准设计，包括数据表示、专业分类、编码标准、记录格式等，都要按照统一的规定，以保证软件和数据的匹配、交换和共享。

5. 系统的效益

系统的效益包括经济效益和社会效益。GIS 应用的经济效益主要产生于促进生产力与产值的提高、减少盲目投资、降低工时耗费、减轻灾害损失等方面，目前 GIS 还处于发展阶段，由它产生的经济效益相对来说还不太显著，可着重从社会效益上进行评价，例如信息共享的效果，数据采集和处理的自动化水平，地学综合分析能力，系统智能化技术的发展，系统决策的定量化和科学化，系统应用的模型化，系统解决新课题的能力，以及劳动强度的减轻，工作时间的缩短，技术智能的提高等等。从总的来看，GIS 的经济效益是在长时间逐渐体现出来的，随着新课题的不断解决，经济效益也就不断提高。但是，从根本上来说，只有当 GIS 的建设走以市场为导向的产业化发展道路，商品经济的发展导致信息活动的激增、信息

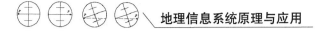

广泛而及时的交流，形成信息市场，才能为 GIS 的发展提供契机，这时，GIS 的经济效益才能进一步体现。评价目标也就自然地转向经济效益方面。

习　题

1. 结构化设计的思想要点包括哪些？
2. 简述结构化设计模式的含义及过程。
3. GIS 设计与开发的步骤有哪些？
4. GIS 评价的概念是什么？
5. GIS 评价主要的内容是什么？
6. 试以"基于 GIS 的城市旅游系统"为例，论述系统开发的过程。

第 9 章　GIS 案例

学习重点：

- "天地图·辽宁"的意义
- "天地图·辽宁"的数据规范

国家测绘地理信息局 2009 年制定了实现全国"一张图、一个网、一个平台"的战略目标，做出了打造国家地理信息公共服务平台的决策，着力建设一站式服务的 GIS。"天地图"建设由国家、省、市三级节点共同组成，目的是在全国范围内形成一个"纵向贯通、横向互联、标准统一、高效协同、从宏观到微观互为补充"的地理信息公共服务体系。国家测绘地理信息局 2010 年 4 月下发文件，要求各省加快推进省级公众版平台建设，同时把"天地图"列为天字号工程，国家"天地图"于 2011 年 1 月正式上线运行。

9.1　"天地图·辽宁"的意义

按照国家测绘地理信息局的统一部署，"天地图·辽宁"(辽宁省地理信息公共服务平台)建设工作，由辽宁省测绘地理信息局负责"天地图·辽宁"省级节点是"天地图"的重要组成部分，是对"天地图"主节点地区服务资源的细化和补充。"天地图·辽宁"也是辽宁省地理信息公共服务平台的公众版，是"数字辽宁"的重要组成部分。辽宁省测绘地理信息局将"天地图·辽宁"建设作为构建数字辽宁、发展壮大测绘地理信息产业、转变测绘发展方式、提升公共服务水平的一项重大举措。"天地图·辽宁"(辽宁省地理信息公共服务平台)的建设，对辽宁的信息化发展意义重大，对加速现代化进程、提高综合竞争力具有深远影响，对其进行方案规划的意义如下。

(1) 明确"天地图·辽宁"建设所涉及的各项工作，及其目标、内容、投入、效果和建设重点。

(2) 使全省上下对"天地图·辽宁"建设工作达成共同认识，统一思想，保证建设任务能够得以顺利开展，减少重复建设和投资浪费，最大限度地规避建设过程中可能出现的各种风险。

(3) 为科学的决策工作提供有益的借鉴，为"天地图·辽宁"建设工作起到积极的推动作用。

(4) 对"天地图·辽宁"建设可能遇到的问题进行论证，确保建设方案的科学性、先进性、可行性及优越性。

9.2 "天地图·辽宁"的建设原则及依据

9.2.1 建设原则

(1) 统一规划、分步实施。按照国家测绘地理信息局统一的公共服务平台建设专项规划，明确了辽宁省地理信息公共服务平台的建设目标和任务。首先开展公共服务平台辽宁省级分节点的建设工作，分步选择条件成熟的市、县(市、区)公共服务平台节点建设，做到边建边用，急用先行，逐步完善。

(2) 统一设计、分建共享。按照国家测绘地理信息局统一设计要求，结合实际开展分节点和信息基地建设，逐步推进辽宁分节点与国家主节点及各市节点的互联互通，实现资源共享。

(3) 保障安全、高效利用。保障信息安全是地理信息公共服务平台建设的前提，必须制定相关的信息保密制度和规定，采取相应的安全技术措施，强化网络与信息安全保障，维护信息安全，在确保信息安全的前提下，促进信息资源的高效服务。

9.2.2 编制依据

(1)《关于加快推进国家地理信息公共服务平台建设的指导意见(国测成字 2009—7)》。

(2)《关于印发地理信息公共服务平台专项规划的通知(国测成字 2009—1)》。

(3)《国家测绘局关于加快公众版地理信息公共服务平台建设的通知(国测信发〔2010〕1 号)》。

(4)《"天地图"省市级节点建设方案(国测信发〔2011〕1 号)》。

(5)《导航地理数据模型与交换格式(GB/T 19711—2005)》。

(6)《车载导航地理数据采集处理技术规程(GB/T 20268—2006)》。

(7)《基础地理信息公开表示内容的规定(试行)(国测成发〔2010〕8 号)》。

(8)《遥感影像公开使用管理规定(试行)(国测成发〔2011〕9 号)》。

(9)《公开地图内容表示若干规定(国测法字〔2003〕1 号)》。

(10)《公开地图内容表示补充规定(试行)(国测图字〔2009〕2 号)》。

(11)《测绘成果质量检查与验收(GB/T 24356—2009)》。

(12) 测绘生产成本费用定额(2009 版)。

9.2.3 建设技术标准与规范

1. 服务接口标准

(1) OGC WMTS 网络地图分块服务实现标准(OpenGIS Web Map Tile Service Implementation Standard，WMTS，V1.0.0)。

(2) OGC WFS－G 网络名录服务(OpenGIS Gazetteer Service Profile of the Web Feature Service Implementation Specification，WFS－G，V1.0)。

(3)《地理信息服务》(ISO 19119:2005)。

(4) OGC WMS Web 地图服务接口规范(OpenGIS Web Map Service Implementation Specification，WMS，V1.3.0)。

(5) OGC WCS Coverage 服务规范 (OpenGIS Web Coverage Service Implementation Specification，WCS，V1.1.2)。

(6) OGC WFS 要素服务规范 (OpenGIS Web Feature Service Implementation Specification，WFS，V1.1.0)。

(7) OGC CSW 基于 Web 的目录服务规范(OpenGIS Catalogue Service Implementation Specification，CSW，V2.0.2)。

(8) OGC WPS Web 空间处理分析服务规范(OpenGIS Web Processing Service，WPS，V1.0.0)。

(9) 测绘行业标准《地理信息网络分发服务元数据内容规范(征求意见稿)》。

(10) 测绘行业标准《地理信息网络分发服务元数据服务接口规范(征求意见稿)》。

2. 数据规范

(1) 测绘行业标准《地理信息公共服务平台地理实体与地名地址数据规范(送审稿)》。

(2) 测绘行业标准《地理信息公共服务平台电子地图数据规范(送审稿)》。

(3) 《导航地理数据模型与交换格式(GB/T 19711—2005)》。

(4) 《车载导航地理数据采集处理技术规程(GB/T 20268—2006)》。

3. 项目技术规程

《1∶400 万～1∶5 万地理实体数据整合技术要求》。

9.3 "天地图"省、市级节点建设技术要求

"天地图"省、市级节点建设主要包括在线服务数据集、在线服务软件系统、运行支持环境建设、日常运行管理，以及制定相关的技术规范、管理办法、运行服务机制等。

9.3.1 技术规范与管理办法

根据本地区实际情况对《地理信息公共服务平台地理实体与地名地址数据规范(送审稿)》、《地理信息公共服务平台电子地图数据规范(送审稿)》等进行扩充，并在此基础上制定本地区相关数据生产与整合处理技术流程及操作规程、数据更新规则等。

结合实际情况，明确本地区信息共建共享、网站建设与商业运营服务相关机制与实施办法。

9.3.2 在线服务数据集

1. 数据生产内容

依据《地理信息公共服务平台地理实体与地名地址数据规范(送审稿)》、《地理信息公共服务平台电子地图数据规范(送审稿)》，参考《1∶400 万～1∶5 万地理实体数据整合技术

要求》、《导航地理数据模型与交换格式(GB/T 19711－2005)》、《车载导航地理数据采集处理技术规程(GB/T 20268－2006)》，对本地区基础地理信息数据、相关专题数据进行整合、处理，形成地理实体数据、地名地址数据、线划电子地图数据、影像电子地图数据。

其中省级测绘行政主管部门主要基于最新省级地理信息数据资源(如交通、区划、地名、街区、房屋、水系等)、优于 2.5 m(0.2～2.5 m)分辨率的卫星或航空影像数据生产 15～17 级数据；市级测绘行政主管部门主要基于最新市级地理信息资源(如交通、区划、地名、街区、房屋、水系等)、优于 1 m(0.2～1 m)分辨率卫星或航空影像数据生产 18～20 级数据。

应尽可能融合第三方数据资源，增加本地兴趣点(POI)、三维建筑物模型、街景，以及相关的社会、经济、人文、交通、行政、旅游等信息。

2. 数据处理要求

"天地图"省、市级节点数据应符合《地理信息公共服务平台地理实体与地名地址数据规范(送审稿)》、《地理信息公共服务平台电子地图数据规范(送审稿)》要求，其中道路数据的几何表达与拓扑关系表达应尽可能遵循《导航地理数据模型与交换格式(GB/T 19711－2005)》与《车载导航地理数据采集处理技术规程(GB/T 20268－2006)》的要求。

"天地图"省、市级节点所有数据须依据国家有关规定过滤、删除涉密信息内容，降低空间精度，降低影像分辨率，形成可在非涉密网环境中使用的公开数据集，并经地图审核后方可发布。其中，数据内容与表示需符合《基础地理信息公开表示内容的规定(试行)(国测成发[2010]8 号)》、《公开地图内容表示若干规定(国测法字〔2003〕1 号)》和《公开地图内容表示补充规定(试行)(国测图字〔2009〕2 号)》要求。空间位置精度需符合《公开地图内容表示补充规定(试行)》要求，即位置精度不高于 50 m，等高距不小于 50 m，数字高程模型格网不小于 100 m。在线发布的影像数据分辨率不高于 0.5 m。

经地图审核后的数据集，可根据所使用的软件情况进行必要的瓦片生产，然后利用在线服务软件系统进行管理、发布。

3. 现势性与详细程度要求

"天地图"省、市级节点上发布矢量数据〔交通、地名地址(含兴趣点)、行政区划、水系等〕的详细程度和现势性，须优于"天地图"主节点发布的同层级线划地图(矢量地图)及地名地址数据；影像数据的分辨率与现势性须优于"天地图"主节点同层级影像地图。在此基础上，道路、行政区划、主要地名等要素应保证至少每半年更新一次。

各省、市级测绘行政主管部门可根据本地数据实际情况，采取分区域的方式分批次发布相应服务，随着本地数据资源的不断更新、丰富而逐渐实现全覆盖。

9.3.3 在线服务软件系统

"天地图"省、市级节点服务软件系统的建设主要包括在线服务基础系统、门户网站系统、二次开发接口、服务管理系统等。

1. 整体性能要求

在整体性能上，须满足提供 7×24 小时不间断服务、满足高服务质量(QoS)要求。省级节点支持峰值并发用户数为1000，市级节点为500。远距离访问服务等待时间不超过 1 秒，互操作和信息加载服务等待时间不能超过 5 秒,平均每个用户(按照标准的 GIS 桌面用户考虑)每分钟显示 8 次地理信息图形/图像。同时应能实时检测和抵御黑客攻击,满足国家计算机信息系统等级保护第三级建设的要求。

2. 在线服务基础系统及服务要求

建设在线服务基础系统,实现在线服务数据的组织管理、符号化处理,并应具备正确响应通过网络发出的符合 OGC 相关互操作规范的调用指令的能力,支持地理信息资源元数据(目录)服务、地理信息浏览服务、数据存取服务和数据分析处理服务的实现。

其中元数据服务需符合 OGC CSW 规范,以及《地理信息网络分发服务元数据内容规范》、《地理信息网络分发服务元数据服务接口规范》;二维地图浏览必须支持 OGC WMTS、OGC WMS 规范,并可以根据需要选择或制定基于 SOAP 和 REST 的接口;三维地图服务应支持直接读取通过 WMTS 或 WMS 接口发布地图服务;数据存取服务可实现数据操作、地理编码等,必须支持 OGC 的 WFS、WCS 规范,也可根据实际需要选择其他通用 IT 标准;数据分析处理服务须遵循 OGC WPS 规范;地名地址服务须遵循 OGC WFS—G 规范。

3. 门户网站系统要求

"天地图"省、市级节点应将相应的服务资源聚合到"天地图"主节点总门户中进行发布;有条件的地区也可建设本地省、市级节点服务门户网站,提供地理信息浏览、地名地址查找定位等基本服务,可根据本地具体情况提供信息标绘、路径规划、数据提取与下载、空间信息查询分析等扩展服务,并可接入或集成各类相关网站专题服务。

对于注册用户,门户网站须提供服务注册、服务查询、用户注册、用户登录、服务运行状态检测等访问界面。

门户网站必须标注审图号,提供必要的使用条款、用户意见反馈、服务运行状态等信息。还应尽可能详细地提供平台使用帮助信息,如各类服务的接口规范、应用开发接口(API)文本以及开发模板、代码片段和相关技术文档资料等。

4. 二次开发接口要求

"天地图"省、市级节点应为专业用户提供调用平台各类服务的浏览器端二次开发接口,实现对"天地图"各类服务资源和功能的调用。二次开发接口应支持现有比较成熟的开源 JavaScript 接口库,或与"天地图"主节点目前所采用的浏览器端开发接口库兼容。除了面向互联网的接口外,还应尽可能提供面向移动网的接口。

5. 平台管理系统要求

"天地图"省、市级节点的服务管理与用户管理可接入"天地图"主节点进行统一管理,即将省、市发布的可公开访问的服务注册到主节点的服务管理系统中,通过主节点的服务管理系统实现对服务的发现、状态监测和质量评价,并逐步实现访问量统计、服务代理等功能。对于需要授权访问的服务,通过逐步建立统一的访问控制体系来实现。现阶段鼓励通过网络发布可公开访问的服务。

有条件的地区也可建设自己的平台管理系统对服务实施相应的管理,但应能够通过上述服务注册机制与主节点的管理系统实现联通,并定期向主节点汇总服务运行与访问情况。

9.3.4　运行支持环境

主要包括网络接入系统、存储备份系统、服务器系统、安全系统及其他配套系统等。运行支持环境的配置应保证各类服务性能达到"天地图"整体性能要求。具体可参考以下配置：

1. 网络接入系统

采用 MPLS 以太组网链路或 SDH 光纤链路，通过接入路由器就近接入相应互联网网络汇聚节点。省级节点可同时接入中国电信和中国联通互联网链路，接入总带宽不小于 100 Mbps，并可租用内容发布网络(CDN)服务来提升用户访问速度；市级节点接入带宽不小于 50 Mbps，并具备及时扩容到 100 Mbps 的能力。省、市节点须申请互联网域名，域名解析应高效可靠。

每个节点内部规划三个网络分区：对外服务区、数据存储管理区和数据生产加工区。对外服务区内主要部署 Web 服务器和应用服务器系统，数据存储管理区主要部署数据库服务器系统，数据生产加工区主要部署数据检查、处理、建库计算机软硬件设备。

省级节点(单点)至少配置 1 台企业级路由器(至少 2 个百兆以太网接口)、1 台部门级交换机(包括一个负载均衡板卡，支持千兆，24 端口以上)，租用 2 条互联网链路时需配置 1 台链路负载均衡设备；市级节点(单点)至少配置 1 台部门级路由器(至少 2 个百兆以太网接口)、1 台部门级交换机(支持千兆，16 端口以上)。

2. 服务器系统

省级节点(单点)至少部署 5 台 Web 应用服务器(每台服务器 CPU 不少于 4 颗，内存不少于 16 GB)，较优部署方案推荐为 10 台以上；不少于 4 台数据库服务器(每台服务器 CPU 不少于 4 颗，内存不少于 32 GB)，较优部署方案推荐为 6 台以上。同时应具备集群能力，满足高可用性和负载均衡服务要求。

市级节点(单点)至少配置 3 台企业级 Web 应用服务器(CPU 不少于 4 颗，内存不少于 16 GB)，较优部署方案推荐为 6 台以上；2 台企业级数据库服务器(CPU 不少于 4 颗，内存不少于 16 GB)，较优部署方案推荐为 4 台以上。有条件的市级节点可配置集群系统，以满足高可用性和负载均衡服务要求。

数据库服务器应部署必要的数据库管理软件，支持 64 位操作系统、TB 级数据量的存储管理、并发工作方式、高可用及负载均衡集群，并支持主流厂商的计算机硬件。

3. 存储备份系统

构建存储区域网(SAN)，优化数据管理。省级节点(单点)至少提供 20 TB 在线存储空间和 40 TB 磁带库备份空间；市级节点提供 8 TB 存储空间和 16 TB 磁带机备份空间。

省级节点(单点)至少配置 1 台部门级磁盘阵列(每台可用空间不小于 20 TB，带宽≥4 Gbps，缓存 8 GB 以上，读写性能不小于 1600 MB/s)、1 台光纤交换机(每台不少于 16 端口，双电源，含 16 个短波 SFP，支持 Web tools、Zoning 软件授权，支持级联)，配备存储备份管理软件。市级节点(单点)至少配置 1 台部门级光纤磁盘阵列(可用空间不小于 4 TB，带宽≥4 Gbps，缓存 4 GB 以上，读写性能不小于 1600 MB/s)、1 台光纤交换机(每台不少于 8 端口，双电源，含 8 个短波 SFP，支持 Web tools、Zoning 软件授权，支持级联)，配备存储备份管理软件。

有条件的省级节点可配置 1 台小型 LTO—4 磁带库(配置两个 LTO—4 全高速磁带驱动器，光纤接口，48 个以上磁带槽位，驱动器传输速率不低于 120 Mbps)；有条件的市级节点(单点)可配置 1 台 LTO—4 磁带机(单带机，光纤接口，单槽位，驱动器传输速率不低于 120 Mbps)。

4. 安全系统

按照公安部有关重要计算机信息系统等级保护第三级的标准、规定和文件精神要求，部署企业级的身份鉴别、访问授权、防火墙、网络行为审计、入侵防御、漏洞扫描、计算机病毒防治、安全管理等公安部验证通过的安全产品，能够抵御互联网环境下面临的黑客攻击、网络病毒、各种安全漏洞以及内部非授权访问导致的安全威胁。同时，编写并落实等级保护系统管理制度。

5. 其他系统建设

省级节点(单点)至少配置 1 台 UPS(额定输出容量 80 kV·A，1 小时在线式后备，电源效率不低于 93.5%)；市级节点(单点)至少配置 1 台 UPS(额定输出容量 60 kV·A，15 分钟在线式后备，电源效率不低于 93.5%)。

9.3.5　日常运行管理

各级节点应配备专人对本级节点进行日常运行管理与维护，确保提供 7×24 小时不间断的优质服务。主要工作包括：对数据进行持续更新、补充与完善；在对服务系统进行不断升级、拓展的基础上，对网页功能、服务内容与质量、计算机与网络、安全系统等进行每日巡检、报警处理、故障分析、综合统计、日志记录与管理等例行工作；进行数据资源备份、用户交互及反馈意见回应、网站及服务接口应用技术支持等。

9.4　"天地图·辽宁"功能简介

9.4.1　系统使用环境

1. 硬件环境

CPU：Duo T8100(双核 2.1 GHz，3 MB 二级缓存)；
内存：3 G 或以上；
硬盘：80 G 或以上；
显示器：17″分辨率 1024×768 及以上。

2. 软件环境

1) 操作系统

Windows 2003 SP2 (32 bit & 64 bit (EM64T)) Server Standard, Enterprise & Datacenter；

Windows 2008 SP1, SP2 (32 bit & 64 bit (EM64T)) Server Standard, Enterprise & Datacenter；

Windows 2008 R2 (64 bit (EM64T)) Server Standard, Enterprise & Datacenter；

Windows Vista SP1 (32 bit) Ultimate, Enterprise, Business；

Windows XP SP3 (32 bit) Professional Edition；

Red Hat Enterprise Linux AS/ES 4.0 Update 4 (32 bit & 64 bit)；

Red Hat Enterprise Linux AS/ES 5.0 (32 bit & 64 bit)；

Windows 7 旗舰版。

2) 数据库

Oracle 10g R2 (32 bit& 64 bit) 10.2.0.3；

Oracle 11g R1 (32 bit& 64 bit) 11.1.0.6；

Oracle 11g R1 (64 bit) 11.1.0.7；

Oracle 11g R2 (64 bit) 11.2.0.1；

Postgre SQL 8.3.0 (32 bit)。

3) GIS 平台

ArcGIS Desktop 10.0/10.1；

ArcGIS Server 10.0/10.1；

ArcSDE 10.0/10.1。

4) 应用服务器

Tomcat 6.0.13；

WebLogic 9.2/10。

5) 运行环境

Jre 1.5/1.6。

6) 浏览器

Internet Explorer 6.0～9.0；

FireFox 2.0 以上。

9.4.2　功能模块

"天地图·辽宁"功能模块包括平台管理系统(即平台的后台运维系统)、公共服务子系统、资源服务中心、典型应用系统等，在此将"公共服务子系统"做一简单介绍。

公共服务子系统是基于丰富多样的各类电子地图，包括街道地图、影像地图、地势图等，提供各类浏览查询分析等功能。地址查询，如餐饮、住宿、购物、旅游景点等，并支持省内驾车路线查询，目的地周边查询等，使出行更加方便快捷。

"电子地图"页面如图 9-1 所示，它由以下几个部分组成：菜单栏、工具栏和地图模块三个部分。

图 9-1　电子地图

1. 菜单栏

"菜单栏"如图 9-2 所示。包含了地图搜索、驾车出行、公交换乘、常用工具、资源中心和个人空间五项基本功能操作。

图 9-2　菜单栏

1) 地图搜索

单击"地图搜索"按钮，弹出如图 9-3(上)所示搜索对话框。该功能主要对兴趣点进行搜索，搜索条件可分为：按名称关键字、按地图范围("全部""拉框")。可以按照一级分类进行搜索，也可以按照二级分类进行搜索。如图 9-3 所示，可以搜索"餐饮"类所有感兴趣的点，也可以缩小搜索范围，针对性的搜索快餐或者西餐等小类。

2) 驾车出行

驾车出行为用户自驾出行提供了合适的路线。驾车出行支持用户根据自己的喜好或者需求来查询路线，如图 9-4 所示，可以按照"时间最短"、"距离最短"、"不走高速"三种方式。用户可以选择在地图点选起点和终点，设置需要经过的地点，还可以在地图上绘制道路障碍区域或者禁止通行的区域等。

单击"搜索"按钮，该面板将会显示具体路线描述信息，包括该路线距离、时间以及每一个行驶路段的详情。同时在地图上绘制出来，如图 9-5 所示。

3) 公交换乘

用户可在公交换乘面板分别输入(或者在地图上直接绘制)起点和终点，选择查询方式(较快捷、少换乘或少步行)，单击"搜索"按钮，完成公交换乘查询操作，如图 9-6 所示。除换乘查询外，系统还为用户提供了站点查询和线路查询两个操作。

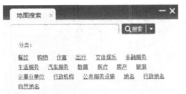

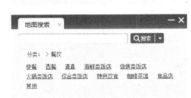

图 9-3　地图搜索　　　　　　　　　　图 9-4　驾车出行设置

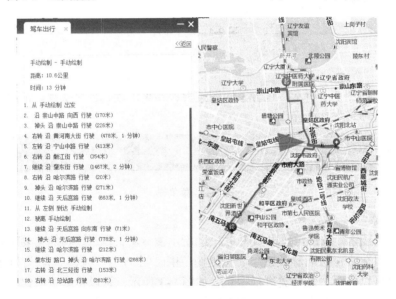

图 9-5　驾车出行结果

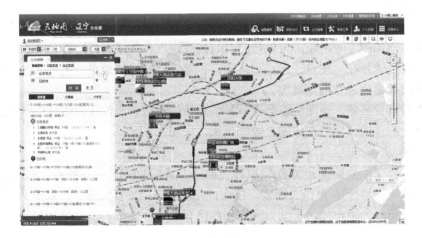

图 9-6　换乘查询

(1) 换乘查询

较快捷：计算起点到终点用时最短的出行方案，按用时由短到长的顺序排列，供用户选择。

少换乘：计算起点到终点换乘次数最少的出行方案，按换乘次数由少到多的顺序排列，供用户选择

少步行：计算起点到终点步行距离最短的出行方案，按照步行距离由短到长的顺序排列。

(2) 线路查询

支持按线路名称输入关键字的模糊查询。例如输入数字"3"，单击"查询"按钮，会列出所有公交线路名称中有"3"的公交线路，如图 9-7 所示。

图 9-7　线路查询

(3) 站点查询

支持输入站点名称模糊关键字查询。例如输入"沈阳大学"，则会检索出所有站点名称有沈阳大学的公交线路，如图 9-8 所示。

图 9-8　站点查询

4) 常用工具

系统常用工具包括图层管理、图例、书签管理、地图纠错、周边查询、卷帘/放大镜和服务区分析七项基本工具。此处只介绍地图纠错及服务区分析工具。

(1) 地图纠错

用户可对电子地图进行纠错，填写完地图纠错信息后，提交地图纠错记录，由门户管理员对用户提出的地图纠错进行审核。用户可在"个人空间—我的纠错"中查看地图纠错记录和纠错状态。单击 按钮，弹出地图纠错对话框。可纠正的错误类型有位置错误、名称错误和其他，根据添加标注、填写名称、描述信息、上传辅助图片等操作可完成地图纠错。如图 9-9 所示。

(2) 服务区分析

服务区分析主要是对某一地点周边的服务区在一定时间内的影响范围进行查询。其主面板如图 9-10 所示。

单击 按钮，在地图选择所在位置点，再选择想了解的时间范围，默认驾驶时间为 1，3，5。单击"查询"按钮，进行查询，结果如图 9-11 所示。

图 9-9　地图纠错

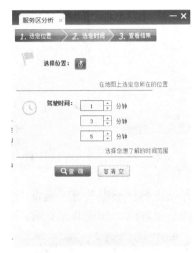

图 9-10　服务区分析

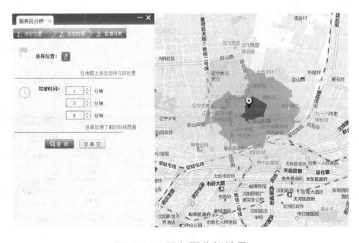

图 9-11　服务区分析结果

5) 资源中心

单击"资源中心"，弹出如图 9-12 所示界面。

分别列出当前用户有权限访问的地图资源、服务资源及应用资源，允许对这些资源进行打开、查看详细信息、及收藏操作。此处的权限涵盖：该资源被共享给所有人(无论可访问或可下载)、当前用户创建的、用户所加入的组的资源。服务的打开指将该服务叠加的当前的底图之上，当前系统认定所叠加的服务的坐标系统是能够兼容系统底图的。

未登陆的用户，可访问公共的资源，但无法收藏。

图 9-12　资源中心

6) 个人空间

该功能模块提供了登录用户管理其资源(创建的、收藏的或加入的)的操作，由以下几个部分组成：我的地图、我的服务、我的应用、我的纠错和我的群组。

2. 工具栏

根据各个工具的位置及可实现的功能，工具栏又可分为快捷操作工具栏、地图工具栏和常用工具栏。 快捷操作工具栏包括书签、卷帘/放大镜、当前登录用户、搜索、显示/隐藏工具栏、地图对比、打印、全屏和地图显示模式等；地图工具栏包括放大、缩小、平移、量距、量面积、截图、标记和删除。常用工具栏见前文所述。

3. 地图显示区

"地图显示区"包括地图、导航工具、鹰眼、比例尺四个部分。

1) 地图

地图为界面的主体区域，用于显示多种地图及相关专题。如图 9-13 所示。

(1) 专题图。

专题图包括辽宁地势、公路路况、景点推荐、天气、空气环境、电子眼专题。单击感兴趣的专题可以查看具体的信息，如用户出行前可以单击专题图下拉按钮，选择公路路况，查看当前全省实时的道路行驶信息，如图 9-14 所示。

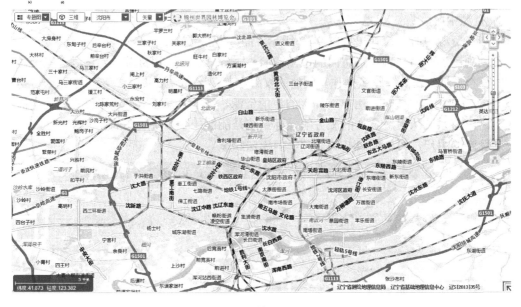

图 9-13　地图显示区

图 9-14　公路路况

通过专题图下拉按钮，选择景点推荐，可以浏览省旅游资源。如图 9-15 所示。其他专题使用同理，在此不再详述。

(2) 三维。

单击"三维"按钮，下载三维显示相关插件，可浏览辽宁省三维地图。

(3) 显示模式。

"天地图·辽宁"的地图显示模式有两种，分别是矢量或影像形式；同时可以单击选择行政区域，显示相应范围。

2) 导航工具

可按照不同显示等级对地图加以控制，同时还可实现平移操作。如图 9-16 所示。

图 9-15　景点推荐

3) 鹰眼

鹰眼如图 9-17 所示，可单击左上角的箭头实现显示/鹰眼操作。

图 9-16　导航条

图 9-17　鹰眼

4) 比例尺

用于实时显示当前地图的比例，如图 9-18 所示。

图 9-18　比例尺

除此之外，"天地图·辽宁"还设有快速导航工具栏，用户可以快速链接到其他的功能应用，包括 GPS 车辆监控、手机地图、示范应用等，如图 9-19 所示。由于篇幅原因，其他功能在此不再叙述，读者可登录"天地图·辽宁"官网了解相关应用。

| GPS车辆监控 | 手机地图 | 示范应用 | 市县直通 | 地图服务资源 | 地图API | 更多… |

图 9-19　导航工具条

习　题

1. "天地图·辽宁"的意义有哪些？
2. "天地图·辽宁"建设原则是什么？
3. 试列出 4 种"天地图·辽宁"的设计依据规范。
4. "天地图·辽宁"的数据规范有哪些？

参 考 文 献

[1] 高俊，等. 地图制图基础[M]. 武汉：武汉大学出版社，2014.

[2] 吴信才. 空间数据库[M]. 北京：科学出版社，2013.

[3] 黄杏园，等. 地理信息系统概论(第 3 版)[M]. 北京：高等教育出版社，2008.

[4] 龚健雅. 当代地理信息技术[M]. 北京：科学出版社，2004.

[5] 胡鹏，等. 地理信息系统教程[M]. 武汉：武汉大学出版社，2002.

[6] 何必，等. 地理信息系统原理教程[M]. 北京：清华大学出版社，2010.

[7] 池建，等. 精通 ArcGIS 地理信息系统[M]. 北京：清华大学出版社，2011.

[8] 史中文. 空间数据与空间分析不确定性原理[M]. 北京：科学出版社，2005.

[9] 萨师煊. 面向新的应用领域的数据库技术[J]. 计算机科学，1989(2).

[10] 王珊，等. 数据库系统概论[M]. 北京：高等教育出版社，2005.

[11] 郭仁忠. 空间分析[M]. 武汉：武汉测绘科技出版社，1997.

[12] 邬伦，等. 地理信息系统——原理、方法与应用[M]. 北京：科学出版社，2001.

[13] 毕华兴，谭秀英，李笑吟. 基于 DEM 的数字地形分析[J]. 北京：北京林业大学学报，2005.3.

[14] 汤国安，杨昕. ArcGIS 地理信息系统空间分析实验教程[M]. 北京：科学出版社，2006.

[15] 祝国瑞. 地图学[M]. 武汉：武汉大学出版社，2004.

[16] 袁勘省. 现代地图学教程(第 2 版)[M]. 北京：科学出版社，2014.

[17] 曾建超. 虚拟现实的技术及其应用[M]. 北京：清华大学出版社，1996.

[18] 薛庆文，等. 虚拟现实 VRML 程序设计与实例[M]. 北京：清华大学出版社，2012.

[19] 冯学智，等. "3S" 技术与集成[M]. 北京：商务印书馆，2007.